书山有路勤为径,优质资源伴你行
注册世纪波学院会员,享精品图书增值服务

懂得

影响你一生的DISC识人术

俞亮 ——— 著
小凡 ——— 绘图

电子工业出版社
Publishing House of Electronics Industry
北京·BEIJING

未经许可，不得以任何方式复制或抄袭本书之部分或全部内容。
版权所有，侵权必究。

图书在版编目（CIP）数据

懂得：影响你一生的DISC识人术 / 俞亮著. —北京：电子工业出版社，2021.4

ISBN 978-7-121-40874-8

Ⅰ.①懂… Ⅱ.①俞… Ⅲ.①性格测验 Ⅳ.①B848.6

中国版本图书馆CIP数据核字（2021）第055291号

责任编辑：王　斌　　　特约编辑：田学清
印　　刷：北京天宇星印刷厂
装　　订：北京天宇星印刷厂
出版发行：电子工业出版社
　　　　　北京市海淀区万寿路173信箱　　邮编：100036
开　　本：900×1280　1/32　　印张：10.5　　字数：293千字
版　　次：2021年4月第1版
印　　次：2025年7月第15次印刷
定　　价：68.00元

凡所购买电子工业出版社图书有缺损问题，请向购买书店调换。若书店售缺，请与本社发行部联系，联系及邮购电话：(010) 88254888，88258888。

质量投诉请发邮件至 zlts@phei.com.cn，盗版侵权举报请发邮件至 dbqq@phei.com.cn。

本书咨询联系方式：(010) 88254199，sjb@phei.com.cn。

自 序

俞 亮

01 作者也有不同类型

写一本书，需要多久？因人而异！

有的人，立下了写书的军令状，然后就不眠不休，干劲十足，自我驱动，不达目的誓不罢休，人狠话不多，编辑省力不少。

有的人，对全世界宣布要写书，春去秋来，各种拖延，一个大纲都迟迟拿不出来，更别说后续了，口头禅是"马上好"，"马"却好像死在了路上，这样的人容易被编辑嫌弃。

有的人，写倒是一直在写，就是慢，如果没有编辑扬鞭催稿，稿子永远"在路上"，编辑都要急疯了。

有的人，将写书一事事先规划好，一章一章，有序推进，明明定稿了，仍在反复推敲、力求完美，一再地说"让我再改改"，编辑无言以对。

如果你学过 DISC 理论，也许已经能"对号入座"了，如果你与 DISC 理论素不相识，那就先留个悬念，读完本书，回头再来看序。

02 我是怎么一步步走向出书的

我在中学的时候就萌生了写书的想法，作为全国作文比赛二等奖获得者，我甚至跟郭敬明参加过同一届新概念作文大赛，但我并不知道要出什么书。言情？武侠？宫斗？科幻？反正不是自传。

2017 年的一天，作为一名培训师，我决定写一本与主讲课程内容相关的书，还昭告朋友圈，信以为真的朋友，从单身等到恋爱，从恋爱等到结婚，从结婚等到儿女双全，仍不忘问我："亮叔，书还出吗？"

2019年5月,我第一次在北京见到了我的编辑,她跟我说,先写大纲,再写样章,确定一个交稿时间吧!我夸下海口:"放心吧,国庆期间搞定!"后来推迟到圣诞节,再推迟到第二年春节……对照上文,我属于哪一种类型的作者?

真正让我完稿的,还是调用了体内的DISC。

D:目标与奖惩。每天醒来,把"2020年誓死交稿"的目标默念3遍,设置了截止日期,如期交稿,则大餐伺候;逾期交稿,则家法伺候,不成功便成仁。

I:梦想与乐趣。写书是枯燥的,但我会时不时给自己"画饼",想象出版后的签名售书与巡回演讲;独处是枯燥的,但我把这段认真码字的时光美其名曰"洞穴时间",走出书房的时候还不忘吼一声"我出洞啦"。

S:耐心与坚持。定时定量地写作,日均产出2500字左右,20多万字的成果,倚靠的是日积月累,持续了3个月以上。当我产生惰性的时候,一个声音默默地告诉我——坚持就是胜利。

C:规划与分解。第一,全书被分解为十大章,每一章被分解为10节,每天完成一节;第二,每节控制在1500~2500字之间;第三,设置好闹钟,每天早上6点闹铃,定时写作到9点,每周一向编辑汇报进度,雷打不动。

如果你想马上了解神奇的DISC,可查阅本书第一章"懂DISC"。

03 为何以DISC和"懂"为主线

DISC,这是我的招牌课题,也是我身上的显著标签。作为《DISC高情商沟通》《DISC性格领导力》课程的版权所有人,我从2016年开始讲授DISC相关课程,客户遍及各行各业、各种规模的公司。我的个人梦想是:通过DISC理论影响1亿人,帮助更多个人完善性格、修炼情商、发展领导力,帮助更多的组织甄选人才、管理团队、提升绩效。

选择"懂"作为本书主线,纯属偶然,这背后有一个故事。

自序

那是几年前的一个教师节,我受邀为某世界 500 强保险公司讲授 DISC 课程,学员 40 人左右,均为后台运营管理中心的精英。

在一个装修别致的多媒体报告厅里,学员们靠在类似电影院座椅的椅子上,主持人用热情洋溢的话语介绍了我,学员们却显得异常淡定。随后,我进入了讲课状态,可以说是活力四射、深情演绎、金句频出。

当我抛出了一个又一个笑点时,学员的反应却是超乎寻常的冷静,有人正襟危坐、有人若有所思、有人凝视着我、有人埋头做笔记,偶尔一个嘴角上扬的微笑,便是对我最大的嘉奖。

硬着头皮讲完课,仿佛演了一场独角戏,我心想:糟糕了,今天讲砸了!

课后的学员反馈表,我都不敢看,有一种即将奔赴滑铁卢的感觉。直到助教开口,才打破了返程路上的沉默:"俞老师,学员反馈好评如潮呀,客户领导说,这批学员不怎么活泼,现在都被你搞定了,厉害!"

我拿过反馈表,全是五星好评。

"老师讲课风趣幽默,最重要的是学到了东西。"

"老师逻辑清晰,理论扎实,还能把课程演绎得如此生动有趣。"

"老师讲解的人际敏感度,正是我所欠缺的,收获颇丰。"

"老师让我看到了自己想要改变的地方,谢谢这份教师节礼物。"

有一位特别有心的学员,特意摘取了一句汪国真的话:"最好的礼物不一定是最贵重的,而是别人急需却又一时无法获得的。"

我的情绪由紧张与失落转为轻松与满足。在长舒一口气的同时,我陷入了思索,并快速记录下来,写在我的培训师札记里。

第一,悦纳和看懂学员的个性差异,有人疾如风(I),有人徐如林(S),有人侵掠如火(D),有人不动如山(C),都是正常的。

第二,后台管理人员,C 型和 S 型的居多,暖场时间要稍长,不能急于与之互动。

第三,羞于互动的学员,未必没有被吸引,每个人表达爱的方

式不同。

第四,所谓"传道授业解惑",要多从学员角度出发。

第五,自我修炼,身体力行,活出 DISCer 的样子。

摇下车窗,感受扑面而来的秋风,原本以为是横扫落叶般的犀利,却在暖阳的映照下,尤为舒爽。

04《懂得》会让我们懂得哪些

也许不看这本书,你也懂得如何了解自己,如何理解他人。

也许不看这本书,你也懂得如何向上管理,如何激励员工。

也许不看这本书,你也懂得如何与另一半相处,如何与孩子交心。

如果你翻看了这本书,或许会懂得更多,运用 DISC 理论,通过每个章节,看懂更多的人和事,看懂更多的方法论和底层逻辑,从此走上人生巅峰,工作得心应手,生活多姿多彩,家庭美满幸福,个人潇洒自如。

【第一章】懂 DISC。DISC 不是把人简单地分成四种类型,人也不是只有四种类型,这是一套经典的心理学理论,这是一个流行的管理学工具,这是一份全球化的测评报告与分析,这是知己解彼、知人善任的有效抓手。

【第二章】懂自己。不是单一地看待自己的行为风格,也不是给自己找到"后退"的理由,更不是为自己的人生盖棺定论,这是一份自我认知的意愿、一次"我是谁"的探讨、一场自我觉醒的体验。

【第三章至第六章】懂上司,懂下属,懂团队,懂客户。不是给他人"贴标签",也不是绞尽脑汁地想要搞定谁,更不是彼此之间的水火不容,这是一次职场上的人际排查,一次"从他人角度出发",一次从无视到重视的蜕变。

【第七章至第九章】懂父母,懂伴侣,懂孩子。不是把自己的想法强加给亲人,也不是对亲人言听计从,更不是假惺惺地说"都懂了",这是一次亲密关系的促进,一次"我愿意为你改变",一次爱与奉献的交互。

【第十章】懂生活。越关注什么，越出现什么，这叫"视网膜效应"，譬如你打算买一辆某品牌的汽车，你会发现：路上开这款汽车的人好多呀！同理，当我们把精力放在DISC理论的学习和研究上时，我们的生活将被DISC环绕。

也许，终其一生，我们都在和"懂得"打交道，懂得身边的人和事，懂得事物背后的原理和逻辑，懂得难易和成败，懂得进退和取舍，在"懂得"的过程中变得成熟而通透。

正所谓，不懂不得，先懂先得，小懂小得，大懂大得……

我们定一个小目标，看完此书，比《懂得》更懂得。

05 少不了感恩的人和感恩的话

特别感谢我的人生导师李海峰老师对我的影响和鼓励！我最初接触专业的DISC，就是报名参加了他的DISC国际双证班F35期上海班。而我，从一个毕业生一跃成为DISC国际双证班的联合主讲老师，与海峰老师联袂主讲了F70西安班、F79苏州班、F81深圳班、F84北京班、F85南京班，这是对我最大的认可，也是我个人无上的荣幸，更是自身职业跃迁的重要标志。

感谢几位为我写推荐语的老师，秋叶大叔、王鹏程老师、郭城老师。秋叶大叔为我开启了一种思维，"如何打造超级IP"；王鹏程老师让我看到了前景，"如何成为一名很厉害的培训师"；郭城老师让我看到了跨界的可能性，"以幽默的方式过一生"。当然，在我的培训师道路上，还有很多前辈、同行，给过我帮助，给过我指点，所有恩情均铭记于心。

感谢电子工业出版社，圆了我人生出版一本图书的梦想；感谢领导们的把关和指点，让这本书可以顺利面市；感谢我的编辑王斌老师，她没有放弃我，一直扬鞭催稿；感谢我的插图作者小凡老师，作为视觉呈现师，她没日没夜地赶图，全心全意地手绘。

感谢与我合作多年的培训机构与各位顾问，我们一起服务客户，一起缔造培训价值；感谢选购我课程的单位；感谢每一位认真听课

的学员，你们的每一个眼神、每一句搭腔，都是点燃我热情的火焰；感谢支持我、鼓励我的亲朋好友、同学同乡；感谢我的家人……

特别感谢在本书中反复出现的 CEO、老狄、小艾、司哥、西西，他们均为虚拟人物，却为内容的推进与演绎做出了巨大的贡献，期待未来的作品还能有他们的集体助力。

最后，衷心感谢我的读者，因为特别的缘分，你我才会在书中相遇，当你翻阅本书的时候，我们的情感联结就此产生了。如果你能向身边的朋友推荐此书，那将是对一个素人作者最大的鼓励。

懂得，是人生的一场修行，让我们满怀期待，踏上旅程！

目 录

第一章 懂 DISC 1
- 01 山庄闭门会 1
- 02 破译 DISC 6
- 03 致敬奠基人 9
- 04 揭开性格的面纱 12
- 05 模型和前提假设 15
- 06 提升人际敏感度 19
- 07 人 vs 事,快 vs 慢 22
- 08 建立双轴矩阵(四象限) 24
- 09 DISC 四种特质的典型表现 27
- 10 DISC 理论的应用:个人 + 组织 34

第二章 懂自己 39
- 01 Who am I 39
- 02 打开乔哈里视窗 41
- 03 神奇的 DISC 测评 44
- 04 体检报告 & 藏宝图 46
- 05 不同状态下的我 50
- 06 纵览三表 & 因子升降 54
- 07 环境与他人对"我"的影响 58
- 08 与压力共舞 60
- 09 调适力 & 驱动力 64
- 10 人生态度与座右铭 67

第三章 懂上司 71
- 01 他为什么总是针对你 71

02	吐槽大会主咖是"上司"	73
03	D 型上司：英雄 or 暴君	76
04	I 型上司：性情中人 or 痞子	79
05	S 型上司：好人 or 怂人	81
06	C 型上司：技术流 or 完美癖	84
07	全能型上司：神一般的存在	86
08	那些年遇到的上司（"吃瓜"篇）	89
09	那些年遇到的上司（亲历篇）	91
10	聪明人都会向上管理	96

第四章　懂下属 101

01	管理下属就是管理"人"	101
02	一场另类的奇葩说	105
03	D 型下属：高效 or 自我	108
04	I 型下属：乐观 or 怪异	110
05	S 型下属：勤劳 or 木讷	113
06	C 型下属：钻研 or 钻牛角尖	115
07	当马斯洛需求层次理论遇到 DISC	118
08	如何激励新生代员工	121
09	如何管理能力比你强的下属	124
10	一个好上司的自我修养	127

第五章　懂团队 132

01	销售 vs 财务的鸡同鸭讲	132
02	团队也有 DNA	135
03	D 型团队：狼行天下	139
04	I 型团队：快乐至上	142
05	S 型团队：家的文化	145
06	C 型团队：专业信仰	148
07	到底什么叫团队	152
08	克服团队协作的五种障碍	155

| 09 | 经典团队的 DISC 解读 | 159 |
| 10 | 创业型团队的 DISC 构建 | 164 |

第六章　懂客户 168

01	重塑客户认知	168
02	如何打开客户的心门	171
03	D 型客户：气势逼人	174
04	I 型客户：能量爆棚	177
05	S 型客户：决策困难	180
06	C 型客户：专业找碴	183
07	用 DISC 拆解销售流程	186
08	用 DISC 理论卖楼、卖车、卖保险	189
09	用 DISC 理论处理客户投诉	193
10	心中自有 CRM	196

第七章　懂父母 198

01	可怜天下父母心	198
02	现状：虎妈猫爸	201
03	D 型特质的父母：爱是鞭策 - 粗暴	204
04	I 型特质的父母：爱是鼓励 - 放任	207
05	S 型特质的父母：爱是关怀 - 妥协	209
06	C 型特质的父母：爱是细致 - 苛求	211
07	扮演好子女的角色	213
08	王阳明：孝顺的三种境界	216
09	儿子的反思	218
10	父母的小欢喜	220

第八章　懂伴侣 224

01	相亲众生相	224
02	从爱情到婚姻	228
03	D 型伴侣：掌控感 - 服从	231
04	I 型伴侣：新鲜感 - 惊喜	235

05	S型伴侣：安全感 - 陪伴	238
06	C型伴侣：秩序感 - 规划	242
07	再看老婆大人	245
08	爱的五种语言	249
09	另一半的磨合	252
10	婚姻保鲜计	256

第九章 懂孩子 260

01	不轻易给孩子做测评	260
02	孩子不是复印件	263
03	D型特质的孩子：小霸王	266
04	I型特质的孩子：机灵鬼	269
05	S型特质的孩子：暖宝宝	272
06	C型特质的孩子：智多星	275
07	与"为你好"说再见	277
08	当正面管教遇上DISC	280
09	不可避免的亲子冲突	283
10	燃烧吧，家长	286

第十章 懂生活 290

01	生活处处DISC	290
02	中华小曲库	293
03	金庸小说中的人物	296
04	玩转朋友圈社交	300
05	旅行的意义	303
06	谁是购物狂	306
07	一场尽兴的聚会	309
08	你不理财，财不理你	312
09	拆解明星梦	315
10	讲好一堂课	318

后记 323

第一章　懂 DISC

01　山庄闭门会

岁月静好，春暖花开，又到了一年一度的战略策划会，公司管理层决定"打破规则"，不再选择市中心的五星级酒店，而是前往一个僻静幽雅的山庄，不再是 1 天的集中会议，而是为期 3 天的"闭门会"，与世隔绝，工作加休闲。

有资格参加此次会议的人，都是管理层人员，即中层及以上的骨干，但对于这样的调整与善意，并不是每个人都买账。

有人抱怨，完全没必要把时间浪费在山庄；

有人期待，这将是多么美妙的体验呀；

有人淡定，一切听从公司和领导的安排；

有人担心，这会打乱手头上原有的工作计划。

中午，大巴车抵达山庄，带队的 CEO 说："各位，让尘世的喧嚣见鬼去吧！今天先给身体放个假，接下来的 3 天再给领导加个班，OK？"

在一片欢呼声中，众人各自散去。

老狄快步流星，一到房间，立即给两部手机充电，然后打开电脑，处理一大堆积压的邮件，时不时接起电话，布置工作任务或联系重要的客户。忙完后，他独自一人去游泳了。在他看来，强大的体能储备，是他"立于不败之地"的关键，运动看似消耗能量，却也在给自己注入活力。

小艾将行李一丢，就举起最新款的拍照手机四处转悠，山庄很大，风景很美，暗藏几个网红打卡点，出片率极高。她一边自拍，一边更新社交媒体，有人评论"为何不来一场直播呢"，好主意，播呗！直播结束，肚子饿了，不如找个同伴共进晚餐，老狄说他要游泳，直接拒绝了，司哥说"OK"。

司哥办好入住，先给家人报平安，然后打开摄像头，跟孩子们视频通话，看到孩子们的笑容，仿佛可以缓解一整天的疲劳。妻子在镜头那边喋喋不休，他只是耐心地听着，毕竟照看孩子是辛苦的，发发牢骚也属正常。晚饭时，小艾问他是否一起去大堂用餐，司哥不好意思拒绝，于是回复了"OK"。

西西在出发之前已经把手上的工作分解给下属了，避免任何可能出现的混乱。仔细打量房间，她特意翻看了桌上的山庄地图，规划了接下来的行程，先去泡个温泉，再去用个简餐，晚上参加禅修。对了，手机调整为静音模式，不被打扰是最重要的，难得的独处时光，或许还能思考一下人生。

第二天，会议在严肃而活泼的氛围中进行。

CEO致辞时，所有人屏气凝神地聆听，这就是严肃；头脑风暴时，所有人的智慧相撞并踊跃发言，这就是活泼。每个人都灵活地切换着自己的状态，应对着陌生的环境和熟悉的同事。

自由讨论环节，CEO置身事外，只是从旁观察。众人的表现，

第一章 懂 DISC

再次印证了什么叫"各有千秋",似乎彼此的行为模式天生就是截然不同的!

对于即将到来的新年,也存在着各自的主张与较大的分歧。

老狄关注的是"突破性业绩"和"爆发式增长";

小艾关注的是"用户体验"和"客户营销策略";

司哥提出了"稳定增长"和"员工关怀计划";

西西则倡导"成本控制"与"SOP[①]的推行"。

白板被写满了,成果看上去不错,只是欠缺共识,每个人都尽情展现"发散思维",只等 CEO 来施展"收敛思维"。

CEO 在引领大家达成共识之前,他发现了几个十分有趣的现象。

老狄,总是喜欢占据主导,在与他人激烈争论的过程中试图让对方屈服,一旦对方与其意见相左,他就会露出不悦的神情,怒不可遏地吹胡子瞪眼,最经典的姿势是抬起右手,指向别人,或者不耐烦地敲打桌子。

小艾,总是喜欢成为大家瞩目的焦点,等着你夸她今天的耳环好看,或者抓住发言的机会施展其讲故事的能力,大家容易被她的描述吸引,也容易跟着她跑偏,最经典的是她丰富的表情包和肢体动作。

司哥,很少发言,总是喜欢认真地记笔记,认真地聆听他人的高见,他似乎缺乏勇气,抑或害怕犯错,从不第一个主动表达观点,最经典的是当别人询问他,他都说"挺好的""我没意见""附议"。

西西,大多数时间沉浸于思考,总是喜欢在发言前扶一下眼镜,她习惯于"第一条、第二条"这样的表达,时刻展示着她的逻辑性,最经典的是她总能找到一连串数据,让你觉得"听上去很有依据"。

于是,CEO 默默打开自己的记事本,写下这样一句话:"管理就是预测和计划、组织、指挥、协调以及控制。"这是亨利·法约尔[②]

---

① SOP:Standard Operating Procedure,标准作业流程,指将某一事件的标准操作步骤和要求以统一的格式描述出来,用于指导和规范日常工作。

② 亨利·法约尔(1841—1925):法国人,古典管理理论的主要代表人之一,也是管理过程学派的创始人。

的名言，也是此刻被验证的，CEO偶然得到的一个管理启发。

他特意在"预测"二字的下面，加上重点标记的符号，郑重地写上了四个大大的字母：DISC。

不一会儿，他合上记事本，单手托腮，若有所思。会场上仍是一个激烈讨论的场景，CEO的思绪在这氛围中飞了好一会儿……

这里有一个十分有趣的现象，集中体现在频繁出现的"总是"二字，它们透露了一个人身上的稳定行为，稳定的背后，是行为的倾向性，当倾向性成为一种习惯，习惯就变成了"常态"。如果可以掌握一个人的"常态"，便可"预测"他下一句会说什么，下一步会做什么，可能在什么时候获得成功，可能在什么地方栽跟头。

第一天入住与第二天会议，如果你是CEO，你能感受到四位管理者的"常态"吗？你能预测一下他们各自回到办公室之后的表现吗？你能推测一下他们是如何带领和管理团队的吗？

说了那么多，动动手吧，测试一下。

【身体小实验】

请把你的双臂打开，置于身体的正前方，与肩同高，然后，双手握在一起，十指交叉相扣。看一看结果，你是左手大拇指在上，还是右手大拇指在上？

左在上，一般右脑发达，情感细腻，家庭会幸福！

右在上，一般左脑发达，条理清晰，事业会成功！

第一章 懂 DISC

这么神奇吗？再次将双臂打开，将双手再握一次。

第二次的结果，跟第一次一样吗？应该是一样的，这就是行为的倾向性，只要你不是刻意调整，握100次，结果都一样。

假如前面的四位管理者也参与这个实验。

老狄心想：我知道了，这很简单。

小艾忍不住喊出来：呀，这也太好玩了吧！

司哥点点头：是的，两次都一样。

西西心想：有玄机，背后有规律。

现在，请各位第三次将双臂打开，这一次，不要急着握手，而是用跟你刚才完全相反的方式，将十指握在一起。例如，刚刚左手大拇指在上的伙伴，现在交换一下，把右手大拇指放在上面，感受一下。

"别扭""难受""不舒服""不习惯""感觉手不是我的手了"，这是很多人第三次握手之后的心声。

通过这个实验，笔者想告诉大家，行为（动作、表情、语言等）的倾向性是存在的，也是可以改变的，但改变的过程会比较辛苦，甚至痛苦。

主动或被动地做出改变，刻意为之，持续一段时间，也许倾向性就变了，慢慢地养成新的习惯，替代了"常态"，创造出"新常态"。

如果一个人没有行为倾向性，那就不可预测、不可捉摸了，也无法形成较为系统的个人行为风格，更不会找到人与人的共性与差异……

本书以"懂"和"DISC 理论"为明线，以"自我/他人/自我与他人"为暗线，深入浅出，层层递进，让我们在阅读本书的过程中发现自我，理解这个世界。

亚里士多德曾经说过："人生最终的价值在于觉醒和思考的能力，而不只在于生存。"你，做好觉醒与思考的准备了吗？做好从"懂"到"得"的准备了吗？

02　破译 DISC

CEO 的位子，如果换你来坐，是否会感到头疼？

公司大大小小的事务，你都是最高决策者，为成败负全责！每天管理不同的人、面对不同的问题、采取不同的策略、承担不同的风险和后果，见招拆招、有的放矢，或者焦头烂额、自暴自弃，多么希望有一个人，或者有一套工具和方法论，可以帮助自己。

还记得 CEO 在记事本上做的记录吗？

被加上重点符号的"预测"，被郑重写下的四个字母——"DISC"。

DISC 究竟是怎样的魔法，值得我们花时间去学习并探讨？接着读下去，一页一页，看着看着，或许你就懂了。

DISC 理论是一门世界通用的"人类行为语言"，被广泛应用于工作和生活，其理论基础为美国著名的心理学家威廉·莫尔顿·马斯顿博士在 1928 年出版的《常人之情绪》(Emotions of Normal People)。

时光机器启动，回到 20 世纪 20 年代，第一次世界大战刚刚过去 10 年，人们在恢复经济的同时，也在恢复着对科学、对理想的追求。

一间普普通通的教室内，威廉·莫尔顿·马斯顿博士正在冥思苦想，他在研究人类情绪的时候，脑洞大开，提出了一个惊人的假设：面对有利或不利的环境，外界刺激经过大脑思维的处理，人们对于

第一章 懂 DISC

刺激的认知，可能产生两种基本的情绪反应——战斗或者逃跑。前者是在不利环境中的主动出击，后者是在不利环境中被动的自我保护，DISC 最初的雏形，悄然而生。

战斗 =DISC 中的 D。

D 代表 Dominance，支配性的情绪。当挑战来临，D 发出信号，人们认为没什么好怕的，兵来将挡，水来土掩，越战越勇。

逃跑 =DISC 中的 C。

C 代表 Compliance，遵从性的情绪。当挑战来临，C 发出信号，认为自身无法抗衡挑战，墨守成规，不动声色，以退为进。

与此同时，面对刺激的另外两种基本反应也出现了——沟通或者接受。前者是有利环境中的主动出击，后者是有利环境中被动的自我保护。

沟通 =DISC 中的 I。

I 代表 Inducement，诱导性情绪。当挑战来临，I 发出信号，人们认为自己有能力达成协议，与其进行交锋，不如进行交涉，展开谈判。

接受 =DISC 中的 S。

S 代表 Submission，顺从性的情绪。当挑战来临，S 发出信号，人们认为乖乖听话更安全，不吵不闹，坦然接受，以和为贵。

是否像极了历史上反复出现的外敌入侵？狼烟起，人心慌，朝廷上下，一片哗然！武官主战、文官主降，人人都有自己的主张和"基于情绪的第一反应"。

有人说"杀过去取敌首级"，一副大无畏精神；

也有人说"不如遣使和谈"，倒也胸有成竹；

有人说"气数已尽就此归降"，算是避免生灵涂炭的方式；

也有人说"退避南方徐图之"，看似心中另有谋划。

谁对谁错，交给历史来评判，当下的情绪反应，太过于真实！正如《常人之情绪》的书名所示，威廉·莫尔顿·马斯顿博士的研究不但挖掘了人类的底层情绪，而且区别于弗洛伊德和荣格所专注的人类异常行为，他研究的是由内而外的、人类正常的情绪反应与行为风格。

《常人之情绪》中详述了人的四种类型（就是我们说的DISC理论，当时并没这么称呼），威廉·莫尔顿·马斯顿博士从横向和纵向两个角度来观察人们的行为。

纵轴是对自我的认知：强大（主动）或示弱（被动）。

横轴是对环境的认知：友好（有利环境）或敌对（不利环境）。

两轴相交，产生了四个象限：

基于不利环境的主动"战斗"；

基于有利环境的主动"沟通"；

基于有利环境的被动"接受"；

基于不利环境的被动"逃跑"。

马斯顿博士伟大的科学研究，令人类真正看懂自己在与环境相处时真实的表现与避无可避的"本能反应"。其后的心理学家、管理学家，进一步将这个理论发展为测评，也就是众所周知的、人人都能学会的、世界500强企业积极运用的"DISC行为风格测评"。

如果你对DISC理论原型充满好奇，不妨阅读电子工业出版社出版的《常人之情绪》中文版，译者为李海峰、肖琦、郭强，该书堪称专业经典。书中总结了四种正常人的情绪，奠定了坚实的DISC理

第一章 懂 DISC

论研究基础。随着时代的发展,为了让大家更容易理解,DISC 理论的关键词又发生了细微的变化。

Dominance,支配型,在团队中扮演的是"指挥者"。
Influence,影响型,在团队中扮演的是"社交者"。
Steadiness,稳健型,在团队中扮演的是"支持者"。
Compliance,遵从型,在团队中扮演的是"思考者"。

破译 DISC 是一件很有趣的事,也是一件很有意义的事。

03 致敬奠基人

喝水不忘挖井人,请允许我致敬几位对 DISC 理论的形成做出重大贡献的人,也帮助大家在溯源的过程中,掌握理论发展的脉络。

很久很久以前,古希腊的哲学家、思想家们,也就是传说中的上古大咖,常常围在一起,坐而论道,探讨乃至辩论:世界是由什么物质组成的?

脱颖而出的几位先贤中,哲学家泰勒斯(约公元前 625 年至公元前 547 年)认为,宇宙万物都是由水构成的,水利万物,于是有了水元素理论。泰勒斯学生的学生,哲学家阿那克西美尼(约公元前 585 年至公元前 525 年)认为,基本元素是气,世间物质是在气体聚散的过程中产生的,气元素理论诞生。不久,哲学家赫拉克利特(约公元前 535 年至公元前 475 年)认为,万物由火而生,宇宙是永恒的活火,火元素理论登上历史舞台,他还留下一句传世名言,"人不能两次走进同一条河流"。哲学家恩培多克勒(约公元前 490 年至公元前 430 年)综合了前人的看法,又添加了土元素,并提出了世界上所有复杂物质皆来源于"水、气、火、土"——四元素理论成型。

四元素理论的诞生得益于人类探索世界、探索宇宙的孜孜不倦,以及捍卫"真理"的不懈斗争。后来,古希腊哲学家希波克拉底(公元前 460 年至公元前 370 年)也躬身入局,他是当时的名医,西方医学奠基人,在西方被尊为"医学之父"。

他留下的《希波克拉底誓言》,是他向医学界发出的行业道德倡议书,是从医人员"入学第一课"的重要内容。历史上的"雅典大瘟疫"中,正是他冒着生命危险,一边悬壶济世,一边探寻病因及解救方法,最后想出用火来防疫的办法。希波克拉底还指出了癫痫病的病因,被现代医学认为是正确的,他提出的这个病的名称一直沿用至今。希波克拉底对骨折病人提出的治疗方法同样有效,为了纪念他,后人将用于牵引和矫形操作的臼床称为"希波克拉底臼床"。

如果说恩培多克勒等人让世人了解了世界和世界的元素,希波克拉底则让众人了解了人和人的行为模式。他提出了举世瞩目的"体液学说",这不仅是一种病理学说,而且是最早的气质与体质理论。他认为复杂的人体由血液、黏液、黄胆汁、黑胆汁这四种体液组成,它们在人体内的比例不同,形成了人的不同体质。

胆汁质,性情急躁、动作迅猛;

多血质,性情活跃、动作灵敏;

黏液质,性情沉静、动作迟缓;

抑郁质,性情脆弱、动作迟钝。

"体液学说"让人类开启了对自身的科学研究,也开启了对性格与行为模式的研究,更为后世心理学家的研究提供了一个起点。

找到了起点,时光机器再次启动,从公元前的古希腊来到19世

第一章 懂 DISC

纪末的瑞士。

瑞士心理学家卡尔·古斯塔夫·荣格（1875—1961），在 19 世纪首次以科学的方式，把人的心理倾向划分为外倾和内倾两种基本类型，并归纳出四种心理功能——思维、情感、感觉、直觉。在他看来，不同的心态与心理功能的组合，形成人的不同心理类型，从而导致性格的根本差异，为此，他在 1921 年出版了《心理类型》一书。

其后，心理学家们提出了多种不同的模式，对人的心理进行分类，有的被赋予抽象的名称，有的以动物或颜色命名，无论如何，仍以四种类型进行区分的方式被广泛接受。四元素的四分法，衍生了无数流派，DISC 便是其中影响深远的一种。

20 世纪 20 年代，美国著名心理学家威廉·莫尔顿·马斯顿博士发展出一套理论（DISC 理论），用以解释人的情绪反应。当时，对于精神层面的研究，普遍局限于心理疾病或异常行为，威廉·莫尔顿·马斯顿博士的研究，涵盖了一般人（常人）的情绪与行为，不再是单纯的临床设定，为心理学的广泛应用做出了巨大贡献。

威廉·莫尔顿·马斯顿博士不仅是"DISC 之父"，他还醉心于研究测谎技术，被称为"测谎仪之父"，他还创造了一个经典的动漫形象"神奇女侠"，他因此被称为"神奇女侠之父"。

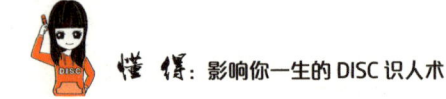

威廉·莫尔顿·马斯顿博士涉猎如此广泛,几项发明是否跨度有点大?其实不然。DISC理论是研究人的情绪反应与行为风格的,测谎仪早期是通过血压来测试说谎与否,神奇女侠的专属武器是"真言套索",被套索困住的人只能说真话,这不就是传说中的"异曲同工之妙"吗?

作为学霸,威廉·莫尔顿·马斯顿拥有哈佛大学法学博士、心理学博士、文学学士三个学位,他曾在大学任教,开过律师事务所,当过专栏作家,参加过女权运动,还是世界上第一批心理咨询师。

有关他的故事,欢迎大家观看电影《神奇女侠》①,从中找寻各种奇妙的小线索,属于那个时代的线索,也是属于DISC理论的线索。

04 揭开性格的面纱

谈DISC理论,绕不过"性格"这个词。

过年聚会,七大姑八大姨都夸小朋友乖,孩子他爸自豪地说:"可不是,孩子随我,性格跟我最像了!"

出门相亲,介绍人说:"这姑娘年轻、貌美、气质佳,外企白领,工作稳定,关键是,性格很好,适合结婚过日子!"

外向、活泼、热情、开朗、豁达、健谈、机敏、冲动、易怒、暴躁、倔强、果敢,这些是性格;反应敏捷、内心软弱、多愁善感、适应能力强,这些也是性格。人们对于性格的理解,出于各自的认知与判断,心理学界对此也无定论。

尤其在对气质、性格、人格这些词的理解和区分上,由于东西方文化的差异,最后都同义为"性格"。

举个通俗易懂的例子吧,好比你在网上买了一台梦寐以求的电脑:

电脑整机 = 硬件 + 软件;

人格 = 整机,摆在你面前,"软硬兼施",才能运转起来;

---

① 《神奇女侠》:该片根据DC漫画公司出品的同名漫画改编,由美国华纳兄弟影片公司出品,派蒂·杰金斯执导。

第一章 懂 DISC

气质＝硬件，电脑生产出来后，自带的出厂设置；

性格＝软件，有的系统自带，有的需要自行安装，支持更新，也可卸载。

【性格定义】

性格，是一个人对现实的稳定的态度，以及与这种态度相应的、习惯化的行为方式。

性格，一经形成便比较稳定，但并非一成不变，而是可以主动求变或者被动改变的。

性格，不同于气质，更多体现了人格的社会属性。个性的差异，核心是性格的差异，所以人与人必然是不同的。

三句话，揭示了性格的"稳定性""可塑性""差异性"。十指交叉的身体小实验，也验证了性格的这三个特征。

德国哲学家莱布尼茨[①]说过，"世界上没有完全相同的两片树叶"。自然，也没有完全相同的两个人，一个人的性格，究竟是怎样形成的呢？影响性格形成的大致有三类因素，分别是基因的遗传因素、成长期的发育因素、社会环境中的影响因素。这些因素既有先天的，也有后天的，既有自身的，也有外界的，总而言之，一切都是复杂的。

从这个角度分析，性格确实是可以改变的，你所看到的质变，往往是在不断量变的基础上发生的。

我有一个朋友，生于农村，小时候不怎么说话，文质彬彬，邻里乡亲都说这孩子"内向"，一些自诩为"预言家"的热心长辈，还煞有介事地说，这孩子以后要么教书，要么做个手艺人，甚至担心他嘴笨，娶不到媳妇。

二十年过去了，他大学毕业后投身销售，每天跟客户、供应商打交道，不管是在谈判桌上还是在酒桌上，口若悬河，能说会道，

---

① 莱布尼茨（1646—1716）：德国哲学家、数学家，历史上少见的通才，被誉为"十七世纪的亚里士多德"。他本人是一名律师，也是最早接触中华文化的欧洲人之一。

一番拼搏努力，当上了总经理，迎娶了"白富美"，并没有按照"预言家"的剧本走。

老家的人都说他变了，变得外向了，变化太大了，什么原因？""吃瓜"群众"的讨论结果，一个说法是，他在大城市的环境中高速成长了；一个说法是，他遇到了高人指点；另一个说法是，他骨子里本就有一股拼劲和韧劲。综上所述，环境对他产生了影响，身边的人对他产生了影响，他自己也在影响自己。

早年，国内对于性格的认知，原始版本就是"内向/外向"，家长或老师常用内向来定义闷声不响、不爱说话的孩子，用外向来定义机灵小子、调皮大王，这种定义，一旦进入了孩子的耳朵和心里，就可能存在一定的风险——内向持续内向，外向持续外向。

一旦踏上工作岗位，单位组织各种测评，开展相应的培训课程，于是开始接触正儿八经的性格分析理论和工具，最常见的有以下几种。

【DISC】本书旨在科普和传播 DISC 理论，此处不展开。

【PDP】Professional Dyna-Metric Programs，行为特质动态衡量系统。PDP 用动物来代表五类性格特质人群："老虎""孔雀""考拉""猫头鹰""变色龙"。国内有些地方入乡随俗，把"考拉"换成了"熊猫"，以便人们形象化地理解。

【性格色彩】用"红、黄、蓝、绿"四种颜色代表人的性格类型，强调"色眼识人"。这里需要澄清一点的是，"性格色彩"是基于性格区分为四色，"色彩性格"是基于色彩来判断性格，别混淆了。

【九型人格】历史悠久的九型人格学说，阐释了人类的九种主要特质：1 号完美型；2 号助人型；3 号成就型；4 号自我型；5 号理智型；6 号怀疑论型；7 号活跃型；8 号领袖型；9 号和平型。

【MBTI】Myers-Briggs Type Indicator，由美国心理学家伊莎贝尔·布里格斯·迈尔斯和她的母亲凯瑟琳·库克·布里格斯发明，因此得名。MBTI 理论根据四个维度，外倾 E 内倾 I、感觉 S 直觉 N、

第一章 懂 DISC

思维 T 情感 F、判断 J 知觉 P，把人分成 16 种类型，譬如，外倾 - 感觉 - 情感 - 判断，就是 ESFJ 型。

以上简单列出几个著名的性格分析理论，但我并非 PDP、性格色彩、九型人格、MBTI 领域的专家，更多内涵与拆解，建议大家阅读与之相关的专业书籍。

每一个性格分析的流派都是基于各自的理论基础与科学研究，将人的性格"分成几种类型"，仅仅是浅显易懂的说法，你想彻底搞懂任何一个理论，都需要深入进去，而非浅尝辄止。

本书专注于用 DISC 理论谈性格，聚焦于性格中的"行为风格"，请务必记住，DISC=行为风格！DISC=行为风格！DISC=行为风格！重要的事情说三遍。

05　模型和前提假设

可能网上有人告诉你如何理解 DISC，DISC 的四个字母分别代表了什么，但少有人给 DISC 下定义，在这里，我鼓足勇气试着给 DISC 下了一个定义：

【DISC】一个人在自己或他人的影响下,面对不同的环境,表现与调适出来的行为风格,包含容易被识别和察觉的行为表现,以及不为人知的行为动机。

定义的核心,源于对两个模型的理解和研究。

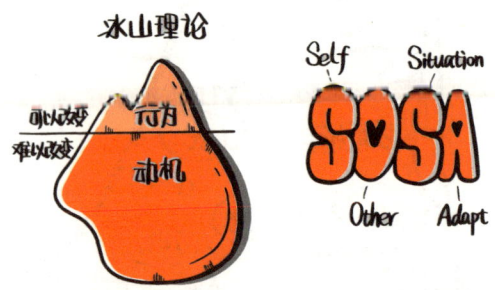

两大模型

第一个模型:冰山模型。

美国心理学家戴维·麦克利兰[①]于1973年提出了一个著名的模型——"冰山模型",将个体素质的不同表现划分为表面的"水面以上部分"和深藏的"水面以下部分"。

"水面以上的部分"是人的外在、容易测量的部分,譬如基本知识、基本技能、行为习惯,它们暴露在外,或者不易被隐藏。

"水面以下的部分"是人的内在、难以测量的部分,譬如社会角色、自我形象、特质和动机,它们不太容易通过外界的影响而得到改变,却对人们的行为表现起着至关重要的作用,最终影响个人的综合状态。

也有人说,"水面以上的部分"属于行为心理学,"水面以下的部分"属于认知心理学。

DISC到底属于水面以上还是水面以下呢?这是一个好问题。

---

① 戴维·麦克利兰(1917—1998):1987年美国心理学会杰出科学贡献奖得主。他不仅提出了素质模型"冰山理论",还提出了"胜任力"和"成就动机理论"。

第一章 懂 DISC

一个人的行为表现，即他说了什么、做了什么，你看到他是什么样子的，这些属于"水面以上的部分"。

一个人的行为动机，即他为什么这么说，他为什么这么做，你看不到的他又是什么样子的，这些属于"水面以下的部分"。

行为风格 = 行为表现 + 行为动机。

如果只用 DISC 理论来解读人的行为表现，只能说掌握了 DISC 理论的表象；能够通过现象看本质，才可以说吸取了 DISC 理论的精华。

第二个模型：SOSA 模型。

S：self，自己的、通常的行为方式。

O：other，他人的、相同或不同的行为方式。

S：situation，所处的不同的环境与情境。

A：adapt，适应环境和情境，应对变化。

第一个 S 展示的是自我影响力，我们的行为风格归根到底是服从于自我的，也就是人们常说的"follow my heart"，追随我的心。

中间的 O 展示的是他人影响力，我们的行为风格会受到父母、爱人、子女、上司、下属、客户等人的影响，只要你和人打交道，只要你有求于人、有爱于人，你就要接受他人有意或无意施加的影响力。

第二个 S 展示的是环境影响力，我们的行为风格必然会受到环境的影响，比如孟母三迁，讲的就是孟母希望为孩子营造一个良好的成长环境而三次搬家的故事。当然，适应环境（相对大的概念）是一种基础能力，适应情境（相对小的概念）是一种进阶能力。

最后的 A 展示的是适应影响力，面对"SOS"的时候，我们是否具备适应环境、适应情境、适应他人、适应变化的能力和经验，或者做好了适应的准备工作。

SOSA= 自我 + 他人 + 环境 + 调适。

第一个 S 指的是"我"和"我"的关系，中间的 O 是"我"和他人的关系，第二个S是"我"和环境的关系，"SOS"是"我"和世界的关系，A是"我"正在努力适应这样的关系。懂DISC，不会让你变得天下无敌，但至少会让你的"关系"会变得越来越好。

从自我影响力开始，到他人影响力，再到环境影响力，最后学会适应，整个过程也是影响力的展示与觉察的过程。懂DISC，至少为你的影响力提升创造了一些方向和路径。

看完模型，请默念一遍DISC的定义。

三大前提假设

有些人对DISC理论一知半解，便以为大功告成，开始给人贴标签，我是D，你是I，他不是S就是C，看上去头头是道，却忽略了DISC理论中极其重要的三个前提假设。

DISC理论的第一个前提假设：每个人身上都有DISC。

请记住，每个人身上都有D-I-S-C，只是比例不同、使用倾向不同。

出门上班，可以选择坐地铁、坐公交、打车、自己开车，即使觉得坐地铁最舒服，也并非只有一个选择。有的人平时出行坐公共交通工具，周末改为自驾游，慢慢地就有了个人偏好。

第一章 懂DISC

DISC展示了四种可能性，而选择权，掌握在自己手上。

DISC理论的第二个前提假设：D-I-S-C四种特质没有优劣之分，每种都是特点。

当你发现了自己的行为风格，也就发现了自己身上的特点，特点的存在，让人变得更有个性，并且用自己的方式连接和感受这个世界。

DISC四个特质之中，到底哪个更优秀、更出彩，或者说，到底哪个相对差一些？这样的说法是荒谬的！

作为一个团队领导，要懂得欣赏团队成员的特点，人与人之间存在着差异性，这样的差异性反而是团队协作的驱动力，擅长管理和激发每个人的能力，才是一个真正意义上的领导者。

DISC理论的第三个前提假设：DISC可以被调整和改变。

俗话说——"江山易改，本性难移"，很多人常把这句话挂在嘴边，用来表示"你就是这样的啦，你改变不了啦"，这里忽视了两个小问题。

首先，这句话想表达的是稳定性。

其次，这句话说的是"难移"，而非"不能移"。

还记得十指交叉相扣的小实验吗？

牢记这三个前提假设，认认真真学习DISC理论，一旦说出类似"我没有D的呀""我的D-I-S-C都是缺点呀""我的风格改不了呀"，那就真的是挖坑自己往里跳。

06　提升人际敏感度

在闭门会上，CEO敏锐地发现了老狄、小艾、司哥、西西的不同，总结各人的特点也入木三分，这难道是一种超能力吗？显然不是，专业名词叫作"人际敏感度"。

美国著名人际关系学大师戴尔·卡耐基[①]先生说过："一个人的成功，80%跟他的专业知识和经验技能无关，而跟他对人际的敏感

[①] 戴尔·卡耐基（1888—1955）：美国现代成人教育之父，畅销书《人性的弱点》的作者。

度有关。"

人际敏感度包含三个层次：识别—运用—管理。

识别：观察不同人的不同反应。

运用：知道对方想要什么，不想要什么。

管理：给对方想要的，并且优化结果。

举个例子，假如我是一名服装店店员，顾客上门时，我会说"您好，欢迎光临"，慢慢地，我发现，顾客对待我的反应似乎是有差别的。

第一类顾客，喜欢跟我点头示意，有时还会回应"好呀好呀"，偶尔还询问当季新品，让我给予推荐。第二类顾客，理都不理我，径直走进去，脸上仿佛写着四个大字"生人勿近"。

这就是人际敏感度的第一层——识别，观察不同人的不同反应。

既然如此，针对两类顾客，我们是从旁陪购还是保持距离？第一类顾客，喜欢让你陪着选衣服，给他提提意见，顺势夸上两句，第二类顾客，喜欢独处，自己挑选，自己决断，你的热情犹如杀伤性武器，保持距离方能和平相处。

这就是人际敏感度的第二层——运用，知道他人想要什么。

最难的是第三层——管理。假如今天顾客盈门，店里却只有我

第一章 懂 DISC

和你两名店员，你说，我们把更多的精力放在第一类还是第二类顾客身上？同意把更多的精力放在第一类顾客身上的请举左手，同意把更多的精力放在第二类顾客身上的请举右手……

两种答案都是可以的，我提供一个我的思路——试着把更多的精力放在第二类顾客身上！对于第一类顾客，你可以说"帮您选了几件新款，您可以试穿，有问题随时找我噢"，对方的回复可能是"好呀好呀，没关系哒，你去忙吧"。我们把更多精力放到第二类顾客身上，当对方转身，流露出寻找店员的神情时，你"从天而降"，开口就说："您好，有什么能为您效劳的吗？"对方淡淡地问几个问题，譬如有没有某种尺码、有没有其他颜色等，一旦问完，直接刷卡。

倘若我们把更多的精力放在第一类顾客身上，可能出现的情况是，花了很多时间，双方聊得也很开心，最后没成交，顾客只留下一句"我再看看"。而第二类顾客如果找不到你，会觉得商家的响应不及时，自行离去，可惜可惜！

这就是人际敏感度的第三层，管理，给对方想要的，并且优化结果。

跳出这个案例，你有没有见过一些人，无论面对谁，都只有一个出牌套路，哪怕碰一鼻子灰，也从未有过一丝丝改变的意愿，美其名曰"性格使然，本性如此"。

这样的人，缺什么？人际敏感度！

一个人不宜过度敏感，但是，如果连最基本的人际敏感度都没有的话，那将是一件十分可怕的事情。

假如你有幸参与"山庄闭门会"，却毫无人际敏感度可言：
当老狄汇报工作的时候，一再打断他；
当小艾想要展示新款手表的时候，轻蔑地说"一般般啦"；
当司哥屁股还没坐稳的时候，邀请他第一个发言；
当西西讲解报表的时候，摊手说"好无聊的数据"。
那么你的下场，一定会很惨……
老狄喜欢高效，那就跟他一起锁定目标、提升行动力；

小艾热爱交际,那就找到一些共同话题,学会做她的"粉丝";

司哥倡导和谐,多给他一些信任与支持,尽量不去为难他;

西西追求完美,提交给她的文档,多检查几遍,数据务必精准。

果然,插上人际敏感度的翅膀,感觉整个人都要起飞了,迫不及待想要搭载 DISC 号飞机,翱翔在知己解彼的天空中。

07　人 vs 事,快 vs 慢

管理学的诸多流派,通过常用矩阵(四象限)的方式,把复杂的问题变得简单,把庞大的知识体系变得一目了然,DISC 理论亦如此。

DISC 经典矩阵依靠两个极其重要的维度(双轴),帮助我们快速划分四个象限,代表四种典型特质的倾向性。

请系好安全带,准备起飞。

第一个维度:关注人 & 关注事

先举一个例子,公司最近要组织企业内部培训,HR 把培训通知发下去后,同事们收到邮件,反应却各不相同。

一部分人关心培训师是谁,颜值如何,参加培训的人多不多,其他小伙伴报名了吗;另一部分人关心培训的主题是什么,大纲如何,干货够不够多,对工作而言有无价值。两者并无对错,前者关注人,喜欢开启感性按钮;后者关注事,喜欢开启理性按钮。

再举一个例子,假设你今天要做一个小手术,心情必然是忐忑的,

也免不了要跟白衣天使打交道。

遇到一位护士姐姐,她说:"放心吧,没事哒,等一下会给你打麻药,你不会觉得疼的,我会尽量轻一点,一眨眼的工夫,你就活蹦乱跳了呢!"她一边说着,一边露出了甜美的笑容。这时,另一位护士姐姐走过来,严肃发问:"你是 XXX 吗?医生会给你动手术,你的麻药选的是进口的,如果没问题,这边签字,5 分钟后手术正式开始。"你更喜欢哪一个护士?调皮的人肯定回答:我选漂亮的那个!

DISC 理论虽然来自西方,关注人(感性)与关注事(理性)的维度,但智慧的中国人早就应用起来了。

小时候拿了成绩单回家,爸爸张口就问:"考多少分?为什么只考这点分数?给我去反思!"

你方唱罢我登场,妈妈过来摸摸头,安慰地说:"没关系,这次没考好还有下次,先吃点东西,乖!"

时过境迁,据非官方统计,当今中国的家庭,最常见的是"虎妈猫爸"组合!无论如何,家庭教育中,打配合、做组合的宗旨是亘古不变的,详情见第七章"懂父母"。

你觉得自己在工作中,更倾向于关注人、感性多一点,还是更关注事、理性多一点?

有的人脱口而出,有的人深思熟虑,前者想对后者说:磨叽;后者想对前者说:猴急!

第二个维度:行动快 & 行动慢

上文提到的"脱口而出"和"深思熟虑",我们不评判孰对孰错。

前者的反应更快,喜欢"三下五除二",果断决策,迅速行动。后者的思考更多,强调"三思而后行",认为未经思考的回答都是站不住脚的。

再举一个例子,公司里有一个老员工老王最近上班总是垂头丧气的,非常影响他的工作绩效。于是,分管领导打算找他谈话。HR 的建议是,与其嘘寒问暖,不如直接问他最近发生了什么,是否需要公司提供帮助。领导却觉得,这样的做法缺乏人情味,他的计划是,把老王叫到办公室里，先泡上一壶好茶，再闲聊家常，从盘古开天辟地聊到大清王朝的闭关锁国，从张学友演唱会聊到最近热门的火锅店。到底是 HR 的方式见效，还是领导的方式有用呢？

那得看老王的行为风格是什么样的。

如果老王属于行动快的类型，他肯定更喜欢 HR 的直截了当，有事说事，不喜欢拐弯抹角、旁敲侧击，要的是痛快；如果老王属于行动慢的类型，他肯定更喜欢领导的层层铺垫、循序渐进，不喜欢单刀直入地询问，要的是柔和。

如果你不了解老王，很有可能选错沟通方式，如果你了解老王，可以用对方喜欢并接受的方式去沟通，这才是更有用、更见效、更直达人心的。

认识一个人需要缘分，了解一个人需要时间。

你觉得自己在工作中，更倾向于行动快还是更倾向于行动慢，或者说做事直接还是委婉呢？

08　建立双轴矩阵（四象限）

基于关注人和关注事、行动快和行动慢这两个维度，我们很快

就划出了四个象限，按顺时针方向，分别是 D、I、S、C。

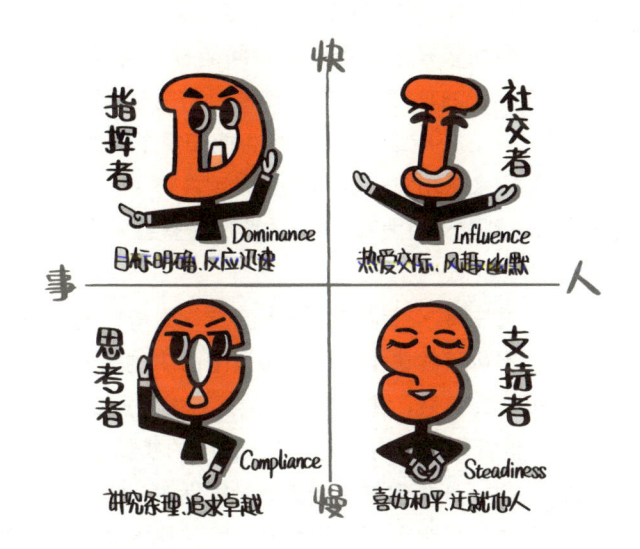

（图：四象限示意图——指挥者 D Dominance 目标明确、反应迅速；社交者 I Influence 热爱交际、风趣幽默；思考者 C Compliance 讲究条理、追求卓越；支持者 S Steadiness 喜好和平、迁就他人。纵轴"快—慢"，横轴"事—人"）

D——Dominance
支配型，在团队中又称"指挥者"。特点是目标明确，反应迅速。

I——Influence
影响型，在团队中又称"社交者"。特点是热爱交际，风趣幽默。

S——Steadiness
稳健型，在团队中又称"支持者"。特点是喜好和平，迁就他人。

C——Compliance
遵从型，在团队中又称"思考者"。特点是讲究条理，追求卓越。

我们来举个例子吧。

此刻的办公室，午餐时间到了，大家开始考虑吃什么，多数同事的意见是"随便"，这令大家一时陷入困境，总不能去吃"随便"吧！

这时候，老狄指向马路对面，说："那里新开了一家西北牛肉拉面，我们去试试吧！"请问，这时他可能使用了什么特质？

到店之后，小艾找到正在收银的拉面店老板聊起来，又是"感

觉面熟，似曾相识"，又是"给点优惠打个折，改天再来光临"，连跑堂的服务生也要搭讪几句。她可能使用了什么特质？

与此同时，西西站在价目表前面询问老板大碗与小碗的差异，甚至质疑营业许可证的真假，当然，她差点被老板轰出去，只听得老板说："爱吃不吃，不吃给我走！"她可能使用了什么特质？

最后，司哥拿来纸巾盒，表示要为大家洗杯子、分配碗筷，他看上去那么友好，默默支持大家，温和的脸庞透露着无法形容的帅气。他可能使用了什么特质？

D型特质，关注事+行动快。给人感觉很强势，他们自信、果敢、善于决策，不达目的誓不罢休，热爱生命中的每一次挑战，更享受胜利后的那种成就感。譬如老狄，他喜欢发号施令、指指点点，下属一旦犯错，他就雷霆万钧，从不掩饰自己的暴脾气。

I型特质，关注人+行动快。给人感觉很活泼，他们自信、乐观、善于交际，把身边每一个人都看作朋友，哪怕原本是敌人，都可以分分钟与之结盟。譬如小艾，她喜欢下班放松，参加各种集体活动，她几乎每周都问大家要不要聚餐，从不掩饰自己的热情。

S型特质，关注人+行动慢。给人感觉很温和，他们靠谱、谦卑、善于倾听，把每一项任务都看作职责所在，他们受人之托，忠人之事，也习惯了迁就和妥协。譬如司哥，他觉得安居乐业已经足够，不喜欢高风险的投资，只喜欢平静的生活，从不掩饰自己对和平的向往。

C型特质，关注事+行动慢。给人感觉很高冷，他们严谨、专注、善于思考，常常沉溺于细节，为别人挑出很多小毛病，偶尔还写好了治病救人的"药方"。譬如西西，她追求完美，尊重流程，喜欢在条条框框中工作，从不掩饰自己对标准化的赞许。

动手画一个矩阵吧，看你的掌握情况如何。

【一句话搞定相邻特质的共性与差异】

D型和I型，外显机制。同样行动快，D型快在带方向，I型快在带节奏。

I型和S型，人际导向。同样关注人，I型更关注自己，S型更关注他人。

S型和C型，内敛机制。同样行动慢，S型慢在纠结，C型慢在评估。

C型和D型，任务导向。同样关注事，C型关注细节，D型总揽全局。

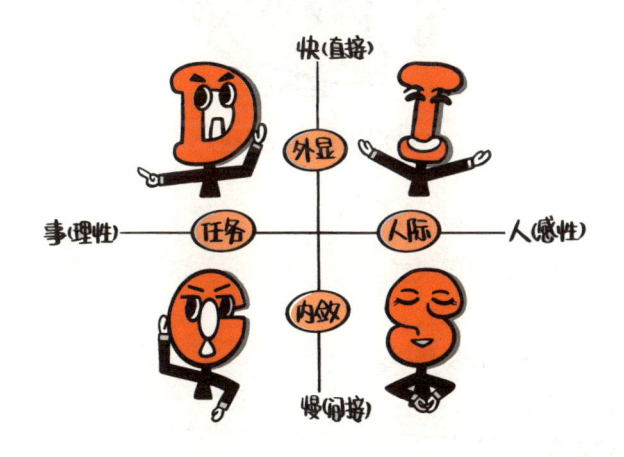

09　DISC四种特质的典型表现

闭门会上四位管理层人员的DISC特质，你看出来了吗？

老狄，典型的D型，后续仍有他的"强硬"表现。

小艾，典型的I型，后续仍有她的"活泼"表现。

司哥，典型的S型，后续仍有他的"温和"表现。

西西，典型的C型，后续仍有她的"高冷"表现。

注意这里的用词——典型，典型有助于快速区分，毕竟是咱们的剧情需要。

D型特质的典型表现

D型，支配型/指挥者，他的八字方针是"目标明确，反应迅速"。

接下来，我们全方位地解析 D 型特质者的典型表现，各位重在理解，而非对号入座。

指挥者

目标明确，反应迅速

表情：自信，盛气凌人。
着装：大气，显示权威。
语言：简洁，短句式。
情绪：外露，容易暴躁。
关注：结果。
激励因素：权力。
消极因素：失败。
沟通方式：告知。
领导风格：掌控、指挥。
做人态度：爱拼才会赢。
做事策略：准备，开火，瞄准。
善用→优势：目标感强、行动迅速、自我驱动、开拓进取。
不当→劣势：一言堂、缺乏耐心、易怒、不关注他人的感受。
代表人物：拿破仑、哪吒
主题曲：《好汉歌》《假行僧》《向天再借五百年》

D 型特质者的相处策略

① 尽量不提反对意见，不要反驳一个 D 型特质的人，因为他的心里不会承认"错误"和"失败"。

第一章 懂 DISC

② 帮他树立权威形象，尤其是在众人面前，当你表现出"听话照做"的姿态，他的权威就得到了最大程度的尊重。

③ 保持方向的一致性，确切地说，是根据他的方向来，他喜欢指哪打哪，他负责指，你负责打。他给出战略方向，你负责坚决执行。

④ 让他看到你的执行力，哪怕是搬一个凳子，也是飞奔着去做。

⑤ 结论先行，再谈过程，凡事先给结果，别说过程。

⑥ 交流讲重点，少说废话，每一句废话都是在浪费他的时间和生命。

⑦ 不要给 D 型特质的人造成压迫感，他习惯了压迫别人，但不喜欢被压迫。

⑧ 请及时反馈工作进展。什么叫及时？随时随地。

I 型特质的典型表现

I 型，影响型 / 社交者，他的八字方针是"热爱交际，风趣幽默"。接下来，我们全方位地解析 I 型特质者的典型表现，重在理解，而非对号入座。

表情：表情包，肢体动作丰富。

着装：显眼，与众不同。

语言：话多，用词夸张。

情绪：情绪化，秒变。

关注：人际关系。

激励因素：公开表扬。

消极因素：被拒绝。

沟通方式：健谈。

领导风格：说服、协商。

做人态度：开心最重要。

做事策略：准备，瞄准，开讲。

善用→优势：口才佳、正能量、擅长交际、活跃气氛。

不当→劣势：冲动、话痨、三分钟热度、缺乏计划。

代表人物：樱木花道

主题曲：《热情的沙漠》《小苹果》《high 歌》

I 型特质者的相处策略

① 热情回应，当 I 型的人问你问题的时候，不要露出任何不屑、冷漠、心不在焉的表情，他问你"吃饭了吗"，你最好说"吃了呀""还没呢"。

② 保持好奇，当 I 型特质的人给你介绍当地美食或热映电影的时候，你应该用好奇心引发讨论，令讨论得以继续，而非毫无兴趣、令谈话戛然而止。

③ 凡事强调感受，"我感觉""我觉得"，这些词是 I 型特质的人常用的。

④ 夸他有趣，尤其是当众夸，他那么努力地呈现风趣幽默，不就是为了等你一句"太棒了""男神男神"！

⑤ 用副词修饰强烈情感，类似于"超、很、最"这些看上去很夸张的词，都是他接受并享受情感的方式，汹涌而热烈。

⑥ 多多互动，譬如在朋友圈给他点赞，在群里 @ 他，见面的时候主动跟他打招呼，反正他在哪里，你眼里都有他。

⑦ 帮他处理好细枝末节的事务，这会让他摆脱烦恼、变得轻松，互补性帮手让他如虎添翼。

⑧ 重视他的点子和梦想，在他灵感迸发的时候，学会在一旁露

出星星眼，发出类似"确实好赞噢""太有想法了"之类的赞叹。

S 型特质的人的典型表现

S 型，稳健型 / 支持者，他的八字方针是"喜好和平，迁就他人"。接下来，我们全方位地解析 S 型特质的典型表现，重在理解，而非对号入座。

表情：和蔼，保持微笑。

着装：低调，朴素与大众化。

语言：话少，有礼貌。

情绪：温和，貌似没脾气。

关注：承诺与稳定性。

激励因素：安全感。

消极因素：不安全感。

沟通方式：倾听。

领导风格：支持、协助。

做人态度：为人民服务。

做事策略：准备……准备……准备。

善用→优势：靠谱、同理心、团队协作、忠诚度高。

不当→劣势：随大流、优柔寡断、不懂拒绝、害怕改变。

代表人物：甘地、圣斗士星矢。

主题曲：《爱的奉献》《心太软》《相亲相爱一家人》。

S 型特质的人的相处策略

① 保持温度，毕竟他是暖暖的样子，互相取暖的感觉，真好。

② 不急不吼，他动作偏慢，别老是嫌弃他的"磨叽"，别老是一味在他面前强调"速度"。

③ 适当放慢行动的节奏，等等他，看他有没有跟上来，如果没有，再等等。

④ 感谢支持与配合，他在付出，不求回报地默默付出，却容易被很多人无视，如果你看到了他，还能表达谢意，这份温暖，无疑将促使他继续付出。

⑤ 询问他的想法，因为他不太愿意主动表达，那就为他创造"化倾听为诉说"的发声机会。

⑥ 适时推他一把，也许他因为纠结而停滞不前，当你推动他，当害怕或恐惧的情绪远去，他更会感谢你的"推动"。

⑦ 关注其压力的变化，这种压力往往会表现在他的脸上，或者"明明答应"却"流露着一丝不安"，千万别让他压力过度，那会使他憋出内伤。

⑧ 一起创造"家"的氛围，你要关心他，同时关心他的家人，他重视家人，正如你把他当作家人一样。

C 型特质的人的典型表现

C 型，遵从型/思考者，他的八字方针是"讲究条理，追求卓越"。接下来，我们全方位地解析 C 型特质者的典型表现，重在理解，而非对号入座。

表情：冰冷，甚至面无表情。

着装：正装，职业装。

语言：精准，不客套。

情绪：克制，平静如水。

关注：规则和流程。

激励因素：标准化。

消极因素：冲突。

第一章 懂 DISC

思考者
讲究条理，追求卓越

沟通方式：书面。
领导风格：制度约束。
做人态度：没有调查就没有发言权。
做事策略：准备……瞄准……瞄准！
善用→优势：专业性强、严谨仔细、注重细节、完美主义。
不当→劣势：苛刻、孤立、不近人情、不易快乐。
代表人物：名侦探柯南。
主题曲：《一千个伤心的理由》《星晴》《大梦想家》。

C 型特质的人的相处策略

① 用数字说话，因为 C 型特质的人对数字十分敏感，他讲求精准，对数字有一种莫名的好感。

② 用事实说话，讲一万句感人肺腑的话，不如摆事实、讲道理，C 型特质的人更相信"眼见为实"。

③ 善用比较法，一旦有了比较，便验证了最后的选择，而且 C 型特质的人总是在比较中收获快乐，比较的过程，也是"去伪存真"的过程。

④ 保证细节上的 0 差错，哪怕是微信里打的一个字、一个标点符号，偶尔错一次还好，如果你经常错的话，他会认为你不值得信赖。

⑤ 沟通中保持良好的逻辑性，跟 C 型特质的人交流时多说说"首先……其次……最后……"，这些用语就是内在逻辑的表现。

⑥ 切勿夸夸其谈，站在客观角度，避免"我认为、我肯定、我觉得"，哪有那么多主观的"我我我"。

⑦ 不主动询问对方隐私，C 型特质的人喜欢与人保持一定距离，尤其在他认为彼此还不够熟悉的情况下。

⑧ 增加互相了解的机会，要走近 C 型特质的人，需要创造机会，是一种循序渐进、水到渠成式的关系养成。

各种特质者的典型风格和相处策略，倘若灵活运用，一切并不难，倘若光看不用，一切将烟消云散。

DISC 理论不是宿命论，而是策略论，它提供了一套描述人类行为特征的方法，就像物理学用速度来描述单位时间内通过的距离，化学用分子式来描述分子的结构。在不同场景中，具体问题仍有待具体分析，你遇到的人也许是复合型的，也许是刻意展示某一种类型特质的，也许是正在调整中的……

10　DISC 理论的应用：个人 + 组织

个人应用

关于 DISC 理论的个人应用，请允许我走一遭奇幻路线。

第一章　懂 DISC

以下是故事，纯属虚构，如有雷同，实属巧合。

大家好，我是张大锤，一名职场新人。咦，有一本书掉在我的面前，捡还是不捡？看那风吹书页的飒飒声，莫非是《如来神掌》？如果我修炼而成，必然独步武林，不错不错！

在招聘网上看到很多企业与职位，到底什么工作适合我？翻翻书吧，感觉我的特质和其中一些岗位描述很契合，"工作适配"算是少走弯路了，抓紧投简历。

见到面试官，被问的第一句话就是"请先介绍一下自己吧"。简历模板都是从网上下载的，脑子一片混乱。翻翻《如来神掌》，仔细分析了一下自己的行为风格，优势有哪些，劣势有哪些，"自我认知"得到了升级，自我介绍相当出彩，面试官也露出了蒙娜丽莎般的微笑。

加入公司，开启奋斗人生，同事们的性情各异，有的像韦小宝一样热情好客，有的像小龙女一样冷若冰霜，我是新手，技能偏弱，该怎么跟不同的人和谐相处呢？翻翻《如来神掌》，既要悦纳人的差异性，还要理解他人的行为风格，"人际关系"果然是门学问！

随着时间的推移，工作开始得心应手，今天要见一个大客户，能否拿下单子事关我的职业前途。翻翻《如来神掌》，果然跟我预判的一样，这位大客户属于结果导向＋逻辑严谨型的人，我得调整一下自己的沟通模式，"高情商沟通"势必为我赢得更多的信任。

从菜鸟走向老鸟，老板也越来越器重我了，在升职加薪之余，让我带领一个小团队，可是我习惯了单干，不擅长管人啊，有点棘手！翻翻《如来神掌》，没错，我需要"知人善任"，把每个人放在与之匹配的位置上，我还需要掌握"团队管理"，让团队成员高效地沟通与协作，作为管理者，【领导力】的提升真的没那么简单！

与此同时，老妈催婚，让我去相亲，我见到了一个姑娘，确认过眼神，是心动的感觉，可是多年来忙于工作，基本没有恋爱经验。青春年少，翻翻《如来神掌》，及时雨一般的"恋爱之道"，难怪她不主动给我发消息，难怪她每次约会点菜都说"你定吧"，我要化被动为主动，成为那个帮她做决定的男人！

结婚前后，截然不同，面对柴米油盐酱醋茶，面对婆媳矛盾，面对一天天长大的孩子……翻翻《如来神掌》，"夫妻关系"也有，"亲子教育"也有，"搞定婆婆"也有（给老婆大人看），真乃天助我也！

大家好，我是张大锤，曾经是一名职场新人，现在已经迎娶"白富美"、当上总经理、出任CEO、实现人生阶段性目标！翻翻《如来神掌》，"人生规划"我早就偷偷看过，只是不好意思告诉大家，如今做出点成绩，才敢拿出来分享。

大家好，我是张大锤，这是我爸妈，特别会为小辈考虑的爸妈，这是我爱人，特别贤淑的老婆，这是我儿子，特别懂事的孩子，他们懂我，因为我懂他们。

我是怎么做到的？

话说当年我捡到的那本秘籍，也就是这本被我称为"《如来神掌》"的《懂得》，我在人生的每个重要节点，都要将它拿出来翻一下。

组织应用

组织的定义有两种。广义的组织就是由诸多要素，按照一定的方式联系起来的系统。狭义的组织是人们为了实现一定的目标，相互协作结合而成的集体或团体。

第一章 懂 DISC

在世界 500 强企业中，一半以上都拥有应用 DISC 理论的经验。DISC 理论为何如此受欢迎？我们不妨看看，DISC 理论为企业管理与组织发展贡献了怎样的力量。

以下为错误示范。

今天有人来面试，我需要给他们做一次 DISC 测评，根据结果来考虑录用与否，如果人岗匹配度高，招！如果人岗匹配度低，放弃！同理，员工晋升，如果领导觉得这个人跟自己的风格相似，升！如果那个人跟自己的风格背道而驰，罢了罢了……

以下为正确示范。

今天有人来面试，是否录用，要考察的是其能力、经验、价值观，以往的业绩表现是否符合岗位的能力要求，相关的从业经验是否能帮助其开展新业务，个人的价值观是否符合企业文化的基本要求。在整个过程中，DISC 测评的结果是参考的依据，也是评估的线索，不决定生死，但可酌情加分。

目前，DISC 理论主要被应用于以下领域和模块。

①【具体操作】如面试指导、员工挽留、人岗匹配等。

②【长效管理】如组建团队、人才盘点、员工招聘、员工关系、职业规划、培训发展、潜力挖掘、压力管理、团队协作、跨部门沟通、销售管理、客户关系管理等。

③【战略层面】如组织架构设计、企业文化建设、变革管理、企业转型等。

你的专业知识（领域见解）越深厚，你在各个模块中的应用就越得心应手、越容易出成果。

如虎添翼，DISC 理论只是"翼"，真正的"虎"是组织，以及让组织运转起来的管理层和为组织付出的每一个人。

目前，DISC 理论主要通过以下形式在企业内得到应用和推广。

①【内训】从外部聘请业内的专业老师，提供与 DISC 理论相关的专业课程的讲授与指导。

②【工作坊】员工在培训与自学 DISC 理论的相关内容之后，

复盘、研讨、深化,并设计落地的企业内部行动方案。

③【员工测评】为员工提供专业的 DISC 测评,让员工了解自己,让主管了解下属,让领导了解团队,让老板了解管理层。认识≠了解,相关人员需要将 DISC 测评的结果,用报告的形式呈现,就是一份"了解"自己与他人的说明书。

④【高管教练】一对一的,或者小范围的,高层管理者对 DISC 团队报告的深入学习与研究,使高层管理者对如何成为一个全能型领导者,产生更多的触动与思考。

一个人,越了解自己,就越能驾驭自己,然后成为一个优秀的人。

一个组织,越了解自己,就越能高效运转,然后成为一个健康的组织。

【DISC 为你准备好不同的学习姿势】

D 型:记录重点,把"拿来即用"的部分,重点标注。

I 型:建立群组,一组人一起学,读书之余进行学习分享,妙哉、妙哉。

S 型:坚持跟进,把学习当成日常事务,认真记、反复看。

C 型:借助工具,譬如思维导图等,把内容整理并存档。

第二章　懂自己

01　Who am I

　　成龙有一部电影《我是谁》，讲的是一个失忆的英雄的故事。

　　黄渤有一首歌曲《我是谁》，歌词写到"有谁能告诉我身在何方，有谁能告诉我心之所向"。

　　李小龙也曾写过一首鲜为人知的诗《我是谁》①，下面节选其中一段。

我是谁？
这是一个老问题。
每个人都会这样问自己，
反反复复，在此时或彼刻。
尽管他向镜中端详，
可以认出自己的面庞。
尽管他知道自己的姓名，
自己的年龄与生平。
但他仍深深地渴望了解，
我是谁？

　　以上，一部电影、一首歌、一首诗，一个萦绕在耳边的问题——"我是谁"。

折纸游戏：九宫格

　　大家看看手边有没有一张空白 A4 纸，如果没有，就找一张大小

---

① 《我是谁》：该诗出自李小龙致李俊九的一封信中，李俊九是韩裔美籍武术家，李小龙生平挚友之一。

差不多的白纸，将其变成九宫格。如果身边还有伴侣、同学、好友，不妨一起来做这个游戏，说不定有惊喜呢！

中间一格，填上你的名字，其余八格，写上你身上的标签或特质，譬如培训师、天蝎座、幽默、足球……

有的人喜欢写"身份角色"，工程师、创业者、新员工、奶爸、老公等。

有的人喜欢写"兴趣爱好"，游戏、钓鱼、旅游、健身等。

有的人喜欢写"性格特质"，活泼、沉稳、乐观、善良、闷骚等。

如果玩这个游戏的只有一个人，你写了什么？在写的过程中，有没有遇到困难？譬如怎么想也想不出，写了一个就再也写不下去，绞尽脑汁却只能写满一半……

没错，我们把时间都花在工作学习、赚钱养家上，却很少花时间思考"我是谁"。

如果玩这个游戏的是一群人，大家各自写了什么？一起交流一下。如果遇到彼此相同或相似的内容，惺惺相惜、喜笑颜开，激动得就差结拜："哇，我俩好像呀，相见恨晚！"如果一圈看下来，没找到一个相同或相似的人，则是另一番境遇，要么一脸嫌弃，要么摆手说："毫无共同语言，再见再见。"

通过"我是谁"的游戏和与之相关的思考，我们学到了什么？

① 悦纳差异。你不能指望每个人都跟你一样，而要学会愉悦地

接纳他人的不同。譬如 D 型特质的小伙伴,要试着悦纳 I 型特质的人、S 型特质的人、C 型特质的人;就像 DI 型特质的小伙伴,也要习惯于职场上存在 SC 型特质的人。

② 同频共振。我们会遇到和自己"意气相投"的人,当一位 I 型特质的销售人员展示着主动热情,也收到了另一位 I 型特质客户的热情回应,那真是极好的。陌生人最容易打破沟通壁垒的方式是——发现对方是老乡,迅速用方言同频!

③ 保持好奇。遇到跟自己截然不同的人,看看人家身上的特点,哪些可以借鉴,哪些可以互补,偶尔马虎的 I 型特质的人,不妨好奇一下 C 型特质的人为何心细如尘,不易快乐的 C 型特质的人,可以咨询一下 I 型特质的人为何始终乐观而积极。

④ 升级认知。我们习惯了困在自己的认知里,不越认知边界半步,然而时代在变、环境在变、人在变,升级认知才能开阔我们的视野。如果你曾经误以为 DISC 是不变的、自己身上只有 S 型特质,如今可以重新审视了。

印度哲学家吉杜·克里希那穆提[①],曾经说过:"认识自己是所有教育的真正目的!"也就是说,你生命中每一次接受教育和学习,包括看一本书、听一堂课,都是在升级自我认知。

02　打开乔哈里视窗

想当年,大家都沉溺在玩 QQ,聊天、写心情、养宠物、布置空间,仿佛 QQ 就是自己的整个世界。为了增加互动效果,QQ 官方特意推出了"好友印象",每个人都可以给好友"贴标签",同时在他的标签下 +1 表示认同。

假如被贴上了:帅气、有才、聪明、独断……

帅气?算你有眼光,我也这么认为。

---

① 吉杜·克里希那穆提(1895—1986):印度哲学家。被公认为二十世纪最伟大的灵性导师。

有才？这已经不是秘密了。

聪明？一直不觉得自己聪明，过奖过奖！

独断？我怎么独断了呀？贴这个标签的人给我站出来！

大多数人的普遍做法是，把所有夸赞自己的标签留下，默默删去那些有损个人形象的标签。

这样的互动，其实是非常有意思的"自我认知"与"他人认知"，只是当初年纪小不懂事，没有将其上升到理论的高度，仅仅停留在娱乐层面。

美国心理学家在20世纪50年代，从自我概念的角度出发，对人际沟通进行了深入的研究，基于"自己知道——自己不知道"和"他人知道——他人不知道"这两个维度，将沟通信息划分为四个区：开放区、盲目区、隐藏区、未知区，这个理论被称为"乔哈里视窗①"。

作为一个广泛应用的模型，它聚焦于自我意识的发现和反馈，恰是我们探讨的重点问题"我是谁"。

---

① 乔哈里视窗：由两位美国心理学家 Joseph·Luft 和 Harry·Ingham 的名字得来，Joseph & Harry = 乔哈里。

第二章　懂自己

开放区：我知你也知。包含了任何我想告诉你，告诉全世界的"关于我"的信息，这扇窗是双向透明的，属于公开展示。譬如，我的名字叫俞亮，我是一名培训师，坐标苏州。

盲目区：我不知你知。包含了被你发现，但我自己没意识到的"关于我"的信息，这扇窗是单向透视玻璃，需要你给我反馈。譬如，菜叶仍卡在牙齿里，前门的拉链忘了拉上，这时候需要有人仗义相救，否则自己会洋相百出，好尴尬！

隐藏区：我知你不知。传说中的个人隐私，这是我不想让别人知道的、处于保密状态的"关于我"的信息，这扇窗也是单向透视玻璃。譬如，我的年龄一栏写了"80后"，但我不会告诉你具体是哪一年。当然，有人喜欢把"婚姻状态""感情状态"放在这个区域中。

未知区：我不知你不知。关于"我"的潜力、潜意识、潜在需要，往往都在这里，这扇窗是神奇的窗，平时紧闭，偶尔开启。譬如，张三是一个手无缚鸡之力的书生，恶少准备捏这个软柿子，阻止他进京赶考，张三情急之下，使出浑身解数，居然反杀了恶少！自此，坊间流传起"张三疯"的传说，张三的战斗数值被曝光，最后尽人皆知，张三的"武功"也从未知区转移到开放区。

前面让大家拿A4纸写下九宫格，现在到了揭秘的时候了。

譬如有一个词——"妻管严"。

你写了，别人也点头说"没错，你就是这样的"，这是开放区。

你写了，别人说"原来你是妻管严啊，看不出来啊"，这是将隐藏区转为开放区。

你没写，别人说"你不也是个妻管严嘛"，这是盲目区。

至于未知区，你既没写出来，也没人告诉你，有待生活的解锁。

我们在认识自己的过程中，最大的忌讳就是"定论"，举个例子，爱因斯坦9岁的时候甚至不能完整说话，他妈妈和"权威"专家一度说他是智障者，后来的故事大家都知道了，没有他，就没有"狭义相对论"和"广义相对论"。

无论打开什么窗，我们都要用发展的眼光，看自己、看别人、

看这个世界。

世界是变化的，人是发展的，人活着的每一天，都在进行自我认知。

03　神奇的 DISC 测评

我记得，我人生中的第一份测评是在小学五年级，试卷（小孩子不懂，只会称之为试卷）有 3-4 张纸，至少 100 道题，有加、减、乘、除，也有图形配对，还有填空写字，题型纷繁复杂，限时完成。

长大以后，因为做过行为风格测评、领导力测评、情商测评，才发现当年做的是"旧版"的、纸质版的智商测评。

测评，是以现代心理学和行为科学为基础，通过心理测验、面试、情景模拟等科学方法，对人的价值观、性格特征、发展潜力等心理特征进行客观的测量并给予科学的评价。

DISC 行为风格测评，就是测评中的一种，随着计算机与互联网技术的应用，早期的纸质测评，发展为线上测评，测评结果更容易保存，相关人员根据测评结果进行大体量的数据库分析。市面上的 DISC 测评，通常是 24 道题、28 道题，甚至更多道题。在这些 DISC 测评中，有的是免费的，有的是收费的，后者更专业、更科学、更全面、更系统，也更具有信效度和参考价值。

老天爷给所有东西都定了价，免费的反而是最贵的，你品，你细品。

测评，一个科学、快捷、有效的方法，帮助个人和团队进行决策参考，作为"知己解彼"和"知人善任"的依据。

当然，人们对测评，仍存在一些误读。

娱乐论　混淆了"娱乐测评"和"科学测评"的概念，什么是娱乐测评？你在刷朋友圈的时候，莫名其妙刷到的，回答 3～5 个问题，然后跳出一个答案，"恭喜，您上辈子是成吉思汗"，于是你感觉，浑身充满射雕英雄的力量。过一会儿，你点击链接，又做了一遍，答案秒变"恭喜，您上辈子是貂蝉"……类似的，看几张图画，就测出你是哪个画家转世，听几首歌曲，就直接推算你是"XX人格"，这种纯粹搞怪、博你一笑的测评，就属于"娱乐测评"。相反，有着科学的理论与临床依据，具备强大的后台管理系统，支持海量的数据运算，输出个性化的测评结果与对应分析，这种测评就属于"科学测评"。

无用论　这是一种极端认知，认为测评没用，发自内心地抗拒。拥有这种心理的人可能从来没做过测评，不了解测评效果，因为不了解，所以不愿做；也可能是曾经在测评的问题上受过伤，背后有段不为人知的故事，譬如因此被同事贴上负面的标签……

万能论　这是另一种极端认知，认为测评是灵丹妙药，把所有希望都寄托在测评上，孟子曰"尽信书不如无书"，测评工具也是一样的。测评可以帮助人们发现问题，但只会提供一部分线索；测评可以帮助人们分析问题，但人们只能依据当时情境来获得解决问题的思路。

【测评的基本特点】

- 测评有收费测评和免费测评之分，收费的测评往往能看到免费测评看不到的部分。
- 测评基于职场，做测评之前，建议被测脑海里浮现工作场景。
- 测评完整展示被测者行为风格的特征和变化。
- 测评被需要正视和善用。
- 测评，最终产出一份报告，但更重要的是拿到报告的人，如何解读报告，如何行动。

世界500强企业为什么在很多方面又强又领先，测评的广泛应用和推广，是其中一个重要原因。使用测评、输出报告，这也凸显了DISC测评及报告在企业运作与管理中的价值。

- 价值一，统一语言模式，形成一种便于理解的企业文化。

- 价值二，通过以 DISC 为代表的测评，帮助被测者更好地认识自己、发展自己，并将测评作为个人觉察与能力提升的工具。
- 价值三，帮助管理者更好地了解员工，理解团队成员的属性，促进团队沟通与协作，堪称领导力发展的秘密武器。

04　体检报告 & 藏宝图

做完测评，拿到自己的测评报告的一瞬间，你在想什么？

迫不及待想要看结果，还是默默猜测报告内容与自我认知的差距？

DISC 测评报告像极了体检报告

一早出门,忽然觉得头晕,天旋地转,什么原因?没吃早饭、睡得太晚、压力太大、高血压、低血糖,各种可能性……自行揣测是可以的,只是未必准确,专业的判断出自医生,医生在一番望闻问切之后,借助仪器设备的医学检查,最终得出科学的结论。

于是,你付费做个检查,买个安心,等着护士小姐姐喊你去取体检报告。

DISC 报告,有点像体检报告,医生建议每年做一次体检,咨询师建议每年做一次测评,因为无论是人的身体器官,还是行为风格,不会整天变来变去。

体检报告不是为了说明你病得有多严重,而是通过身体指标的变化及给出的建议提醒你应当注意的地方。医生拿着体检报告,语重心长地叮咛,健康别大意,防患于未然,例行体检是对自己负责!

如果觉得体检报告令人忧心,我们不妨换个角度。

DISC 报告也是一张藏宝图

报告显示你有很多宝藏,散落在沿途、隐匿在孤岛、埋藏在洞穴,已知的宝藏,捡起来就行,未知的宝藏,需要我们去探索。

宝藏 1:DISC 四个因子的曲线图。这张图展示了不同状态下的你。图上,D-I-S-C 四个字母,分别落在不同的位置上,彼此相连,形成了一条特有的曲线,高高低低,展示了四种行为风格的特征与表现。落在图表中较高区域的因子,就是俗称的高 D、高 I、高 S、高 C,也就是本书剖析的显著类型——D 型、I 型、S 型、C 型。

宝藏 2:综合评价。综合评价包含了综合行为特征、最佳激励、适合职位、对组织的价值等重要信息。感觉每一个都是奇珍异宝,分分钟流露出,我是谁、我的行为是什么、我想要什么、什么适合我。

宝藏 3:图表解析。曲线图有 3 张,自然场景中人的 DISC 四因子曲线图、工作场景中人的 DISC 四因子曲线图、压力下的 DISC 四因子曲线图，也就是完整看待世界上独一无二的你。除了基本的文字解读，相应的激励因素与行为特征，也能够一并挖掘出来。

DISC四因子曲线图

宝藏4：压力剖析。没压力未必是好事，有压力未必是坏事，重要的是，你有没有觉察到压力的存在，通过压力找到压力源，有的压力需要缓解，有的压力需要面对，还有一些压力，需要无视。

DISC 的四种行为风格，存在着完全不一样的优势和劣势，当我们看到优势时，暗爽一下，然后回到平常心；当我们看到劣势时，心里咯噔一下，也要回到平常心；优势和劣势是自我觉察，而非人生烙印，平常心才能持续前进。

【如何理解"觉察"二字】

觉察始于表面，逐步深入，但是，大部分人的觉察，在某一个点上就停止了，尤其是当我们接收到各种噪声、歌声、美或丑的景色时，但是我们却没有觉察到自己对它们的反应。

你看见一棵美丽的树，它的叶片在雨后闪闪发光。

你看见阳光照在水面，也照在鸟儿色泽艳丽的羽毛上。

你看见背负着重物进城的农民，也听见他们爽朗的笑声。

你听见狼狗的叫声，也听见自己内心的恐惧。

这一切都是觉察的一部分，是你对身边万事万物的觉察，不是吗？

你拿着专业报告，一边读，一边进行自我觉察。

第二章 懂自己

报告不是结论,更多的是阐述你当前的状态,以及未来的可能性。

如果你身边有经验丰富的咨询师,解读报告的事情,可以交给他们,让专业的人做专业的事。如果身边没有这样的资源,图形能看出个大概,文字基本都认得,自我解读可以吗?也行!

报告解读的两大基本原则

第一,保有自我,适应他人。

你手上的报告,是根据你的实际情况产生的报告,世界上很难有一份一模一样的。

整份报告围绕的核心,就是"自我"和"适应"。

"自我意识"或"自我概念",主要是指个体对自己存在状态的认知,是个体对其社会角色进行自我评价的结果。在我们的经验中,觉察到自己的一切,而区别于周围其他的物与其他的人,这就是自我意识。

适应,生物的形态结构和生理机能,与其赖以生存的环境条件相适合的现象。一方面指生物各层次的结构(从大分子、细胞、组织、器官,乃至由个体组成的种群等)都与功能相适应;另一方面是指这种结构与相关的功能(包括行为、习性等)适合于该生物在一定环境条件下的生存和延续。

说白了，先理解"我是有独立个性的"，所以我跟别人不一样，实属正常，当我面对不同环境（不同图表所展示的样子），我是会觉察并调整的，"物竞天择，适者生存"，这也是达尔文在《进化论》中提出的核心思想。

保有自我是常态管理，适应他人是用对方喜欢的方式与之相处。

这里分两步，第一步是理解对方，第二步是用对方喜欢的方式，这里有个技术叫作搭桥技术，也就是让彼此产生连接，而非各自孤立，自己主动搭桥，或者邀请对方搭桥。

第二，不给自己找借口，不给别人贴标签。

没有经过专业学习的人，在自我解读的过程中，会不自觉地"设限"，具体行为表现就是"找借口""贴标签"。

找借口，借口的合理化，是一件可怕的事情。

难怪我不喜欢做报表，每次提交的数据都有错；难怪我的执行力这么差，写一本书，一年都没交大纲，算了算了，命中注定，写不成书了……借口一旦形成，自暴自弃就变得合情合理了。

贴标签，标签的固态化，也是一件可怕的事情。

和下属交谈时，领导说："你一点 I 型特质都没有，所以单位组织的演讲比赛，貌似也指望不上你。但是你的 S 型特质很高，适合在比赛期间当志愿者……"

我把报告的解读原则说在前面，以免读者走入误区。

无论是你自行解读报告，还是将报告交给别人解读，都要清晰理解这两个基本原则，否则，错误的解读方式，会令报告失去原本的价值。

将这么好的一份"体检报告"和"藏宝图"，浪费了，岂不是暴殄天物。

05　不同状态下的我

市场上知名的 DISC 测评系统有很多，各家的收费报告也各有

千秋。

譬如，Discus、BESTdisc、ThomasDISC、TTIDISC、EverythingDiSC（以上排列顺序，根据作者认证或接触的先后顺序进行），均有一定的社会影响力和用户基础。其中，既有国际化背景的，也有国产研发的；既有生成两表的，也有生成三表的；既有只进行 DISC 测评的，也有 DISC+ 情商、DISC+ 激励因子的组合测评；基于各自测评系统的报告特色，有兴趣的读者，可向官方机构进行进一步了解。

本节采用的是三表分析，在此特别鸣谢 BESTdisc 测评系统给予的支持。

自然状态的"我"

报告上最显眼的就是 3 张图，每张图代表着不同含义，左边是"我"，右边是"我"，中间还是"我"。

这么多维度的"我"，会有怎样的故事和内心对话呢？

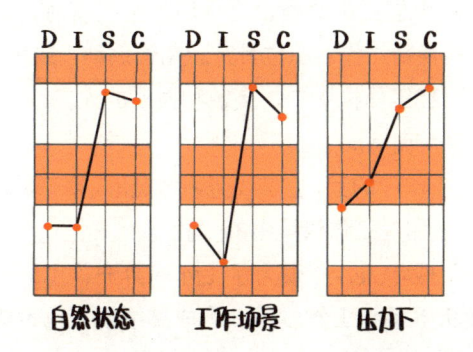

第一张图，自然状态，综合外在与内在因素的行为模式。

理论视角：工作场景与压力下，两者的交互作用。

稳定程度：相对稳定。

透明程度：通常被他人和自己所熟知。

图形由来：代表每个人对自己的特定认知，是个体内在、天生、固有的，以及个体对环境所期待的，两种行为模式的结合。

展示对象：生活中接触与面对的所有人。

自我状态：别人眼中的"我"，别人对"我"的"好友印象"，以及我留在世人面前的"我"。

内心独白：这就是暴露在大庭广众下的我。我努力保持原来的样子，也努力适应环境变化，我想让你们看到无比真实的我，又碍于人设打了一层【滤镜】。总而言之，这是我传递给大家的信号，也是大家统一接收到的信号，我们之间的关系，决定信号的强弱。

工作场景中的"我"

第二张图，工作场景，外在行为模式。

理论视角：变化的情境。

稳定程度：刻意调整，随变化而变化。

透明程度：通常为部分人所熟知。

图形由来：测试者基于特定的环境，试图呈现在别人眼中的理想行为模式——"环境面具"。将环境面具应用在工作场景中，即测试者认为这种行为模式最适当，当环境发生改变时，该图形可能会随之调整，如转换新工作、职位晋升、岗位调动，或者搬新家。

展示对象：在工作情境中，接触和面对的人，包括上司、下属、同事、客户、供应商等。

自我状态：工作中的我，也是我努力佩戴的，期待呈现出来的"工作面具"，以及我留在工作情境中的"我"。

内心独白：成年人，必须为了工作而奔波，也必须为了工作而改变自己。我希望拿到工作成果，达成高绩效，也希望处理好人际关系，保持和谐友好；我希望在工作中满足大家对我的要求和期待，也希望自己用100分(满分)的标准来扮演好自己的职场角色。所以，这是我认定的，工作场景中的环境面具，如果我扮演得很好，请为我鼓掌；如果我演技差劲，请看到我至少为此努力过。

压力下的"我"

第三张图，压力下，内在行为模式。

第二章 懂自己

理论视角：固有的行为模式，稳定的人格。

稳定程度：稳定，很稳定。

透明程度：通常连测试者本身都不自知。

图形由来：隐藏在内心深处，没有被表露的潜在特质。代表最真实自然的内在动机和欲求，常在测试者处于压力甚至高压下才显现出来，是因为测试者本身没有时间，或者没有空间去思考，如何调整自己的行为。

展示对象：压力爆发时，撞见谁就是谁。

自我状态：压力下偏向本能的我，也是被"封印"的我，甚至是连自己都不知道的"我"。

内心独白：每年365天，没有人会一直活在压力下，我也一样。所以，压力下的我，偶尔会在剧情中闪现。这里谈到的压力，往往是重压下，爆发的一瞬间或者一阵子，急促而迅猛，旁观者如果是第一次目睹，可能目瞪口呆。因为杀伤力不可预计，所以我们累积的情绪往往喜欢在最亲近的人面前爆发，事后还会像失忆般地问"我有吗"。

不同状态下的"我"

自然状态：习惯行为，自己、他人都熟知的"常态"模式。

工作场景：环境面具，特定环境中呈现出的"面具"模式。

压力状态：真实反应，内在、下意识的反应与动机，"本真"模式。

这里，我试着用另一种方式，让大家记住这3张表。

自然状态＝真；工作场景＝装；压力下＝逼。

也就是说，自然状态是接近于【真】的真实反映，处于舒服、放松状态下的"我"和我的"常态"。工作场景是接近于【装】的角色扮演，是"我"在适应环境与他人的过程中，有意或无意的调整，包含了一定的善意"伪装"。压力下是接近于【逼】的需求，在重压下被逼出来的"我"，比真实的"我"更真实的自己。

如果你看到三张表有所不同，背后往往是"有意识"地【变】。

人是善变的，变则通，通则灵。

06　纵览三表 & 因子升降

"我的三张图长得差不多，一看我就表里如一！"旁人投来赞许的目光。

"我的图完全不同，发生了什么？"旁人开始起哄，半开玩笑地抛出"痛苦""两面三刀"之类的评语。

必须制止这样的错误解读，厘清几个概念性的问题。

三表一致

三个状态的曲线，趋势总体相似，表明测试者处于相对稳定的状态，较少体验到环境的压力，但测试者较少体验到压力并不是意味着没有压力。

这类测试者是一个忠于自我的人，活得很舒服，也很自我。

三表不一致

三个状态的曲线，趋势两两不相似，差异化较大，表明测试者可能在填写测评的当前，遇到相对大的变化或变故；可能是测试者对自己的行为风格不清晰，正处于迷茫和探索阶段；也可能是无效

报告，建议重新测试。

如果测试者当前工作效能较低，其自身的定位可能出了问题，处于暂时的混沌状态。如果测试者当前工作效能尚可，说明其处于硬扛的状态，关键是他能扛多久。

自然状态的曲线与压力下的曲线一致

工作场景中的曲线趋势和压力下的曲线趋势有差异，但是自然状态下的曲线趋势和压力下的曲线趋势相似，表明测试者处于相对不稳定状态，有可能体验到环境带来的压力，在工作中有些许尝试，试图做一些调整和改变。

自然状态的曲线与工作场景中的曲线一致

工作场景中的曲线和压力下的曲线有差异，但是自然状态下的曲线趋势和工作场景中的曲线趋势相似，表明测试者处于另一种相对稳定状态，它通常表明测试者已经完成对环境的适应，对压力的体验也将随之减轻。

报告中所呈现的状态，趋势相同或趋势有所改变，到底好还是不好？

这要从另一个模型上来看，意愿 - 效能 - 支持。

如果你对自己所要做出的改变，自身意愿是主动积极的，效能及结果是个人和组织想要的，人际关系的支持也是友好而充分的，那么，哪怕你要做出极大地改变，也可能是"乐在其中"。

三张图，既然都是"我"，有的人是近似的，有的人是差异化的，还有的人是"看上去离谱"的，慎用"表里如一"，多从"三表是否一致"的角度去分析。

因子升降变变变

三表之间，两两对比，你会发现曲线变化的背后，是 DISC 四个

因子的升降。D为什么上升？C为什么下降？

看懂因子的升降，实际上是看懂报告的主人。

D上升：与目标、资源、节奏、强度、改变等有关。

D下降：与被压制、强势上级/伴侣、无法自主、士气情绪低沉等有关。

I上升：与人际沟通、积极性、影响力、激励等有关。

I下降：与绩效、集体氛围、工作性质改变、被要求务实等有关。

S上升：与耐性、友好、传统、稳定、集体氛围、团队需要等有关。

S下降：与环境改变、减少对人的关注、被要求灵活等有关。

C上升：与责任、标准、流程、原则、绩效、合理性等有关。

C下降：与环境压力、风险、灵活性、标准模糊、善变的上级等有关。

接下来我们通过案例讲解的方式破译，暂且我们把DISC因子设定在——跟自然状态相比，工作场景中DISC的升降。

D上升。最近单位接了个大单子，据说将推动公司上市，全体员工都有了目标。我铆足了劲，誓死完成工作目标，工作节奏加快了，执行力加强了，加班是常态，总之"豁出去了"。干劲十足的背后，

第二章 懂自己

是"结果导向"和"目标驱动"。

D下降。我管理着一个小团队，原本都是我说了算。最近部门优化，空降了新上司，人称"鬼见愁"，做事雷厉风行，在他面前，我基本都以点头为主，很少提出异议。

I上升。我接手了公司的一个紧急任务，成立工会。对外，我主动向有经验的同行、前辈请教；对内，我与各个部门的领导进行联系，寻求他们的支持。同时邀请一些员工吐露心声，表达诉求。一天从早忙到晚。

I下降。我刚从大学毕业，作为职场小白，多少有点迷茫。我试着让自己低调一些，毕竟职场上有很多规矩要守，还有很多雷区要躲避，单位给我安排了一位"师傅"，带我熟悉工作。

S上升。原本我是做销售工作的，最近被安排到后台的客服部门。我需要培养和保持自己的耐心，应对客户的各种咨询、疑问，甚至投诉，既要让对方感受到我对问题的重视，还要让客户感受到服务的温度，每次都是语气平和地说："您还有其他问题需要反馈吗？"

S下降。我们是一家互联网公司，老板强调的是创新、创新再创新，产品更新迭代非常快。上个月还在研发小程序，这个月已经在布局内容电商了，老板的嗅觉很灵敏，也总能捕捉商机，他对大家说，每个人需要做的就是，加快脚步，跟上节奏。

C上升。从一家欧美企业，跳槽到一家日资企业，虽然都是大企业，但是对于标准化的管控是有区别的，这里到处是SOP、5S管理，连卫生间里都有各种指引，告诉我这该怎么做，那该怎么做，我必须融入新的体系。

C下降。领导将任务交代给我，没有明确的标准，也没有具体的流程，只有一个要求，限期完成。我试图按照最高标准去完善每一个细节，却发现太浪费时间了，先完成，再完美，放下执念，先把任务搞定再说。

看完案例，你是否懂了一点因子上升、下降的底层逻辑？因子升降的背后，隐藏着最真实朴素的原因，至于原因是什么，只有做出调整的人最清楚。

07　环境与他人对"我"的影响

在因子上升和下降的案例中，环境和他人，都在潜移默化地影响着"我"，所谓人生，就是影响和被影响的过程。

从学校到职场，从转岗到晋升，从老板到客户，周遭的人和事，或多或少地影响着我们的行为和判断，于是"我变了"。

环境对我的影响：孟母三迁。

孟子小时候，父亲离世，母亲成为单亲妈妈。

最初，他们住在墓地旁边。孟子和邻居小孩一起玩耍，学着大人跪拜、哭嚎的样子，甚至模拟丧事一条龙的游戏。孟母看到了，皱起眉头："不行！我不能让孩子住在这里！"

孟母带着孟子搬到市集旁。到了市集，孟子又和邻居小孩一起玩耍，学起商人做生意的样子，一会儿欢迎客人、一会儿招待客人、一会儿和客人讨价还价……孟子的妈妈知道了，又皱皱眉头："这个地方也不适合我的孩子居住。"

于是，他们又搬家了，这一次，他们搬到了学校附近。孟子开

第二章 懂自己

始变得守秩序、懂礼貌、喜欢读书、追求上进。这时，孟母很满意，点头说："这才是我儿子应该住的地方呀！"

孩子贪玩是天性，因为好奇而模仿，有样学样，孟子也一样。

想想如今的家长，为什么要选购学区房，为什么在意学校的教育环境，都是对环境的选择。

没得选就算了，有得选，肯定选择更好的。

环境对"我"的影响：斯坦福监狱实验

著名的"斯坦福监狱实验"，可以从另一个角度印证，环境真的会对"我"产生影响。1971年夏天，斯坦福大学[①]的心理学教授菲利普·津巴多和同事们在大学地下室，搭建了一个模拟监狱，征集了24名心智正常、身体健康的志愿者，每人每天可以得到15美元的报酬，但是必须完成14天的实验。

这些志愿者被随机分成两组，12人充当警察，另外12人充当囚犯，实验时每组只有9人，3人后备。一切模拟真实的监狱环境，囚犯分别被"警车"押送到监狱，然后被搜身、扒光衣服、清洗消毒、穿囚服（像连衣裙一样的罩衫）、右脚戴脚镣。

囚犯志愿者被关在监狱后就不能自由行动，3个人住一个小隔间，只能在走廊放风，所有人没有名字只有编号。充当警察的志愿者，没有进行过与狱警相关的培训，只是被告知可以做任何维持监狱秩序的事情。

过程在此不表，有兴趣的读者可以查阅相关资料。德国和美国，还分别在2001年和2015年拍摄了同名电影。到了第5天，实验被叫停，因为教授、志愿者、旁观者均发现，所有人被深深卷入了自己所创造的监狱环境，以及沉浸在扮演的角色中，无法自拔，不管是警察还是囚犯，甚至主持实验的教授也化身维持监狱秩序的法官形象……

一个人所处的环境，不只影响着人们看到的、听到的、接触到的种种，更多的是影响人的心智模式和思维方式。

长期所处的环境，可以逐渐改变一个人的性格。

---

① 斯坦福大学：位于美国加州，临近著名高科技园区硅谷，是世界著名的私立研究型大学。

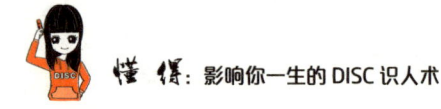

人当前所处的情境，可以立刻改变一个人的行为。

前面说到，环境对"我"产生了影响，那么环境中的人呢？孟母、志愿者，也在传递着他们的个体影响力……

我有一个朋友，最近沉迷于学习不可自拔。询问了一下，他说，主要是身边的朋友们对他产生了刺激，一个个都在朋友圈晒训练营、晒学习打卡、晒个人成长与蜕变。

环境，离不开人，人创造了环境，也在环境中影响他人，或被他人影响。在一个人的一生中，"我"遇见的人千千万，影响"我"的人也不在少数。

最初的影响来自父母，也可能来自爷爷奶奶（家人）。以前看过一部电视剧，女主质问孩子："谁教你这么说话的呀，你还这么小，怎么就学会说脏话了呢，哪里学的？"孩子很胆怯，他只是无意间听爷爷说了几次，慢慢就学会了。女主后来质问老爸，说他没做好一个爷爷应该做的事，还影响了孙子的语言习惯，爷爷连忙道歉，毕竟他自己也想不到，几句口头禅，怎么就从自己嘴里，跑到小孙子的嘴里呢。

在学校读书，老师、同学、书本开始对"我"产生影响；职场打拼，上司、同事、客户开始产生影响，结婚生子，配偶、子女开始对"我"产生影响，影响不是单线的，而是相互的。

这些影响包含了价值观，也包含了情绪反应和行为倾向性，后面我们会专门为大家讲解，如何读懂身边的人。

08　与压力共舞

在 DISC 测评报告中，经常会出现一个词：压力。

有的人，看到这两个字，浑身就打哆嗦了，其实压力没那么可怕，就算是标上了压力等级，也不必惊慌。

你可以把自己跟压力的关系，想象成一场双人舞，不会跳没关系，踩几次脚就会了，虚心学，认真学，积累经验，总会进步的。一旦

协调了，跟着音乐的节拍，那曼妙的舞步，定会羡煞旁人。

我们先理解一个词：压力痕迹。

测评当中的压力，不是指测试者个人的压力感受，而是通过三张表的 DISC 变化，得出行为的压力痕迹。至于压力等级，有的可以忽略不计，有的可以自行调适，极少数的部分需要寻求指导或帮助。

压力最早是个物理术语，我们记住了压力 = 压强 × 受力面积（F=pS），也记住了牛顿和帕斯卡两位物理学家。

如今，我们日常提到的"压力"，属于医学和心理学范畴。压力源、压力反应、减压方法，当我们试图走近压力，才发现它不是吃人的猛兽，而是人类文明进步的朋友。

人们的压力源，往往来自两个方面，一是内部（自我），二是外部（环境和他人）。内部压力可表现为缺乏自我肯定、过于追求完美；外部压力可表现为工作环境中的压力、生活环境中的压力、社会环境中的压力、自然环境中的压力。

送上压力的 5 句箴言，让大家进一步了解压力，也学着与自己的压力共舞。

第一句：压力是真实存在的。

压力是人的一种主观感受，一般产生于一些比较难处理，或者对自己有威胁的情况和事件。压力不是这些情况和事件本身，而是人们对这些情况和事件的理解和反应。

第二句：压力不可避免，伴随我们的一生。

压力是生活必备品，从你懂事开始，压力就随之而来，过年有家不敢回，为啥？七大姑八大姨，关心你读书的成绩、在哪读大学，有工作没、工资多少，有对象没、什么时候结婚……

第三句：生命就是克服一连串压力的漫长征程。

兵来将挡水来土掩，七大姑八大姨是躲不掉的，克服压力，迎难而上。小升初、中考、高考、相亲、结婚，不就这么挺过来了吗？第一次上台演讲，第一次主持会议，第一次达成业绩……事后想想，压力不过如此！那些成功是可喜的，失败的经验也是宝贵的。

第四句：适度的压力可以让生活更加美好。

写书有没有压力？如果没压力，可能就停滞了，半途而废了，直到我给自己增加了适度的压力（目标感、时间节点、监督人），逼我自己每天必须完成2500～4000字，才有了今日你我在纸面上的相遇，与压力共舞，在掌声后谢幕。

第五句：过度压力要关注。

如果在 DISC 测评报告或其他性格分析上，显示了压力的存在，坦然面对，一切都是 OK 的，如果是专门用于压力诊断的测试量表，建议在心理咨询师的专业指导下应对。什么是压力过度？譬如，你右手举起一瓶矿泉水，很轻松，一直就这么举着，保持 1 个小时，你的感受是什么？

山庄"闭门会"成员的故事还在继续。

CEO 对自己管理的团队还是很了解的，共事这些年，他也看到了下属们的压力反应和减压方法，尤其是当他们背上业绩指标和团队 KPI 的时候。

老狄：他能在高压下工作，压力反而会激发他的斗志，至于减压，他喜欢来一场酣畅淋漓的拳击。

小艾：她在压力面前会变得情绪化，最好别惹她。她的减压方

式是卖力 K 歌，聚众吃火锅，或者疯狂购物。

司哥：他的抗压能力较差，特别是突如其来的那种压力。他喜欢把压力藏在深处。

西西：她不会跟压力正面交锋，更喜欢合理化地缓解压力。只要远离人群，进入安静的环境，她的压力就自行缓解了。

DISC 四种特质常见压力反应

D 型：支配。在高压下把压力转移给别人。

I 型：攻击。在高压下用语言或动作攻击别人。

S 型：妥协。在高压下认输、认怂、认栽。

C 型：逃避。在高压下"不与争论"，退出当前环境。

DISC 四种特质常见的减压方法

D 型：竞技运动。去健身房撸铁，打一场羽毛球，或者玩吃鸡[①]游戏，通过竞技的快感、成就感、忘我状态，找回自信心，击溃压力。要注意的是，别跟高手找虐，尽量捏捏软柿子，享受"赢"的感觉。

I 型：把酒言欢。通过聚会的方式，享受美食和美酒，聊天、唱 K、怒吼，把心中的郁闷全部发泄出来。不喜欢一个人的孤独，只喜欢跟老朋友、新朋友一起狂欢，推杯换盏。

S 型：信任聊天。同样是聊天，S 型特质的人喜欢安静的环境，喜欢找一处咖啡馆，与 1～2 个朋友或闺蜜，相互吐槽，平和地交流。或者，宅在家里，与好友远程聊天，累了就刷热播剧，让时间和压力默默溜走。

C 型：独处思考。一个人，选一本颇有深度的书籍，或者挑一部豆瓣高分的烧脑电影，不想被人打扰，也不愿意被花花世界分散注意力。

减压的方法千千万，对你管用才是真的有用。

面对 DISC 测评报告，面对行为风格中"压力"的部分，有的人

---

① 吃鸡：网络流行语，"大吉大利，晚上吃鸡"，简称"吃鸡"。最早源于电影《决胜 21 点》，随后在游戏《绝地求生》中出现而火遍网络。

陷入痛苦和焦虑,开始寻求减压的方法;有的人却一身轻松,毫不在意,"没问题啊,有点压力很正常,我搞得定!"

这两种态度没有好坏之分,仅仅是每个人应对压力的反应机制不同。

在这里,需要再次强调,DISC 报告上呈现的"压力",展示的是压力痕迹,它不是用来分析心理疾病的,也不是用来测量抑郁指数的,一旦觉得压力超出了自身的可控范围,不妨寻求专业的心理咨询。

09　调适力 & 驱动力

2020 年初,有一部热播剧——《安家》,女主角房似锦(孙俪饰演),从大山走出来,到上海打拼,从一名基层业务员,晋升到安家天下中介公司大区经理,之后接到"政治任务",前往静宜门店担任店长一职,目的是干掉另一个店长徐文昌(罗晋饰演)。

前几集,身为"空降兵"的她,给同事留下的印象并不好,人虽干练,但不苟言笑、不近人情、不食人间烟火,与众人格格不入。

作为店长,她没有善用 DISC。

她当时展示的是 CD 特质,C 的一面,一成不变的职业装,不懂变通的工作方式,缺乏必要的人情味;D 的一面,强逼女同事扮卡通人偶发传单,巧取豪夺男同事的单子和业绩,简直是门店里的"天煞孤星"。

日夜相处,静宜门店提供了一个其乐融融的家庭"环境",徐文昌等同事,营造了正面积极的"他人"影响力,互帮互助、齐心协力、有福同享、有难同当;相反,"笑面虎"般的客户、"白莲花"般的闺蜜、"后妈"般的亲妈,营造了负面消极的"他人"影响力,基于环境和他人的影响,以及内在的心理斗争,最后,房似锦变成了一个温柔有爱、喜笑颜开的姑娘,人生的灰暗感,被一道光迅速替代。

从 DISC 角度来分析,随着剧情的发展,她开始善用 DISC 特质。

第二章 懂自己

D 的一面,她有担当,有责任感,身先士卒。
I 的一面,她有人情味、重情重义,偶尔也能与同事一起 high。
S 的一面,她热心肠、关心弱者。
C 的一面,她心细如尘、专业精进、坚持原则。

改变不是一瞬间的,而是在不断地影响和被影响下,慢慢调整。我试着模拟了一下,第一集和最后一集,房似锦的 DISC 测试报告曲线图,变化真的不小。

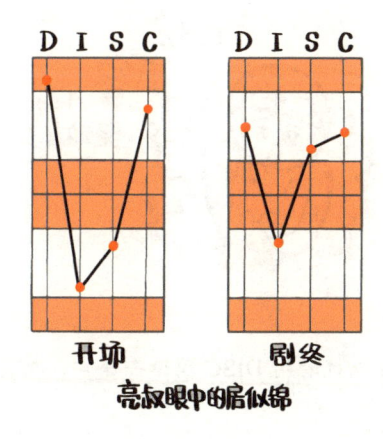

亮叔眼中的房似锦（开场 / 剧终）

房似锦还是那个房似锦,她还是她,过去是,现在是,未来也是。她选择用更好的方式去面对人生,所以才有了前后的巨变。

人生中,有一种力量,叫作调适力。

调适力:调整自己,适应他人和环境,以便融入集体或组织,达成目标和创造绩效,让自己和别人都感受到"舒适"。

虽然这是一个新词,但相信你可以很好地理解它。

在人生中,还有一种更强大、更神秘、更惊人的力量,叫作驱动力。

【驱动力】

丹尼尔·平克[①] 在畅销书《驱动力》里提到,人有三种驱动力。

---

① 丹尼尔·平克:美国著名作家,趋势专家,《全新思维》《驱动力》的作者。

第一种是来自生物性的动力，出于基本的生存需要。

第二种是来自外在的动力，即奖罚并存的萝卜加大棒模式。

第三种是来自内在的动力，也就是内心有一种把事情做好的欲望。

现实表明，第三种驱动力是最能激发和调动人的积极性的，如何激发我们的第三种驱动力呢？

至少，我们可以试着用 DISC 理论去探索，相关内容将在本书后面的章节中进行讨论。

驱动力是个复杂的话题，但我们可以继续在 DISC 的世界里寻找答案。

房似锦的驱动力是什么？她的驱动力，应该是 D。

小时候，她的脑子里只有一个字，活。

工作以后，她的脑子里是另一个字，赢。

她要的是，明确、清晰、可实现的目标；她要的是，干脆、清爽、可掌控的人生；她要的是，人定胜天的勇气与誓不低头的信念。

那么，你找到你的驱动力了吗？

房似锦是千千万万个"我"的缩影，太阳每天在升起，每个人都应该努力让"我"活得更精彩！

10　人生态度与座右铭

人的行为风格，除了影响情绪反应，也会影响到个人的价值观，塑造每个人与众不同的、属于自己的人生态度与座右铭。

D 型特质的人的人生态度：掌控人生

人生的钥匙永远都掌握在自己手里，想做什么，就要全力以赴去做，"我"的心中有一座金字塔，若不登顶，誓不罢休！

父母决定不了我的职业，他们的意见，我只会作为参考，如果他们执意给我安排工作、安排婚姻，反而会激起我的反抗，要我往东，我偏往西。如果有一天，我成了别人的父母，我会试图掌控一切，我希望孩子可以按照我说的去做，不允许有任何忤逆我的举动……

真正的掌控人生，不仅是掌控自己。在家庭内，掌控另一半，掌控孩子，公司内，掌控大方向，掌控话语权。我喜欢掌控，不喜欢被掌控。

D 型特质的人的座右铭

我命由我不由天——哪吒。

宁叫我负天下人，毋宁天下人负我——曹操。

生当作人杰，死亦为鬼雄——李清照《夏日绝句》。

临渊羡鱼，不如退而结网——淮南子。

在莽林中，只有一条规律：做最强的人。——罗曼·罗兰

I型特质的人的人生态度：快意人生

看过《还珠格格》吗？我的人生态度不是靠说的，是靠唱的。"让我们红尘做伴，活得潇潇洒洒；策马奔腾，共享人世繁华；对酒当歌，唱出心中喜悦，轰轰烈烈，把握青春年华，啊，啊啊，啊啊啊啊啊啊……"

我会选择一份我喜欢的工作，但工作不是全部，我还要旅游、交友，享受美人、美食、美景，感受各种有趣的体验，那种策马奔腾的感觉，妙不可言。

当然，我的人生路上，不能少了朋友，组团happy胜过一个人的狂欢。如果有一天，我站在舞台中央，鲜花、掌声、香槟、灯牌、聚光灯、颁奖词、现场表演，还有台下人们的欢呼，一个都不能少。倘若没有人为我庆祝与喝彩，人生的意义也就从此失去。

I型特质的人的座右铭

海内存知己，天涯若比邻。——王勃《送杜少府之任蜀州》

人生得意须尽欢，莫使金樽空对月。天生我材必有用，千金散尽还复来。——李白《将进酒》

别人笑我太疯癫，我笑他人看不穿；不见五陵豪杰墓，无花无酒锄作田。——唐寅《桃花庵歌》

曾经有一份真诚的爱情放在我面前，我没有珍惜，等到失去的时候我才后悔莫及，人世间最痛苦的事莫过于此。如果上天能够给我一个再来一次的机会，我会对那个女孩子说三个字：我爱你。如果非要在这份爱上加上一个期限，我希望是一万年！——《大话西游》至尊宝

S型特质的人的人生态度：佛系人生

旁边有一人，一边握拳，一边呼喊着"人定胜天"，我多么想拍拍他的肩膀，跟他说："天意如此，何必强求。"但我不敢当着他的面

说，我怕他揍我。

我会选择一份相对稳定的工作，我不希望人生中充满太多变数，那些已知的美好，才是真的美好。我勤恳工作，最好领导看得见，倘若领导看不见，也没关系，天道酬勤，总有那么一天。

当然，我的佛系，源于我攻击属性为 0，我不去争什么，也不去寻求舞台中央的位置，平平淡淡才是真。工资按时发，房贷按时还，老人没毛病，伴侣在身边，孩子很乖巧，没有什么比这些更重要的？

S 型特质的人的座右铭

先天下之忧而忧，后天下之乐而乐。——范仲淹《岳阳楼记》

人生自古谁无死，留取丹青照汗青。——文天祥《过零丁洋》

春蚕到死丝方尽，蜡炬成挥泪始干。——李商隐《无题》

落红不是无情物，化作春泥更护花。——龚自珍《己亥杂诗》

C 型特质的人的人生态度：规划人生

有人跟我说，他要去策马奔腾了，临行前他跟我道别，我忍不住还是问了："路线规划了吗？证件带齐了吗？盘缠带够了吗？风险预估了吗……"结果，他说路线随缘，证件已有，物资应该够，风险不会太多。

然后我就不想跟他说话了。我的人生是有规划、有图纸的，哪怕不在手上，也在心里。

如果我要在 30 岁生二胎，倒推一下，我就要在 29 岁怀孕，最好 27 岁生完一胎，那样我 26 岁要结婚，谈婚论嫁要大半年，25 岁要有结婚对象，23 岁要开始一场正确的恋爱。压力大？计划赶不上变化？我同意人生充满了变化，但我依然要制订计划。

C 型特质的人的座右铭

不以规矩，无以成方圆。——孟子

祸兮，福之所倚，福兮，祸之所伏。——老子

居安思危，思则有备，有备无患，敢以此规。——《左传》

人无远虑，必有近忧。——孔子

DISC 的人生态度与座右铭，有没有被击中 1～2 个？

当我们对"我"有意识了，才能唤醒深层的自己。

当我们真正懂自己了，才能试着去懂别人。

当我们学会爱自己了，才能传递爱的价值与意义。

日本著名设计师山本耀司[①]说过——"自己"这个东西是看不见的，撞上一些别的什么，反弹回来，才会了解"自己"。

---

① 山本耀司：日本时装浪潮的设计师和新掌门人，以简洁而富有韵味、线条流畅、反时尚的设计风格而著称。

第三章　懂上司

01　他为什么总是针对你

你大学毕业，踌躇满志，依靠自身努力和上天眷顾，加入一家人人艳羡的公司，被放在重点培养的名单中，未来一片光明，仿佛一切都会按着励志故事的剧本走下去。直到遇见了某个上司……

"他看上去并不喜欢我，他总是把机会给别人，他总是对我过分苛求，他总是用尽办法打压我，我一定是上辈子欠他的。"这样的内心独白与抱怨，每天都在上演。

涉世未深的应届生，对于上司都有种莫名的期待："他应该是热情的，主动关心我，处处帮助我，教我做事、也教我做人，他会让我在公司获得更多资源，他就是我的伯乐，但从不为难我，他是上天派来的天使，给我的职场之路保驾护航。"

同学，醒醒！

既然醒了，我们一起来理解上司这个角色。从管理的角度来说，上司是管理者，他是职级权力的使用者，也是组织资源的分配者，更是发号施令的那个人，然后，他才可能是你的朋友、人生导师。本末倒置，容易产生"误解"，工作是工作，生活是生活，你用对好朋友的要求，甚至对你爸你妈的要求，去要求你的上司，这不科学！

若干年后，当自己成为领导，回忆过往岁月中的上司们，你会有种"原来你是如此艰难"的认同感，也因此明白了所谓的怨气，不过是缺乏感同身受的能力，与其在背后抱怨上司，不如一笑泯恩仇。

当我们掌握了 DISC 理论，当然可以从 DISC 的角度来分析你曾经以为的上司的"针对"。

D 型特质的上司为什么针对你

上司交代给你一个任务,说好 7 天交付,时间节点到了,东西却交不出来,既然无法准时完成,你不会提前汇报吗?你不会设法求助码?你这边延误了,直接影响到下一步工作,也拖慢了其他人的进度。

I 型特质的上司为什么针对你

每次他在会议上发言,你都要抢话,自我表现一番,或者他讲话的时候,你却流露出漫不经心的表情;部门团建,他自掏腰包带大家唱 K,你要么顾着吃喝,要么低头给女朋友发信息,鼓掌你会吗?喝彩很难吗? K 歌主要是培养同事之间的感情,便于未来工作的开展,一起玩耍都不会吗?

S 型特质的上司为什么针对你

说好大家把工作成果汇总,统一上报,你为什么单独上报?同事特地为你准备的小蛋糕和贺卡,你怎么就丢在一边?集体活动你不参与就算了,还诸多借口,破坏团结,没点合作意识吗?上司是出了名的好脾气,没在公司发过火,也从不批评下属,到你这里,破戒了。

C 型特质的上司为什么针对你

别人提交的日报、周报,都是按照公司规定格式来的,就你特立独行;让你把文档编号整理一下,结果你只是打了 1234,文档没名字的吗?让你把计划书交上来,一篇 2000 字的文章,10 多处错别

字,你是怎么做到的?跟你说过至少3遍报销流程,为什么还是会出错?

显然,各种特质的上司要么被你点燃,要么对你忍无可忍。

D型上司觉得,你没什么能力。

I型上司觉得,你不合群。

S型上司觉得,你缺乏对人的尊重。

C型上司觉得,你是个做事马虎的人。

有的"针对",对事不对人,只是就工作本身而言;有的"针对",其背后的原因是为了提点你,避免你踩雷;有的"针对",目的是让你融入公司,而非游离出去。归根到底,这里的很多"针对"≈"苦口婆心",领情还是绝情,选择权在你手上。

不懂上司,容易掉坑;不懂上司,容易孤独;不懂上司,容易误会一个好上司,浪费一个被栽培的好机会,错过一段原本温暖人心的时光。

CEO在"山庄闭门会"上提出过一个思考题——作为上司,是否有必要听下属的吐槽,或者了解他们在抱怨什么。

老狄:我不在乎,诸多抱怨,不如早点走人,要么自己走,要么我下手。

小艾:他们应该是喜欢我的吧,吐槽?我本将心向明月,奈何明月照沟渠,如果一切是真的,痴心错付,太伤人了。

司哥:是不是我做错了什么?他们的吐槽,我想认真听一下。

西西:有理有据的部分,洗耳恭听,毫无根据的吐槽,不屑一顾。

CEO对于大家的思考,表示了欣赏,同时在开会的间隙,给大家播放了一个职场类综艺节目,那是一场别开生面的吐槽大会[①]。

02　吐槽大会主咖是"上司"

节目的主咖是"上司",没错,不是一个人,而是一个群体,他们,

---

① 吐槽大会:一档喜剧脱口秀综艺节目,先由一群吐槽嘉宾对主咖进行吐槽,最后主咖上台反击。

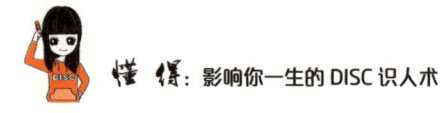

已经坐上了主咖的位子，让暴风雨来得更猛烈些吧！

相应地，他们的下属甲乙丙丁戊，作为吐槽嘉宾，摩拳擦掌，跃跃欲试。

吐槽嘉宾甲。老板说今天必须出一个方案，你顺势把任务交给了我，老板对第一版不满意，你也说不满意，老板说第二版有3个地方要修改，你也说3个地方要修改，老板说第三版感觉不对但说不上来，你也表示感觉不对但说不上来，你是"命令的搬运工"吗？只会复制粘贴吗？

吐槽嘉宾乙。你肯定是个苦出身，每天都想着如何帮公司省钱，福利都是按最低标准来，太死板了，钱是靠赚出来的，不是省出来的！平时让你请个下午茶，也是一笑而过，你可是老大唉，不得从口袋里掏点活动基金，带动一下团队气氛吗？

吐槽嘉宾丙。你太强势了。控制费用的能力，强到令人发指。譬如出差，除非高铁路程超过5小时，否则不允许搭乘飞机。坐个飞机怎么了，你是以前报考空姐失败，怨恨在心，发誓从此与蓝天白云为敌吗？

吐槽嘉宾丁。我这工作，没啥工作量，相比身边的老同学们，性价比还不错。你一来就说改革，任务不断下压，一天的工作量，赶上以前一周的工作量了，我是来工作的，不是来打仗的；我是来赚钱的，不是来卖命的。你自己是工作狂，不能拉着我们一起狂啊！

第三章 懂上司

吐槽嘉宾戊。我觉得每天中午的培训毫无必要,你呢,非要把大家召集到一起,听你讲故事,或者播放视频,或者搞头脑风暴。中午本来就是睡午觉的,你不用睡,我们年纪大了呀,每天占用我们10分钟,一个月加起来就是220分钟,半天呐,能申请调休吗?

节目的氛围是开放而友好的,一吐为快才是宗旨,根据规则,在其他嘉宾吐槽时主咖只能听着,不能给予任何回应,直到吐槽嘉宾结束吐槽为止……正在观看节目的人,却是另一番景象,老狄气得扭过头去,小艾恨不得予以反击,司哥露出一丝尴尬和紧张,西西则是一脸琢磨的表情。

轮到主咖秀了,上司们站到舞台中央,深深鞠一个躬,然后——回应前方的吐槽。强忍的愤怒,有一种山洪暴发的前兆。

"小甲是个好同志,提出了很好的想法,希望我不要人云亦云,但我也要说明一下。我做搬运工,你只要改3次,我做设计师,注入更多的个人想法,你可能要改30次,你再选选看。"

"小乙,省钱这件事,你跟小丙是有共识的,一并予以回复。对于钱,我看得比谁都重。不买下午茶的原因是我也有房贷要还,工资不是偷来的;让大家飞机改高铁,你们不妨自己想想,有没有庆幸躲过几次恶劣天气;还有,你们的奖金,今年比去年多,不是因为公司绩效更好了,而是因为团队绩效提升了。"

"小丁,工作哪有什么性价比,不工作就不用拼,今天不努力工作,明天努力找工作。今年,全员都增加工作量,你的那一部分,别嫌多,还有一部分我在扛,要不还给你?我这边的性价比也在下降呢。"

"小戊,不要总想着睡觉睡觉,人有一天会睡很久。清醒的时候,多学点东西、多长点见识、多为明天的自己做一些储备。当然,你可以选择午睡,我发你一张调休卡。"

主咖中的代表,清了清嗓子,继续说:"上司与下属之间的距离,无论如何都是客观存在的,经常和员工嘻嘻哈哈的上司,可能会在做关键决策时缺乏魄力,高高在上的上司,容易和员工疏远。作为上司，我很高兴参加这档节目，我们也回去总结并反省，相互理解，彼此懂得，才能维持好这份关系。"

老狄：没错，下属们根本不懂上司。

小艾：嘻嘻哈哈，是不是在说我呀？

司哥：笔记我都做好了，上下级之间确实存在一些问题。

西西：不是我泼冷水，知易行难，没那么简单。

主持人宣布，今晚不设 Talk King[①]，直接进入总结环节："当你感到上司像个魔头，试着换个角度，设身处地地想想，也许你会得出不一样的论断，甚至发现他并非真的令人讨厌，而是背负着巨大的内部和外部压力。即使你仍旧感到他水平差，也别忘了他只是普通人。接下来，我们请出全场点评嘉宾，也是 DISC 领域的专家，请他们用 DISC 理论帮助大家分析一下，不同特质的上司，会是什么样的，掌声有请！"

老狄他们把注意力转移到了"DISC"上，开始期待专家的见解和分析，CEO 的目的似乎也达到了。

03　D 型上司：英雄 or 暴君

看懂上司，从上司的显著特质开始，这里的 D 型上司，可以理解为高 D（后面的 ISC 也一样）。

他是什么样子，是由他自己的特点决定的。

他在你心中的样子，是由你的认知、喜好、感受决定的。

先看画像，再看相处，融会贯通。

D 型上司的画像

武林外传

D 大侠，豪情盖天，威慑武林，是那种在武林名单上排名前三的高手，人人都想与他过招，一睹其风采，却又担心被他秒杀。

[①] Talk King：《吐槽大会》栏目中的名词，代表脱口秀冠军。

第三章 懂上司

另一种说法，他是杀人不见血的鬼见愁，出手快如闪电，招招致命，所到之处，寸草不生。一生以当武林盟主为志向，从没把谁放在眼里，也没人敢直接向他发起挑战。

下属 A 眼中，他的"英雄"风格

① 单刀直入，不喜欢绕弯子。
② 讲究实战，从不玩虚的。
③ 效率奇高，快准狠。
④ 赢家心态，喜欢带领团队赢。
⑤ 关注结果，搞定绩效。
⑥ 身先士卒，个人能力突出。
⑦ 渴望成功，具有卓越的领导能力。
⑧ 做他的下属，特别有自信。
⑨ 感觉自己被他"罩"着。

下属 B 眼中，他的"暴君"风格

① 主观，只相信自己。
② 独断，典型的"一言堂"。
③ 脾气差，"易燃"体质。
④ 嗓门大，爱拍桌子。
⑤ 错了不认，输了也不认。
⑥ 掌控下属，控制欲极强。
⑦ 自己是加班狂就算了，要求全员加班。
⑧ 开口闭口"创业精神"。
⑨ 迟早有一天被他折磨死。

在下属 A 的心中，D 型上司是开疆拓土、一统天下的英雄；在下属 B 的心中，D 型上司是心狠手辣、惨无人道的"暴君"。

与 D 型上司的相处之道

两大雷区

① 不听话，擅作主张。
上司的暴雷："你眼睛里还有我吗？"

② 动作慢，反应迟钝。

上司的暴雷："你就不能麻利点吗？"

相处原则

① 始终与之保持方向上的一致性。

② 汇报工作，结论先行，再谈过程。

③ 交流沟通，讲重点，少废话。

④ 用塑造价值的方式引起他的注意。

⑤ 不要给他造成压迫感，别催他。

⑥ 工作进度及时反馈，定期主动反馈。

⑦ 展示快速高效的执行力，紧跟他的步伐。

⑧ 帮他树立权威形象，极力维护他的地位。

⑨ 切勿当众反驳争辩，令对方难堪。

懂他

① 他喜欢我们喊他"老大"，因为他能"照顾"我们。

② 他看上去强势，因为他习惯了在项目中占主导地位，我们学会配合就好。如果有什么想法，不被他采纳，先学会"保留意见"。

③ 他喜欢发号施令，看上去是在指手画脚，实际上，他有明确的目标和大方针，我们沿着他手指的方向就好，他指哪，我们打哪。

④ 他是拼命三郎，俗称工作狂，轻症是偶尔加班，重症是加班，绝症是全年无休，身体能扛的，跟他扛，扛不住的，送上景仰的目光，你觉得他太苦太累，他并不这么认为，别人咒骂他"没人性"，他却说"这叫狼性！"

⑤ 他有极强的事业心，背后是极强的使命感，他热衷于自我驱动，也善于驱动一个团队，甚至整个组织。

老狄倒吸了一口凉气，脱口而出："太像了，一针见血，这不就是在说我嘛！"

小艾、司哥、西西没敢接话，他们面前坐的是老狄，脑海里浮现的却是各自职业生涯中遇到过的 D 型上司，太像了……

第三章 懂上司

04　I型上司：性情中人 or 痞子

I型上司的画像

武林外传

I大侠，兵器独特，武功清奇，朋友遍天下。曾经有掌门的位置摆在他面前，他居然说"一生放荡不羁爱自由"，策马奔腾，呼啸而去。

另一种说法，他就是个混迹江湖的骗子，武功是不错，更好使的是嘴皮子，戏谑武林中人，说话不经过大脑，年少轻狂，肆意妄为，得罪了无数同行，还辜负了不少姑娘。

下属A眼中，他是"性情中人"

① 好兄弟，讲义气，人脉关系特别广。
② 真性情，感情丰富，率性而为。
③ 幽默风趣，乐观积极，正能量。
④ 擅长讲故事，渲染场景。
⑤ 口才好，沟通与说服能力强。
⑥ 喜欢积极的团队氛围，与下属打成一片。
⑦ 标榜创意，喜欢尝鲜。
⑧ 做他的下属，特别开心。
⑨ 自己跟他当然是一个阵营的！

下属B眼中，他的"痞子"形象

① 剑走偏锋，不按套路出牌。
② 缺乏耐心，很多事情都坚持不了。
③ 天马行空，想一出是一出。
④ 情绪多变，早上笑，下午哭。
⑤ 口才好。
⑥ 喜欢闲聊，美其名曰"公关"。
⑦ 人脉虽广，却也很杂。
⑧ 整天咋咋呼呼的！

⑨ 迟早有一天被他烦死。

在下属 A 的心中，I 型上司是豪放不羁、才华横溢的性情中人，在下属 B 的心中，I 型上司是朝秦暮楚、言行散漫的"痞子"。

I 型上司的相处之道

两大雷区

① 不听他讲话，也没有点头微笑等任何回应。

上司的暴雷："你能不能投入点？"

② 跟别人关系热络，跟他却始终冷淡。

上司的暴雷："你是不是对我有意见？"

相处原则

① 热情回应，从语言到表情方面的全套回应。

② 保持好奇，尤其是在他绘声绘色地进行讲解的时候。

③ 强调感受，来自感受的呼唤。

④ 当他展现出幽默风趣的时候，夸他有趣。

⑤ 用副词修饰强烈情感，譬如很、最、超级。

⑥ 团队中多互动，多露脸，让他看到你的积极性。

⑦ 重视他的点子和梦想，配合他实现。

⑧ 帮他处理好细枝末节，尤其是一些琐碎的事。

⑨ 切勿表现出对他和他的话不感兴趣。

懂他

① 他总是在谈论未来，各种梦想，各种可能性，但未必都是简单地"画饼"，跟他一起去实践，帮他落地一些项目，梦想成真也是有可能的。

② 他总是滔滔不绝，要学会倾听和重视他。他与生俱来的热情，促使他爱分享、爱表达，他需要听众，更需要听众的认可和赞赏。

③ 他看重情义，坚信"职场中也有真心朋友"，纵然在离职的时候，他也会遭遇"兔死狗烹"的窘境，但这不影响他始终坚信"职场中也有真心朋友"。

④ 他始终保持着对生活品质的追求，也因此闲散，不像隔壁部门的"拼命三郎"。但他一旦进入"心流①"状态，工作效率无人可及。

⑤ 他总是强调互动，正因如此，他乐于跟人打交道，内部沟通、外部联络、业务洽谈、招商推广。有人的地方就有舞台，有舞台的地方就有他的"演出"。

小艾听得入神，忍不住鼓起掌来："你们说说，我是这样的吧？天哪，原来下属眼中的我，是这样的！"一边说，一边拍拍司哥的肩膀，谁让司哥就坐在她边上，看着又不像会躲闪的样子。

老狄掷地有声地回应了两个字"就是"，司哥只是微微地点了点头，西西深沉地说："凡事都有两面性……"

05　S型上司：好人or怂人

S型上司的画像

武林外传

S大侠，他与世无争，讲求和气生财，纵然身怀绝技，却从不显山露水。争名逐利他不在，江湖有难他偏来，锄强扶弱是大多数侠士的宗旨，他的宗旨更是"能帮一个是一个"。

另一种说法，他就是个怕事的人。虽说他有菩萨心肠，帮人无数，可是武林大会需要他表态了，他却装聋作哑，让他带一支队伍去斩妖除魔，他却担心伤亡，说什么"恐怕殃及无辜，不如放下刀剑，坐下来谈谈"。

下属A眼中，他的"好人"形象

① 对人十分友善，特别nice。

② 乐于助人，不求回报。

③ 关心下属，嘘寒问暖。

---

① 心流：心理术语，指人们在专注进行某项行为时所表现的心理状态。心流产生的同时，会有高度的兴奋及充实感。

④ 脾气好，没见他发过飙。

⑤ 工作认真，按部就班。

⑥ 善于倾听，在沟通中很少打断别人。

⑦ 默默付出，从不一人贪功。

⑧ 做他的下属，特别心暖。

⑨ 他让我相信了世界充满爱。

下属 B 眼中，他的"怂人"形象

① 没主见，拿不定主意。

② 慢吞吞，容易贻误"战机"。

③ 因循守旧，不喜欢变化。

④ 胆小，害怕矛盾和冲突。

⑤ 息事宁人，谁也不敢得罪。

⑥ 遇到强势的人，妥协让步。

⑦ 没个性，很难在人群中突出。

⑧ 凡事要求"忍"。

⑨ 迟早有一天被他憋死。

在下属 A 的心中，S 型上司是爱护下属、兢兢业业的好人，在下属 B 的心中，S 型上司是胆小怕事、安分守己的怂人。

S 型上司的相处之道

两大雷区

① 工作推进，他没有得到支持。

上司的嘀咕："是不是我的工作没做到位？"

② 一群人连珠炮似的发问和质疑。

上司的嘀咕："能不能给我喘口气的时间？"

相处原则

① 他很可靠，让靠谱成为彼此的标签。

② 交流沟通保持温和，不急不吼。

第三章　懂上司

③ 适当放慢节奏，慢就是快。
④ 关注上司的压力变化，压力一起扛。
⑤ 汇报工作全面而具体。
⑥ 有问题主动找他交流。
⑦ 一起营造"家"的氛围。
⑧ 看到他的付出，表示感谢。
⑨ 坚定地支持他。

懂他

① 他看上去是个老好人，迁就别人，毫无攻击性，但不要以为他好欺负，他只是比较看重和谐的环境与人际关系，不忍破坏当前的平衡。

② 他很有耐心，愿意手把手地教导下属，哪怕你在学习的过程中显得有些愚钝，他也不会嫌弃你，而是更耐心、更体贴、更细致地教你。这样的上司，难道不值得珍惜？

③ 他不争，因为自己很佛系，但是如果涉及部门的、大家的利益，他会据理力争。哪怕在为大家争取利益的过程中，牺牲自己的部分利益。

④ 他努力维系和谐的局面，这也是企业发展中领导们最看重的。虽然企业要壮大、要创新，但稳定性胜过一切，他"看上去能力有限"，其实却"蕴含着巨大的价值"。

⑤ 在电影《叶问2》中，由甄子丹扮演的叶问，有一句名言："贵在中和，不争之争。"这话出自老子，却也是 S 型上司的内心写照。

司哥的注意力集中在"怂人"形象上，开启了惯性的自我检讨："唉，我有待提升的地方很多啊，还是要向大家学习！"

老狄说"不必在意"，小艾说"多看看积极的一面"，西西没有什么安慰的语言，只是淡淡地说："那就写个学习计划吧～"

06　C 型上司：技术流 or 完美癖

C 型上司的画像

武林外传

C 大侠，神龙见首不见尾，为了修炼绝世武功，独自一人，退隐闭关。没人知道他在哪，也没人知道他是否还活着，直到，一本字迹工整的武功秘籍，出现在世人面前，莫非是他？武痴回来了？

另一种说法，他就是个孤僻的怪人，朋友不多，故事也不多。他，深陷在自己的世界里，武功高强又如何？当然，各家掌门都喜欢劝诫弟子，钻研武学，要是有他的一半，何愁大功不成！

下属 A 眼中，他的"技术流"风格

① 技术精湛，一流的领域专家。
② 一丝不苟，对专业要求高。
③ 条理清晰，善于分析和找寻规律。
④ 公平，讲究规则和按章办事。
⑤ 职业化，在工作中不带入个人感情。
⑥ 风险意识强，总是能防患于未然。
⑦ 动手能力强，教徒弟都是先做示范。
⑧ 做他的下属，专业水平提升快。
⑨ 但我很难达到他的水平！

下属 B 眼中，他的"完美癖"

① 死板，不懂变通。
② 高冷，始终与人保持距离感。
③ 理性，缺乏人情味。
④ 固执，尤其在技术方面寸步不让。
⑤ 严苛，拿自身的高标准来要求别人。
⑥ 无趣，基本的玩笑也听不懂。
⑦ 严肃，面无表情是其常态。

⑧ 细节、细节、细节，完美是种病！
⑨ 迟早有一天被他累死。

在下属 A 的心中，C 型上司是精益求精、高深莫测的"技术流"，在下属 B 的心中，C 型上司有吹毛求疵、不食人间烟火的"完美癖"。

C 型上司的相处之道

两大雷区

① 口若悬河，唾沫星子乱飞。

上司的嘀咕："能保持礼仪并保持观点的客观性吗？"

② 各种临时变更，缺乏计划。

上司的嘀咕："唉，三思而后行……"

相处原则

① 用数据说话。

② 用事实说话，最好是书面证明。

③ 善用比较法，包含比较过程的分析。

④ 保证细节方面的 0 差错。

⑤ 在沟通中保持良好的逻辑性。

⑥ 切勿夸夸其谈，偏离主题。

⑦ 避免主观说法"我认为，我肯定"。

⑧ 不主动询问上司的隐私。

⑨ 循序渐进，增加了解机会。

懂他

① 他看上去是个不太好相处的人，甚至是另一个世界的人。其实，你只是跟他还不熟悉，想走近他的心，路是有的，路途相对遥远一些，或者说，他的心门上安装的是密码锁。

② 他始终秉持着专业的态度，做事公私分明，基于客观事实，而非主观评判，所以，当你使用大量的主观臆断，他会及时纠正你，毕竟主观的东西站不住脚，也无法展现必要的专业性。

③ 他很少与人勾肩搭背，也很少参与各种私人社交。他没朋友？

他有！只是他不愿意把友谊的深度和见面的频次挂钩。

④ 他属于追求完美的类型，也被人误会为强迫症患者。抠细节，抠细节，再抠细节，既然知道他的喜好，为什么不把细节做得好一些？认真处理细节的态度，必将获得他的点头称赞，或者心中的默默点赞。

⑤ 他记性很好，尤其是那些他认为"尚未了结的"或者"下次要拿出来用的"信息，正因如此，他给人一种"翻旧账"的感觉，也请理解，人家的大脑里有一座堆积账本的仓库。

西西不动声色，但很认真，认真思索着。

老狄说："我以前的上司，就是典型的 C 型特质。"小艾看了一眼西西，又对司哥使了个眼色，半开玩笑地说："我们这也有一个呀！"面对莫名其妙的眼色，司哥先是一愣，吐出一个代表疑问语气的"啊"，便开始保持沉默。

07　全能型上司：神一般的存在

也有一些，我们称之为梦想中的上司。

上司有 D 型、I 型、S 型、C 型，这是单一维度；也有 DI 型、DS 型、DC 型、IS 型、IC 型、SC 型，这是双维；还有 DIS、DSC、ISC，这是三维。甚至 DI 型和 ID 型，所以千万别小瞧了 DISC！

最牛的上司，我们称之为 DISC 全能型上司，不仅因为他当前倾向的特质，更因为他可以根据环境和对象，基于结果和需要，灵活展示自己的特质。

案例来自一家世界 500 强药企。

马总是这家公司的 HRD，据员工反映，他的业务能力很强，在公司里受到广泛的好评，大领导仰仗他，同事们也尊重他、喜欢他，外部客户也乐于跟他打交道。关于他的故事，早已成为众人的美谈。

有一次，培训经理按惯例采购外部课程，并把课程内容发给他过目。他一看，发现了问题，一个电话就把培训经理叫到办公室，

第三章 懂上司

一点笑容也没有："这场培训,培训对象只有销售条线的管理人员吗?应该是整个管理层中的人员都要参加培训,所以,培训对象要改,培训目标要改,老师的大纲也要改,马上去改,今天给我。在协调过程中有什么问题,随时向我汇报,明白吗?去忙吧!"培训经理战战兢兢地走出办公室,仿佛被马总批评了,又好像不是,但刚才那种凝固的空气,想起来都有点后怕。

马总,D 起来的时候真的很 D,犀利到让人无法呼吸。

部门聚餐,马总提前到达了提前预订好的日料店,包间里时不时传出他爽朗的笑声。部门人员到了,他都亲自相迎,"来来来,赶紧坐""路上有点堵吧""辛苦啦"。所有人就位,马总举起茶杯:"我先敬大家一杯,最近这段时间,HR 部门非常非常辛苦,我都看到了,也记在心里,没有各位,就没有我。以茶代酒,来!"席间,他跟大家分享了自己的人生经历。酒足饭饱,他送了每人一份小礼物,都是他精心挑选的,"兄弟姐妹们跟着我,是对我的信任,你们都是我人生中的礼物与恩赐,一点小心意,聊表我对各位的欣赏与感激。"

马总,I 起来的时候真的很 I,煽情到"生死相依"。

公司并不提倡加班,但马总自己经常会加班,凌晨 4 点的日出谈不上,深夜 22 点～23 点,在大厦楼下的便利店中,总能看到他的身影。某天,马总正准备下班,路过管培生的工位,看他们还在奋斗,便上前询问:"还不下班啊?工作任务重吗?"管培生很拘谨:"马总,不是的,我们还不太熟悉业务,手脚有点慢……"马总露出微笑:"嗯,加油,我也是这样过来的。"管培生们送走了马总,也松了一口气,继续埋头苦干。不一会儿,马总又折返了,"给大家准备了一点饮料和食物,饿了就补充一下能量,弄完早点回家。"第二天,马总特意吩咐带管培生的 HR,要对这些孩子们做到"三多"——多点关注、多点鼓励、多点帮助。

马总,S 起来的时候真的很 S,温暖到春意盎然。

条线的年度会议,马总亲自主持,可见他的重视程度。"烦请各位遵守两条规则，第一将手机调成静音，第二请勿随意离席，都清楚了吗？感谢配合。摆在各位面前的是我们的会议议程表，今天一共有四个环节，上午和下午各完成两个。首先，我们进入第一个环节，年度述职，按顺序来，华东区、华南区、华北区，每个人的发言时间控制在 10 分钟以内……"果然，会议在有条不紊中推进，准点开始，准点结束，全程还有同事做会议纪要，会后将会议纪要制成电子文档，发送到众人邮箱中。新来的同事纷纷赞叹，马总的流程管控能力也是一流啊！

马总，C 起来的时候真的很 C，严谨到一丝不苟。

马总在 HR 领域中堪称典范，人力资源六大模块①样样精通，具备丰富的项目管理与实操经验，据说是被猎头天天觊觎的对象。在人际关系方面，他更是属性全开，看他对自身行为风格的调适就知道了，时而犀利、时而煽情、时而温暖、时而严谨，转变过程自然而然，最重要的是因人而异，顺势而为，恰到好处。

跟随马总多年的下属们，对他交口称赞。

有人说，马总是人生导师，指明了迷途中的方向，D 一般的存在；

有人说，马总亦师亦友，甚至与之是肝胆相照的关系，I 一般的存在；

有人说，马总像自己的父亲或者哥哥，无微不至，S 一般的存在；

有人说，马总是 HRD 的表率，专业水平高，C 一般的存在。

一句话，神一般的存在，就是他！

全能型上司，属于企业的稀缺资源，也是很多管理者暗自修炼的目标。所谓全能，并非在 DISC 报告上呈现出"全能型"的图形，也不是说一个人的 DISC 均处于高位，而是有意识地将自己调适成"全能型"的状态，知道何时何地、面对何人，遇到何事，发挥何种特质。

---

① 人力资源六大模块：人力资源规划、招聘与配置、培训与开发、绩效管理、薪酬福利管理、劳动关系管理。

第三章 懂上司

08 那些年遇到的上司（"吃瓜"篇）

还没毕业那会儿，人们特别爱聚会，吃着39元/位的自助，可以泡一整天；后来有了事业、家庭、孩子，一般就只在朋友圈点个赞，微信群抢个红包，偶尔约一下，点一杯39元的咖啡，匆匆聊两句、叙叙旧，便又赶着为生活去打拼。

毕业多年，我去参加了一场主题为"回忆杀"的闪聚，老同学们畅所欲言，追忆似水年华，曾经或现在遇到的，难忘的上司。讨论前，有个限制条件——不允许对任何人进行人身攻击，吐槽之余，试着发现上司们的亮点。

小甲说："我在会计师事务所上班，部门里全是女生，处好了叫'金花群'，处不好叫'宫心计'。上司大我一轮，但心态年轻，没什么架子，喜欢跟下属们打成一片。每次忙完项目，她就组织大家吃大餐，日料、韩料、泰国菜，随便挑。酒足饭饱，上司还带着姐妹们去唱K，或者一起做SPA，怎么放松怎么来。如果大家周末没安排，她就开车带我们去郊游，并准备了很多零食。和她一起工作，特别开心！有人说她圆滑，但我感受到的是真诚。工作中，她经常给予我指导，特别是在个人规划和团队规划方面，别看她是个乐天派，做起事来却非常细致。"

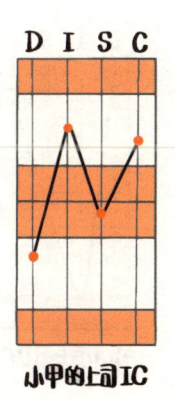

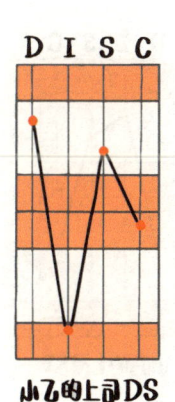

小甲的上司 IC

小乙的上司 DS

小乙说:"我一直在银行做对公业务,我的直接上司是部门总经理,他是名牌大学的高才生,也是我们总行重点培养的对象。他是工作狂,也经常令我们抓狂,明明是有家有口的人,周末却不休息,美其名曰'弯道超车',还非强制要求我们一起'超车'。刚开始,大家都受不了,背后骂他是'周扒皮',直到业绩做出来了,奖金多拿了,倒也念着他的好。后来才知道,有一笔单子出了状况,原本部门都要受到牵连,他一个人扛了,说是用业绩补回来,大家很感动,更愿意用行动支持他。部门里的人只要说起他,就有这样一句评价:人狠话不多,不是在签单的路上,就是在签大单的路上。"

小丙说:"终于到我了,我去年跳槽到一家互联网公司,集团文化主打'人性化',我的上司简直就是企业文化的代言人。总监的工作本就很忙,他还隔三岔五地给我们准备下午茶,蛋糕、饼干、水果;他自己是爱茶之人,经常送我们茶包,或者亲自给大家泡茶;他还向公司申请了经费,把我们的键盘、鼠标都换成了顶配的,椅子也换成1000块钱一把的;他还替'单身狗'操心,帮着张罗相亲对象,或者组织联谊会。有人背地里说,他不像我们的总监,更像整个团队的奶妈,他知道以后,并没生气,笑称自己玩游戏的时候,也爱充当辅助角色。"

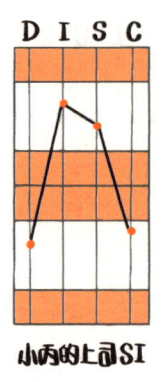

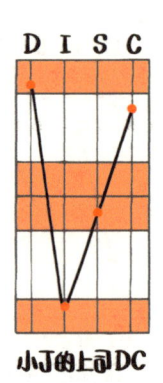

小丙的上司SI

小丁的上司DC

小丁说:"看来互联网公司跟会计师事务所的男女比例失衡,可以互通有无嘛!我来说说外国老板,我在韩国企业上班,担任总经理秘书兼翻译,和他接触得比较多。他是从韩国总部派来的,典型的'阿加西(大叔)',不过他喜欢我们喊他'欧巴(哥哥)'。他是工厂的一把手,对车间员工很严苛,要么在批评员工的错误,要么在下达各种改善要求,他的口头禅'品质是第一位的'。走出车间,我就能看到他的另一面,譬如,给感冒的同事递上感冒药,给总经理办公室的同事们在免税店选购小礼物,给远在韩国的女儿手写生日贺卡。有人说他是双面性格,也有人说他是职责所迫。"

09　那些年遇到的上司(亲历篇)

初入职场的我,懵懂与青涩。

从 DISC 的角度分析,当时的我 S 特质更明显,很少主动和上司沟通,也不敢在会议上发表个人观点,有点怯场。上司说什么就是什么,让我往东我就往东,乖乖听话,尽量不犯错。

我的状态和姿态也代表了大多数应届生的状态和姿态,最初参加工作时的状态与姿态。

曾被上司伤害过

我的第一份正式工作是在广告公司,担任杂志编辑和策划专员。

我没有直属领导,工作汇报的上司是两个人,总经理金总、副总经理尹总。

中秋节到了,公司发福利,金总亲自拎着一些月饼礼盒,走入办公区,热情招呼大家,要发月饼啦!她一个个地发,发到我的时候,我的内心有点小激动,毕业以来,第一次感受"月饼节"的温暖。

金总突然停下来,问了我一个问题

"你是本地人吧?"我点头。

"月饼自己吃,也不用送人的吧?"我点头。

"这样,月饼礼盒好像不够了。"我以为可能少一个拎袋。

"给你两个杯子蛋糕吧,也很好吃的!"我愣住了。

这是什么逻辑?礼盒不够,可以给我散装啊,拿 2 个不到 10 块钱的杯子蛋糕给我,这……金总倒是没多想,风风火火地走了,也许是去谈大客户了,留我在原地凌乱。

也被上司温暖过

我没心思上班,脸上开始浮现出诸如"失望""落寞""无助"的情绪。我低着头,靠在椅子上,就差默默垂泪了。坐我对面的尹总,QQ 上和我私聊。

"你怎么了?"

我描述了整个事件的前因后果,当然也注入了一些不满情绪。

"不好意思啊,让你受委屈了。"

他把一张月饼券,递到我面前,五星级酒店的,一看票面设计,就知道月饼的档次低不了。

"我不爱吃月饼,这张券送你啦,祝你中秋节快乐。"

每逢中秋节,一轮明月,几盒月饼,我就想起当年的这个故事,作为职场新人,我被尹总暖到了,也被金总伤到了。后来离职,金总客气话一大堆,并没有挽留,尹总倒是流露出不舍,还有淡淡的自责,特地请我喝了一杯咖啡。

曾被上司激励过

从广告公司离职之后,我处于待业状态,好朋友罗总约我吃火锅,

第三章 懂上司

我欣然赴约。

一番寒暄之后,罗总开口切入正题。

"你知道吗,你不是一般的人。"

"那我是几般的人?"

"你口才很好,反应也很快,才思敏捷,你是一个天生的销售人才,你应该在客户面前证明你的价值!"

"真的吗?那我应该去卖什么?"

"保险,跟我一起卖保险。你想一辈子对着电脑,还是想改变世界?"

我佩服保险公司的增员①套路(话术),改变世界的句式,好像哪个大人物也讲过。我被打动了,火锅的味道早已忘却,店名也不记得,但我对这段对话的印象仍然深刻。

"可是,我没有销售经验,也不懂销售。"

"没有人一开始就懂销售,你的悟性那么高,没问题的!"

"我没有客户资源。"

"你不是一个人在战斗,哪怕失败,你也应该去体验一下销售工作,即使你不选择卖保险,也可以选择与人打交道的工作,不要每天坐在电脑和传真机前了,是时候拓展自己的领域,你是最棒的一个!"

后来,罗总成为了我的直属主管。从事保险销售工作,跨度很大,也影响了我后面的职业生涯。都说销售工作锻炼人,我举双手赞成,而我之所以步入销售这片沃土,离不开火锅店的那段对话——那些激励人心的话语。

更被上司影响过

对我影响最大的,是我的最后一任上司,也是我的老板,郝总。我身上的目标感、执行力,都是他培养出来的,或者说他打通了我的部分经脉。

---

① 增员:保险行业常用术语,增加业务人员,扩大团队规模,属于组织发展与提高团队业绩的有效方式。

郝总，农村出身，在城市打拼，从小职员做到管理层，然后创业，负债，再创业。

他用行动，把公司文化定格在"狼性"上，而且自己带头做示范。郝总每天早上8点之前就到公司了，晚上22点之后才离开公司，休息对他来说是一种奢侈。创业者把公司当成家，一分钟也不敢懈怠。

无论管理层小会，还是全员大会，他都斗志昂扬，你不可能从他脸上找到任何挫败感，他永远传递着舍我其谁的霸气，口中的目标，紧紧锁定"上市"。

我的办公室和他的办公室离得很近，我又是他的左右手，慢慢地，被他的人格魅力所吸引，我也成了主动拼命的员工之一。江南人有江南人的特性，小桥流水的地方，走出的必然是唐伯虎点秋香式的人，追求慢节奏，享受"安逸"生活，喜欢"调性"而非"狼性"。而我，就这么被丢进狼群，被头狼变成了"狼"。

我们的对话经常是这样的。

他说："有没有问题？"

我说："没有问题！"

他说："有没有困难？"

我说："保证完成任务。"

不知情的，以为我俩的对话发生在部队。

有时候，我也分不清，自己对人生目标的执着，到底是随着年纪增长产生的，还是在郝总的影响下形成的……

用DISC理论分析我的上司们

金总人脉很广，兴趣也广泛，同时经营几家公司，她管理公司的方式是"松散"的，业务发展是"随机"的，这样看来，她突然用杯子蛋糕替代月饼礼盒的动作，也就可以理解了。从我与她的接触来看，她是一个高I的上司，所以给我们带来了很多欢乐，也制造了不经意间的悲伤。高I特质的人，如果能在行动之前，稍微启动一下体内的C型特质，一定会事半功倍。

尹总主抓设计，平时乐于助人，微笑是他的名片，加上胖胖的

第三章 懂上司

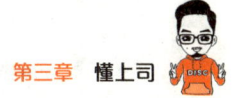

身材，显得非常可爱。他还是一位网络作家，却从不在同事面前显摆，他把月饼券"让"给了我，迄今我也不知道，他是否真的不爱吃月饼。从我与他的接触来看，他是一个高S的上司。哪怕过了这么久，当年的场景，仍然让我觉得很暖心。尹总常说，他自己的"慢性子"，会成为他职场中的"绊脚石"。

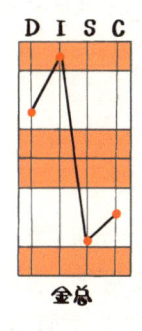

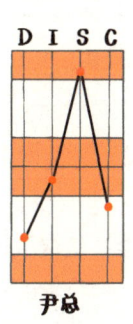

DISC 金总

DISC 尹总

罗总，在实际相处的过程中，我觉得他属于比较均衡的类型，后续我们也很合拍，抛开导致我离职的因素，我们之间的关系十分融洽。他当时如何激发了我？"不是一般人""才思敏捷""销售人才""悟性高""最棒的一个"，他使用的这些词汇，让我这个意志消沉了半年的人，一下子醒过来了。尤其是那句——"你要一辈子对着电脑，还是要改变世界？"通过一顿火锅，他将其I型特质展现得淋漓尽致，而我，就这么被一击即中。

DISC 罗总

DISC 郝总

郝总，典型的 DI 特质，使命必达、能说会道、制饼（画饼）工艺精良。他对公司的影响，直接让公司成了上市企业；他对员工的影响，一半人被他逼走了、逼疯了，一半人却以他马首是瞻、誓死跟随；他对我的影响，最终唤醒了我的 D 型特质，长期被我漠视的"血性"，在他的影响下发挥得淋漓尽致，原来我也可以很"狼性"！

说到这里，有点想念我曾经的上司了，没有曾经的他们，就没有今天的我。

10 聪明人都会向上管理

"向上管理"是很流行的一个词，有的人一知半解，于是把溜须拍马、阿谀逢迎与向上管理直接挂钩，这是对向上管理极大的误解与讽刺。也有人摇头慨叹，下属怎么可能管理上司，这不是"痴人说梦"吗，没戏！

为了给公司、给上司、给自己取得最好的结果，有意识地配合上司一起工作的过程，叫作向上管理。可以说，这是影响上司、让上司做出改变的过程。

在实际推行中，向上管理会遇到几个难题。

难题一：传统观念认为，管理是自上而下的。

难题二：与上司沟通相处，下属显然更拘谨。

难题三：上司为结果负责，下属何必揽上身。

难题四：万一方式不当，费力不讨好。

困难总是存在的，但并不影响优秀的人脱颖而出。向上管理做得好的人，才是真正的受益者，首先，与上司形成和谐的职场关系；其次，从上司那里获得资源与支持；第三，协助上司晋升并受益。正如有人说："向上管理，和你的老板互相成就。"

向上管理是有步骤的，在向上管理的过程中，DISC 理论可以化身"慧眼"或"抓手"。

第三章 懂上司

关注上司的基本概况

关注上司的年龄、家庭、兴趣爱好。如果上司平时就把这些情况挂在嘴边,留心听取,反之,不必刻意打听。山庄闭门会上的人员,老狄喜欢打羽毛球,下班之后去游泳健身;小艾爱发朋友圈,各种网红美食打卡;司哥桌上摆着全家福的照片,周末都在陪伴家人;西西宁愿做"90后"单身贵族,她把时间花在读 MBA 上。所以,聪明人不会总是在西西面前就"结婚生子"高谈阔论,也不会在小艾的朋友圈留言说"这家餐厅没什么特色"。

了解上司的工作习惯

老狄习惯很早到公司,每天早上一杯美式咖啡,部门会议尽量简短;小艾一般踩点到达公司,落座的第一件事是整理妆容,每次开会都喜欢分享"所见、所闻、所感";司哥喜欢泡茶,还会给小伙伴们带早餐,在部门开会时经常让下属畅所欲言;西西会在前一天晚上,把第二天的工作计划通过邮件发给大家,例会一般在每天下班前的 15 分钟召开,用于汇总工作计划的实施情况。所以,聪明人不会在老狄的会上絮絮叨叨,也不会无视司哥的关心与照顾。

理解上司的行为风格

关注上司日常说什么、做什么,可以分析出他的高频词、高频事件。高频说明其不是偶尔为之,具有一定的倾向性。老狄是 D 型特质,他追求管控、效率、结果;小艾是 I 型特质,她追求新鲜、社交、体验;司哥是 S 型风格,他追求和谐、全面、稳定;西西是 C 型风格,她追求依据、流程、细节。所以,聪明人向老狄汇报工作一定是结论先行,也会提前把数据分析报告打印出来交给西西。

协助上司,将其优势放大

老狄信奉"强将手下无弱兵",优势在于团队执行力和目标达成率,从我做起,身体力行,战必胜、攻必克,让每个人都斗志满满;小艾信奉"每一个人都是钻石",优势在于团队凝聚力和积极的团队氛围,从我做起,描绘愿景板,传递正能量,自动成为他人的鼓励者,让每个人都激情满满;司哥信奉"相亲相爱一家人",优势在于团队协作和同理心,从我做起,相互扶持,彼此关心,让每个人都舍不得离开;西西信奉"术业有专攻",优势在于团队专业度和精益求精,从我做起,钻研技术,系统思考,让每个人都有机会成为专家。所以,聪明人欣赏和钦佩上司的优势,始终是上司最有力的后援团,为其摇旗呐喊,添砖加瓦。

与上司"打配合-做组合"

上司需要帮手,更需要搭档,上司需要同频共振的下属,也需要高效互补的伙伴。老狄非常在意结果的达成,却容易忽视他人的感受,处理好团队内部的人际关系与安抚员工的情绪,你来;小艾热衷于外联,拓展新兴市场与人脉,却未必喜欢把时间消耗在制表和归档上,你来;司哥已经手把手教大家了,却苦于性格温和,缺少严厉的推进手段,你来;西西带领团队专注于技术研发,对跨部门沟通与协调感到无力,你来。类似体育竞技中的双打项目,你要学会给上司补位、换位、轮转,上司把发球权交给你,好好发,上司去封杀和猛扣,你负责殿后。

关注、了解、理解、协助、配合-组合,你能做到第几步?

彼得·德鲁克[①]在《卓有成效的管理者》一书中说:"工作想要卓有成效,下属发现并发挥上司的长处是关键。"

这是聪明人的表现,关注上司的概况,了解他的工作习惯,理解其行为风格,协助他发挥长处(解锁属性+释放必杀技),然后打配合-做组合,向上管理,做好每一步。

或许有人会说,上司只会小看我、刁难我,从来不给我机会,谈什么向上管理,消消气,送个励志故事给你。

【帮老板贴发票】

初入职场的名牌大学毕业生小李,从事助理工作,刚开始幻想着"天生我材必有用",结果发现每天的工作都很琐碎,毫无价值。

---

① 彼得·德鲁克:现代管理学之父,其著作影响了数代追求创新以及最佳管理实践的学者和企业家,譬如《管理的实践》《卓有成效的管理者》等。

第三章 懂上司

最让小李觉得"大材小用"的事情,就是帮王总贴发票、申请报销,于是他愤而提出离职。

王总找他聊了聊,说起自己,当年也是从琐碎的事情做起的,看似不起眼的小事,却可以做到极致。王总说,当时自己帮老板贴发票,从来没被财务部门打回,认真分类与分析,不懂就问老板,慢慢学会了如何进行商务宴请、宴请的地点怎么选择、需要请哪些人、成本如何控制等。更重要的是,自己慢慢与老板之间形成了工作方面的默契,老板觉得他做事靠谱、有耐心、不抱怨,信任关系由此建立。后来,更重要、更核心的事情,老板也放手交给他做,随着公司发展壮大,他也慢慢成长为公司的高层,变成如今的王总。

小李听了,若有所思,默默拿走了自己的离职申请。

还有一个著名的向上管理案例,取材于电视剧《铁齿铜牙纪晓岚》,并非正史,戏说莫怪。

乾隆、纪晓岚、和珅,一个皇帝、两个重臣,乾隆是上司,纪晓岚与和珅是下属,俩人都在做向上管理,而且都是高手,但其艺术方式截然不同,算是相爱相杀。

乾隆除了是一个皇帝,也是一个具有七情六欲的人,而且是个兴趣极其广泛的人,自幼好学,在习武的同时,从不忘加强文化与艺术修养,因此是个多才多艺的皇帝,琴棋书画可谓样样精通。在语言方面,乾隆精通新旧满语、汉语、蒙古语,藏语和维吾尔语也达

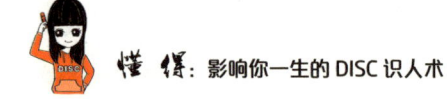

到了"能说几句"的程度。用 DISC 理论来分析，他拥有高 DI 特质。

乾隆喜欢听话的臣子，也喜欢臣子能跟他一起附庸风雅。纪晓岚是天赋异禀的才子，自然乾隆与其相和，和珅通过后天努力，勤奋好学，也深得乾隆的赏识。和珅和纪晓岚代表着两类人才，都是乾隆不可或缺的，他俩陪乾隆游山玩水，帮他治理天下，替他挡刀，替他背锅，形成了高效、制衡、赋能的互动组合。和珅和纪晓岚都知道皇帝的心思，然后从自身条件出发，进行差异化分工。和珅和纪晓岚的向上管理，做得也是极好的。

关注：皇帝的一举一动，平日里的兴趣点。

了解：皇帝的工作习惯，上早朝、批阅奏章、微服私访的偏好。

理解：皇帝的高 DI 特质，D 的威严与 I 的洒脱。

协助：完成皇帝交办的一切工作，使命必达，为皇帝保驾护航。

配合 - 组合：需要补位了，有时候纪晓岚上，有时候和珅上，有时候一起上。

戏说终究是戏说，艺术来源于生活，两位乾隆年间的聪明人，用剧情诠释了向上管理，也留下了或多或少的思考。

懂上司，才能更好地在职场中生存与发展，懂上司，才能有朝一日成为别人的上司。今天他能做你的上司，化身你的老板，呼风唤雨，指点江山，自然是有身居高位的能力，不要轻视他们，要对其常怀敬畏之心。

但是，他们也会有瓶颈，也会有抓瞎的时候，面对困局，上司同样会出现决策失误、信息失察。他们擅长管理，也需要被管理——换种更接地气的说法，上司需要被关注、被推动、被协助。

上司推进下属的工作，这是一方面，下属给予上司良好的反馈、中肯的建议、具体的方案，甚至高瞻远瞩的思路，这是另一方面。如果自己已经是管理者，不仅要管理好自己的团队，还要有效地影响上司（向上管理的核心在于"影响"），真正的双赢局面就被打开了，同时，上司如果拥有这样的得力干将，实为幸事！

如果管理是门艺术，向上管理则是艺术中的艺术。

第四章　懂下属

01　管理下属就是管理"人"

在下属眼中，上司分两种，水平高的上司和水平低的上司。

在上司眼中，下属也分两种，得力的和不得力的。

这是一个极端分法，却也道出了人们不自觉陷入的一个泥潭，很多人终其一生，也未必能爬出来。

人与人之间是一面镜子，镜中本无好坏和美丑，好坏和美丑映衬了我们的内心。贬低别人就是在贬低自己，懂得欣赏他人，才会被他人所欣赏。

【菩萨与牛粪】

苏轼是北宋著名文学家、书画家，也是一个著名的居士——东坡居士。他经常与佛门高僧往来论道，佛印禅师，便是其中与之关系最铁的一位。苏轼与佛印禅师亦师亦友、惺惺相惜，不仅辩论佛理，有时还相互戏谑，从中取乐。

有一天，苏东坡坐禅，好奇地问佛印："我坐得如何？"佛印告诉他："你坐得很好，活像一尊菩萨。"

苏东坡十分高兴，回家告诉苏小妹："佛印禅师夸奖我坐禅做得好，简直像一尊菩萨。"说完笑个不停，小妹问他笑什么？他说："我笑佛印坐禅的样子，根本就像一堆牛粪。"

小妹听了，对苏东坡说："你惨了，人家禅师有慈悲心，看谁都像菩萨。你满脑子都是牛粪，看谁都像牛粪。"

菩萨与牛粪

嘴是用来赞美的,手是用来给予的,你看到的菩萨越多,牛粪就越来越少;你关注一个人的长处越多,短处便可忽略不计,你怎么看待下属,换来的是对方怎么看待你。

下属在上司眼中,到底是一个怎样的"人"?

在山庄闭门会上,CEO抛出了类似的问题,引发了众人的讨论,大家各抒己见。

老狄说,下属就是我的兵,我的强势、严厉、杀伐果断,都是为了磨炼他们,如果有一天他们当上了将军,自然会念我的好。这个世界全靠结果说话,我看KPI,谁能干,谁就是优秀员工,谁落后,谁就注定要被淘汰。能者居之,没有能力的下属,在我这里是没有未来的。

小艾说:上司和下属,相辅相成,没必要搞成"将军与士兵",他们只要到我这里供职,就是一个战壕的兄弟。我就不会让任何一个人掉队,也不会淘汰谁,我有信心激发和提升他们,只要公司给我时间,每一个下属的潜力都是巨大的,我不一定有时间亲自带,但我会感染和影响他们。

司哥说:在我看来,下属有时候就像孩子,他们有不懂的、不会的,我们要教,他们有做错的、懈怠的,我们要包容。谁还不是从基层员工做起的呢?各位想想当年的情景,再看看现在的下属,他们未必差多少,甚至在某些方面,比多年前的我们做得更好。

第四章 懂下属

西西说，我同意老狄说的，有能者居之，公司都有相应的考核与晋升制度，一切按标准来。你们说下属是兵、是兄弟、是孩子，在我看来，下属就是下属。如果 CEO 觉得有必要，可以编制一份管理层的手册，具体到管理下属的每一步，包括该怎么做、要注意什么。

CEO 说，首先，特别高兴，听到各位如此真诚的发言，就像各位真诚地对待下属一样。其次，我听到了不同的声音、不同的观点和态度，这是值得参考的，互相借鉴才能一路向前。最后，我想提醒大家的一点是，下属也和各位一样，拥有共性和个性，拥有差异化的需求，拥有独立思考和做出选择的能力。他是否选择在你手下努力工作，他是否选择为我们公司奋斗、拼搏，而你，能直接影响他做出的选择。

众人陷入一片静寂，CEO 管这种状态叫"沉默时刻"。

交流停止，片刻的沉默后，反而触发了新的思考与觉察。

老狄说，嗯，下属是独立的个体，他们也需要在公司实现价值，获得他们想要的结果，最好是，我想要的结果和他们想要的结果相匹配，在实现团队发展价值的同时实现个人的价值，容我再想想。

小艾说，我可能忽视了一点，忽视了那些跟我不太一样的下属，尤其是每次庆祝项目完成的时候，有的人却表现得十分矜持，而我总拼命推他"上台秀一把"，下回要问问他的意愿。

司哥说，呃，我的团队，说好听点是"一团和气"，说难听点是"温暾水"，用老狄的话讲就是"缺乏狼性"，或许，我太护着下属了，总是把东西喂到嘴边，于是，大家就变成了舒适圈中的人……

西西说，我不太注重"人"的感受，别人觉得我没有"人情味"，也无可厚非，我不是机器，下属也不是机器，我需要反思。顺便跟各位表示一下歉意，我总是掉入"就事论事"的陷阱。

现场突然想起了掌声，这是 CEO 带头鼓的，随后大家一起鼓掌，把会议室变成了一个彼此赋能的地方。

CEO 说：大家太棒了！原本只是一个小小的讨论——作为上司，如何对待下属。后来，却变成一场"照镜子"的互动，我们在镜中看到了下属，看到了彼此，也看到了自己。大家都是非常资深的管理者，高学历、经验丰富、成绩斐然，但千万别陷入"知识的诅咒"。懂得越多，越糊涂。

【知识的诅咒】

经常在电视上看到一些答题节目，两两配对，你画我猜。

规则是，一个人看题目（词语），看完，不允许透露题目中的任何一个字，只能通过其他语言来诠释看到的题目，或者配合着肢体动作。另一个人要根据对方展示的信息，猜出答案，一字不差，才算赢。

于是，你跟你的搭档上场了，斗志昂扬。

第一道题，"吸尘器"，你是那个比画的人，你说"用来打扫卫生的"，你还做着手持吸尘器的动作，对方却一脸迷惑，只是报出"拖把""机器人"这些不得分的词，时间流逝，你只能说"过，下一个"。

第二道题，"简单爱"，你说"三个字，周杰伦的歌，很受欢迎的，上次我们去KTV也点过的！"对方似乎知道答案了，报出"青花瓷""双截棍"，于是你接着提示"没那么复杂的"，对方灵机一动说"七里香"，你都快气炸了，连这么简单的题目都反应不过来吗？

最后一道题，"功夫"，这个题目算是送分题了，你的信心都回来了，"两个字，中国XX"，对方说"制造""雄起"，于是你开始手脚比画了，对方又说"力量"，你差点晕过去。

第四章 懂下属

比赛结束，零分。

到底是谁的错？你和你的搭档都没错。你看到一个题目，然后进行有针对性的演绎，他却在自己所掌握的信息里检索，更要命的是，你的表达和他的演绎，存在"转码"的失败。你是已知的，他是未知的，你是明确的，他是模糊的，表达未必轻松，猜测更是困难，于是你忍不住要骂他。

这就是很多专家口中的"知识的诅咒"：当一个人知道一件事后，他就无法想象这件事在未知者眼中的样子。

跳出知识的诅咒，牢记 CEO 的一句话——"管理下属，就是管理'人'"。

管理下属就是一个研究"人"的过程，你都不知道对方是什么样的，也不清楚对方要什么，自然很难起到管理的作用。

02　一场另类的奇葩说

这一次，CEO 又给大家带来了一段视频，职场类综艺节目"奇葩说"。

CEO 说，这一期节目很特别，摩拳擦掌的下属们，被分成 A 队和 B 队，在争辩中阐述观点、表达态度、展示风采，管理层的人员坐在嘉宾席，听着下属之间的辩论，在观点碰撞中获得启迪与反思。

CEO 补充说，而且，这个节目也邀请了 DISC 领域的专家，通过 DISC 理论来分析台上的下属们，很有意思！

主持人宣布："节目开始，两队小试牛刀，各自先派出两个人作为先锋。"

辩题 1：【工作能力重要，还是态度重要？】

正方观点：态度要有，但能力比态度更重要。

下属 A1。能者上，平者让，庸者下，这是亘古不变的道理。公司不是做慈善的，上司不是做教育的，没时间一点一点培养员工，人的能力就摆在台面上,来之即战,战必胜。末位淘汰,淘汰的是无法胜任本职工作的人。

下属 A2。公司有严格的评价与考核体系,上司也始终盯着 KPI[①]。或许,员工的能力各有不同,但事实不会撒谎,数据就是依据,态度固然重要,能力却是最大的说服力。倘若能力不达标,解决方案有两个,第一,有针对性地提升能力,第二,被更有能力的人取而代之。

反方观点:能力要有,但态度比能力更重要。

下属 B1。态度决定一切,良好的态度是成功的开端。

下属 B2。能力有限,但是自我提升的意愿十分迫切,仍要被轻言放弃吗?没有人愿意拖后腿,如果当事人已经在默默努力了,已经在辛苦追赶了,这种态度不值得肯定吗?多一点时间、多一点耐心、多一点帮助,也许就会改变一个人的职业生涯。包容,是最好的良药。

聪明的朋友,你能看出来他们四位的语言习惯,分别展现了 DISC 的什么特质吗?

主持人又宣布:"白热化的比赛,火力全开!"

辩题 2:【没有加班费,还需要加班吗?】

---

① KPI:Key Performance Indicator,关键绩效指标法。通过组织目标的分解和关键工作指标的衡量,对个人和组织进行考核。

第四章 懂下属

正方观点：即使没有加班费，也要加班。

下属A3。职场如战场，没有薪酬高低，只有贡献大小。怎么证明员工有贡献？做出成绩是一方面，表明姿态是另一方面，愿意加班就是表明愿意付出的姿态，这点觉悟都没有吗？工作时间内没搞定的事，加班搞定它，我不是工作狂，但我愿意全力以赴。

下属A4。埋头苦干，上司看在眼里，通宵达旦，上司疼在心里，虽然没有"明码标价"的加班费，你在上司心中的分量也会不断增加。

下属A5。工作的意义是什么？有钱赚、有事干，最重要的是认认真真地把事情做完，踏踏实实把钱赚来。如果事情没做完、没做好，难免心生愧疚，作为员工，要对得起自己拿到的工资，常怀感恩之心，才能天长地久，付出总有回报，何必斤斤计较。

下属A6。在传统交换模式中，工作是"计件思维"，给多少钱干多少事；在新型交换模式中，工作是"复利思维"，加班是每天在弯道超一次车。加班，表面上看是为公司，深层来看是为自己，通过现象看本质，加班是个人成长与晋升路上的一个阶梯。

反方观点：没有加班费，当然不加班。

下属B3：弃权。

下属B4：我们经过商量之后，决定弃权，不是口才不行，主要是观点不利于我们发挥，毕竟管理层人员都坐在下面呢。咱还得乖乖上班。

下属B5：我听队友的。

下属B6：这是一个陷阱题，我们的选择是规避风险。

现场出现了戏剧性的一面，主持人措手不及，观众席呆若木鸡，嘉宾席上的管理层人员，也开始窃窃私语。虽然B队的举动令人诧异，但表现却足够真实，以至当所有人反应过来时，现场再次响起雷鸣般的掌声。

聪明的朋友，你能看出来他们八位的语言习惯，分别展现了DISC的什么特质吗？

03　D 型下属：高效 or 自我

D 型下属的画像

武林外传

D 弟子，胆色过人，独当一面，掌门外出云游，他可以留守坐镇，掌门率众抗敌，他也是能力最强、值得信赖的帮手，掌门说，他的资质上佳，未来可以考虑将掌门之位传给他。

另一种说法，D 弟子自视甚高，手段泼辣，早就不把掌门放在眼里，偶尔顶撞几句，偶尔擅作主张，觊觎掌门的宝座也不是一天两天了。旁人说，如此野心，还是早做提防为妙。

上司 A 眼中，他的"高效"风格。
① 目标感强，知道自己在做什么。
② 执行力强，从不拖延、怠慢。
③ 办事果断，效率不打折。
④ 能力过人，多任务管理不在话下。
⑤ 有企图心，对晋升有想法。
⑥ 有魄力，敢于开创先河。
⑦ 有担当，敢于扛指标。
⑧ 做他的上司，特别省力。
⑨ 我要培养他做继任者。

上司 B 眼中，他的"自我"风格。
① 强势，不易管控。
② 刺头，气焰嚣张。
③ 易怒，以下犯上。
④ 自大，不接受批评。
⑤ 胜负心强，急于求成。
⑥ 替人出头，以为什么都搞得定。
⑦ 拉帮结派，自立小山头。

⑧ 开口闭口"功勋卓著"。
⑨ 迟早要把我取而代之。

在上司 A 的心中，D 型下属是其左膀右臂，高效办事之人。在上司 B 的心中，D 型下属是不听指挥、妄自尊大，活得十分自我之人。

D 型下属的管控之道

两大雷区。
① 不给面子，当众训斥。
下属暴雷："你以为上司就能随便骂人吗？"
② 处处找碴，故意刁难。
下属暴雷："你不就是想赶我走吗？"

管控原则。
① 给他一定范围内的权限。
② 布置的任务要具有挑战性。
③ 欣赏他单兵作战的能力。
④ 提示他团队协作的重要性。
⑤ 借机夸奖他潜在的领导力。
⑥ 给予他晋升的空间与可能性。
⑦ 在高层领导面前夸奖或提携他。
⑧ 偶尔让他见识一下上司的高水平。
⑨ 切勿当众揭短，令他失去威信。

懂他
① 他喜欢冲锋陷阵，他喜欢有挑战性的工作，这会唤起他体内的"血性"，所以他偶尔会"攻击性"十足，但他不是针对谁，只是习惯了那种很拼命、不留退路的样子。
② 他有自己的想法，如果他的想法被尊重，他会觉得遇到了"明主"，反之，他会觉得自己遭遇了"昏君"。当他提出想法或不同意见时，你急于否定他，就是对他能力的不信任，减少使用"No""你错了"……试着改口说"不错的建议"。

③ 他是争强好胜的，赢，就要有赢的战利品，得到晋升是一种方式，兑现奖金是一种方式，哪怕没有物质奖励，也要充分认可他的个人价值，为他在精神上创造获胜的感觉。

④ 只要他认定了公司、认定了你，他可以毫无异议地执行加班，如果项目进度滞后，他会主动加班，"永动机"是他的外号，责任心强是他的标签。

⑤ 事业有成是他的目标，如果他比你更优秀，那就送他上位，这份提拔的恩情，他会铭记于心，来日再报。

老狄："我喜欢这样的下属，有狼性，能干实事！"

其他人闷声不响，却各自流露出不悦的神情。小艾轻轻地跟司哥说："看，够不够自我？"过了一会儿，西西意味深长地说："用好了，当然好，用不好呢？归根到底，还是得看上司的自我修炼。"

空气中弥漫着淡淡的火药味，还好，老狄忍住了。

04　I型下属：乐观 or 怪异

I型下属的画像

武林外传

I弟子，机灵能干，在本门中人缘极好，大家都很喜欢他，连掌门的女儿都芳心暗许。在江湖上，他有很多好朋友，遇到麻烦事，信号弹升空，便有高人或友人（甚至奇人异士）前来相助。

另一种说法，他就是个游手好闲的浪子，平时不好好习武，把心思都花在歪门邪道上，朋友固然多，三教九流都有，小聪明更是一把双刃剑，只怕将来"聪明反被聪明误"。

上司A眼中，他的"乐观"

① 正向，热情得像小太阳。
② 幽默，团队开心果。
③ 情感丰富，情绪外露。

第四章 懂下属

④ 口才好，适合社交与推广。
⑤ 不怯场，在人多的地方更放得开。
⑥ 感染力强，擅长临场发挥。
⑦ 鬼点子多，出谋划策是把好手。
⑧ 做他的上司，开心多过操心。
⑨ 我要引爆他的影响力！

上司B眼中，他的怪异

① 话痨，很难闭上嘴。
② 透风，很难保守秘密。
③ 言辞夸张，爱开空头支票。
④ 记性太差，前说后忘。
⑤ 聊天的时间比工作的时间长。
⑥ 光说不练。
⑦ 将时间都浪费在无效社交上。
⑧ 偶尔妨碍其他同事的正常工作。
⑨ 只想堵住他的嘴。

在上司A的心中，I型下属是积极主动、乐观向上的热血青年，在上司B的心中，I型下属是情绪多变，让人捉摸不透的"怪咖"。

I型下属的管控之道

两大雷区

① 表扬了整个团队，唯独没有他。
下属暴雷："我这么努力，你瞎了吗？"
② 让他远离团队和其他人，从事枯燥的工作。
下属暴雷："不好玩，我要疯了！"

管控原则

① 夸他，以大会表扬的方式。
② 在群里@他，证明上司对他的关注。

③ 把外联工作指派给他，表示信任。

④ 发现并指出他的"与众不同"。

⑤ 把他的成绩变成奖状、海报。

⑥ 在进行头脑风暴的时候让他负责主持。

⑦ 拧干他在工作表现中的水分。

⑧ 定期检验和推进他的工作。

⑨ 切勿表现出对他才华的不屑一顾。

懂他

① 他真的特别能聊，跟客户聊，跟同事聊，上班聊，下班聊……我们既不能阻止他，也不能放任他，私底下传授职场秘籍给他，告诉他要掌握好"度"。

② 在团队处于低气压氛围的时候，他的出现就是阳光，主持会议、组织聚会、负责团队拓展，需要他带节奏的时候，就把节奏交给他，你给他舞台，他还你精彩。

③ 当有人说他"粗枝大叶"时，说明只看到了他随性的一面，作为上司，要善于发现并点赞他的"细心"，这是他极力想要表现或证明给别人看的。

④ 他热爱生活，热爱美好事物，爱发朋友圈、爱追剧、爱八卦、爱推荐各种美食，我们把他当成"推荐官"，才是认可他的价值。

⑤ 只要有发言的机会，尽量想到他，无论是经过事先准备还是突击登台，为他提供的舞台越大，他内心的喜悦与感恩越多。切记，他的能量虽然巨大，但也要给他能量补充和缓冲的时间。

小艾激动地表示："哎呀，全中！我当年做下属的时候就是这样的！"

老狄提醒她："你现在还在扮演下属的角色啊！"说完，眼神停留在 CEO 身上，小艾心领神会，朝着 CEO 说："可不是，领导懂我，我会努力工作的！"

司哥和西西，差点被他俩的对话逗笑，CEO 只是微微一笑，说："各位，继续看，继续想。"

第四章 懂下属

05 S型下属：勤劳 or 木讷

S型下属的画像

武林外传

S弟子，门下最勤奋的那一个，一天三练，教他什么，他就学什么，看上去天资愚钝，实则勤恳踏实。对掌门忠心耿耿，对江湖中人也心存善意。

另一种说法，S弟子是个闷葫芦，不善言辞，很难像D师兄、I师兄那样讨掌门的欢心。他的存在感很低，每次比武，要么站在人群中，要么仅仅参与加油助威。他从来不提"称霸武林"，被师叔斥为"没出息"。

上司A眼中，他的"勤劳"

① 勤恳，听话照做。
② 办事稳当，不太出错。
③ 循规蹈矩，不越雷池。
④ 关系和谐，善于配合他人。
⑤ 逆来顺受，具有牺牲精神。
⑥ 不抱怨加班，能理解上司的难处。
⑦ 习惯性同意，几乎不提反对意见。
⑧ 做他的上司，特别省心。
⑨ 我要培养他独当一面。

上司乙眼中，他的"木讷"

① 木讷，手脚和脑子反应慢。
② 太软，随和到谁都可以欺负。
③ 太古板，对于新鲜事物不敏锐。
④ 太胆小，不敢得罪和拒绝别人。
⑤ 太优柔寡断，总是一副纠结的样子。
⑥ 太没特点，令人很难想起他。

⑦ 不表态，缺乏建设性意见。

⑧ 太顾家，容易被生活琐事干扰。

⑨ 发他一张好人卡算了。

没有对比，就没有伤害，有了对比，看得更完整。哪里有什么谁对谁错，只是彼此站的角度不同。在上司 A 的心中，S 型下属是脚踏实地、默默耕耘的好员工，在上司 B 的心中，S 型下属是能力有限、态度尚可的平凡人。

S 型下属的管控之道

两大雷区

① 长期让他处理紧急事件与应对变化。

下属的低声细语："我感觉自己神经衰弱了。"

② 开会时在其毫无准备的情况下让他发言。

下属的低声细语："我……我……再想想……"

管控原则

① 肯定他的努力。

② 表扬他的忠诚。

③ 悦纳他的慢节奏。

④ 安排给他的工作量要适中。

⑤ 可以加班，但不要经常。

⑥ 可以加班，但记得问候。

⑦ 关心他和他的家庭。

⑧ 必要时颁发劳模奖章。

⑨ 切勿把老好人逼急了。

懂他

① 他之所以动作慢，要么是因为不熟悉，要么是因为怕出错，谨小慎微，才能保证其拥有足够的安全感，至少，返工的概率很低。

② 他一旦工作顺手了，原则上是不会主动提出离职的，他更习惯现有的环境、现有的团队氛围、现有的上司与同事关系，属于团

队中的稳定因素。

③ 分内的工作，他一定会完成得很好。可以交代给他一些额外任务，但要注意他的压力指数，一旦感受到他潜在的对抗情绪，记得为其"减负"。

④ 或许是不太擅长争取，他很少提要求，也显得十分佛系，但你要记得他的好，主动分给他其应得的物质奖励和精神鼓励。

⑤ 他倾向于平衡工作与家庭的关系，所以，领导关心他的生活情况，更能彰显企业的人文关怀。另外，给予他足够的时间和空间与家人相处，是极其必要的。

小艾说："我喜欢这样的下属，我会好好带他们。"

老狄表示认可，补充了一句："难能可贵的是，其具有团队协作的精神。"

西西顺着老狄的话说："可是，我们曾忽略过他们的感受与需求。"

司哥看得十分入神，笔记也是一字不落，他有点激动："DISC理论似乎把很多东西都总结好了，对于管理下属而言，很有参考价值。"

06 C型下属：钻研 or 钻牛角尖

C型下属的画像

武林外传

C弟子，博闻强识，有人说他过目不忘，武功秘籍只要给他看个一天半日，心法招式便被他烂熟于心。刻苦钻研，每日精进，见招拆招是他的强项。

另一种说法，C弟子不合群，师兄弟们一起下山玩耍，他不去。掌门外出，他负责带领师兄弟们习武，并对每个人的姿势的准确性要求甚高，甚至苛刻到令人发指，久而久之，大家也不愿意在他身上碰钉子。

上司A眼中，他爱"钻研"

① 专注，具有匠人精神。

② 技术控，保证专业品质。
③ 讲原则，坚持遵守规则。
④ 标准化操作，一切按规定来。
⑤ 观察入微，细节方面零差错。
⑥ 风险预估，潜在危险的排除。
⑦ 依据充分，说话做事站得住脚。
⑧ 做他的上司，从不担心技术问题。
⑨ 我要把他变成技术标杆！

上司 B 眼中，他的"钻牛角尖"

① 固执，有点轴。
② 抠文字，抠细节。
③ 谈工作，倾向于就事论事。
④ 不苟言笑，没生活情趣。
⑤ 完美主义，强迫症患者。
⑥ 布置给他的工作，爱问为什么。
⑦ 欠缺觉察，尤其在别人情绪有变化的时候。
⑧ 不懂通融，连上司的面子也不给。
⑨ 纯粹的上下级，保持安全距离。

没有对比，就没有伤害，有了对比，看得更完整。哪里有什么谁对谁错，只是彼此站的角度不同。在上司 A 的心中，C 型下属是钻研技术、专注做事的技术骨干，在上司 B 的心中，C 型下属是喜欢顶针、不懂人情世故的"钢铁直男"。

C 型下属的管控之道

两大雷区

① 画饼，拼命画饼。
下属的腹诽："如果画饼就能改变世界……"
② 不尊重专业和品质，过分强调工期和速度。
下属的腹诽："所有玷污专业的人，终将付出代价……"

第四章　懂下属

管控原则

① 明确指令，避免模糊。

② 公正客观，减少评判。

③ 言行一致，兑现承诺。

④ 创造环境，给予其安静的空间。

⑤ 鼓励研究，奖励专业表现。

⑥ 让他把技术教给徒弟。

⑦ 把他从多余的应酬中解放出来。

⑧ 尽量不占用他的私人时间。

⑨ 切勿在专业方面出现严重失误。

懂他

① 他醉心于技术，一旦开始钻研，可以挖得很深，成为某个领域的专家，所以，他身上总是自带专家气质和学究气。

② 一丝不苟的反面是挑剔，其实他是对事不对人的，何况他并不喜欢参与到复杂的尔虞我诈或政治斗争之中。

③ 他也有朋友，有自己的交友方式，深信"君子之交淡如水"，下班之后的各种娱乐活动，他就算参加，也是为了完成任务，而非心甘情愿。

④ 如果把细致的工作交给他，他会给你一个近乎完美的结果，数据挖掘、报表整理、调研分析，这些看似枯燥的工作，他可以一个人干得很兴奋。

⑤ 比起表情丰富的下属，他一直都是走冷淡风。他很少哈哈大笑，不代表他不快乐，他没有肢体动作，标志性动作就1～2个。

老狄、小艾、司哥，只是看到一半，便不约而同地转过脸，看着西西。

"你们……看我干吗？我又不是你们的下属。专家还在分析，预计10分钟后结束，你们再转也不迟。"

西西陷入了自己的新一轮思考。

07　当马斯洛需求层次理论遇到 DISC

CEO 曾经抛出过一个经典理论"管理下属就是在管理'人'",紧接着又抛出了一个问题,"如何满足员工的不同需求,借此激励下属,使其发挥各自的主观能动性。"

老狄说,他们的需求是自我实现吧。

小艾说,他们的需求也可能是社交与人际关系。

司哥说,他们的需求是感受到爱与关怀。

西西说,他们的需求是明确的制度与晋升体系。

大家说得都有道理,老狄惊艳一枪:"下属最大的需求是加薪,老板,加工资好吗?"小艾起哄,司哥想起哄,西西却说:"这违反了我们的薪酬设计。"

好吧,西西经常担任话题终结者。

这时,小艾灵光一现,激动地说:"我们是不是可以借鉴 DISC 理论和马斯洛需求层次理论[①],帮助我们完成分析。"

CEO 打了一下响指:"好主意!"

但是,小艾说,她并不擅长讲解马斯洛需求层次理论,所有人把目光都投向了西西,毕竟她拥有管理学和心理学双硕士学位,每年都会阅读 100 本书。

西西开腔授课了。我要先给这个理论做 5 点澄清,第一,层次的可跳跃性。第二,层次的同时需求性。第三,需求的不同环境性。第四,需求的相互影响性。第五,层次发生跳跃的潜在性。

老狄说,能不能说得直接点、简单点?

西西停顿了几秒,客气地说,好的。

【马斯洛需求层次理论的 5 个层次】

依次由较低层次到较高层次排列,从下往上。

[①] 马斯洛需求层次理论:由亚伯拉罕·马斯洛于 1943 年提出,是人本主义科学的理论之一,它不仅是动机理论,同时也是一种人性论和价值论。

第四章　懂下属

马斯洛需求层次理论

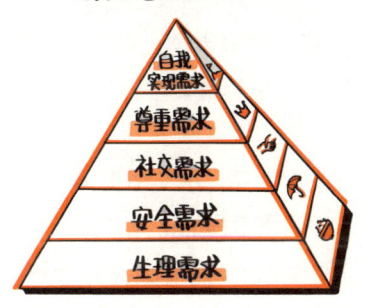

（金字塔图：自我实现需求／尊重需求／社交需求／安全需求／生理需求）

第一层次：生理的需求。呼吸、水、食物、睡眠、生理平衡、分泌、性。

第二层次：安全的需求。人身安全、健康保障、资源所有权、财产所有性、道德保障等。

第三层次：社交的需求。一个人要求与其他人建立感情的联系或关系。

第四层次：尊重的需求。自我尊重、信心、成就、对他人尊重、被他人尊重等。

第五层次：自我实现的需求。道德、创造力、自觉性、公正度、问题解决能力、接受现实能力等。

早期相关人员认为，当一个人较低层次的需求被满足之后，才能出现较高层次的需求。现在的观点延展更多，我们不妨再读一遍西西口中的"5点澄清"。

小艾说：再接地气一点，要不举个例子？

西西说：我就知道你喜欢讲例子、听例子，那就举个例子吧——

① 生理的需求：你想喝奶茶。

② 安全的需求：附近没有奶茶店，但幸好有奶茶店提供外卖服务。

③ 社交的需求：在你点单前，你询问我们是否也需要，甚至打算请大家喝奶茶。

④ 尊重的需求：外卖到了，大家一起喝奶茶，并夸奖你的豪爽与品味。

⑤ 自我实现的需求：你成为全公司公认的美食家，这是一种自我实现；考虑到身材和健康的重要性，某天你戒掉了奶茶，这也是一种自我实现。

现场爆发出一阵哄堂大笑，小艾倒也不介意，指着西西说："就你了解我，这样的人才才是幸福的！"

老狄说，是不是可以把下属们的需求，理解为职场幸福感？

小艾说，老狄，我感觉你切中要害了。

司哥说，嗯，我同意。我的理解，不知道对不对——

① 生理的需求，也就是生理幸福感，譬如多给下属一些午休时间，为他们提供种类丰富的饭菜，避免会议时间过长。

② 安全的需求，也就是安全幸福感，譬如为下属提供受法律保护的劳动合同、无安全隐患的办公设施、每年定期的员工体检。

③ 社交的需求，也就是社交幸福感，譬如定期组织 Team Building[①]，公司微信群和 QQ 群的内部沟通，下午茶时间的开放式交流。

④ 尊重的需求，也就是尊重幸福感，譬如日常工作的礼貌交往，允许员工发声的 CEO 信箱，老员工的长年服务奖。

⑤ 自我实现的需求，也就是价值幸福感，譬如在岗位上展现才华，在公司中晋升到管理层，在社会中投身公益事业。

第一次听司哥侃侃而谈，一口气说这么多！

众人频频点头，看来都很认同司哥的说法，连 CEO 都对他竖起大拇指："以后每次开会，你应该多多发表自己的观点，说得特别好！"

CEO 接着说，非常有价值的探讨！也许我们在管理下属的过程中，真的应该关注他们的需求是什么。时间过得好快，生理的需求应该被满足了，我们休息一会儿，大家记得去用茶歇……

---

① Team Building：外企常用名词，意为团队建设，通过工作之外的集体活动来加强团队成员之间的交流，并非纯粹的娱乐。

第四章 懂下属

这里必须做个前提假设，在每一个人身上，都有 DISC，只是比例不同、倾向性不同；每一层需求，也都有 DISC。

① 生理的需求，更接近 S 型和 C 型特质，普遍性与基本功能的满足。

② 安全的需求，更接近 S 型特质，稳定性与安全感，让变化来得更慢一些。

③ 社交的需求，更接近 I 型特质，与人打交道，在人际互动中寻求快乐。

④ 尊重的需求，更接近 D 型和 I 型特质，晋升与成就，地位与名望。

⑤ 自我实现的需求，更接近 D 型和 C 型特质，攀登者的姿态，极高的目标感，倾听内在的声音，打造精彩人生。

管理下属，重在满足需求，是不是有一点茅塞顿开了？

08　如何激励新生代员工

第一章提到过"新常态"，我们每天在生活中也会听到各种"新"的事物，诸如新零售、新格局，还有现在企业里特别热门的词——新生代。

"新生代员工"，从早期的"85后""90后"，已经慢慢来到"95后""00后"，总之一代新过一代，但管理者的普遍感受是"不好管"。如果用陈旧或固化的管理思维来管理"95后""00后"，根本行不通！

问题来了，新生代员工，长江后浪推前浪的"后浪"，有哪些特点呢？总体来说，他们有着以下特点。

首先，成长环境相对优越。多数"95后""00后"群体的家庭条件是比较富裕的，拼命改善生活条件的父辈，经过几十年的打拼，已逐步积累了一些物质财富。新生代的成长环境，开放而独立，其成长资源充沛，视野开阔，他们对"吃苦"的解读与以往不同，他们不是为生计吃苦，而是为心中的梦想吃苦。

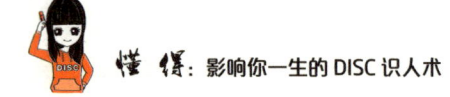

其次，新生代员工思维模式相对独立。他们从小接触的是计算机、Pad、智能手机，玩的是即时通信、网络游戏，看的是综艺选秀、梦想舞台，各种新鲜事物，可谓层出不穷。他们的信息源，不再是单一的报纸或电视，而是各种网络平台、自媒体，上一代人20岁才懂得的东西，他们可能10岁就"看破不说破"了。他们拥有"不必人云亦云"的姿态，他们用"做自己"的方式表达观点。

最后，新生代员工的个人喜好相对自我。新生代员工的标签，往往与"传统"是对立的。反对教条主义，对陈旧事物缺乏兴趣，强调主宰"自己"。选择自己喜欢的专业，从事自己向往的事业，追寻自己认为值得的爱情……在职场上，他们不愿意藏着掖着，喜欢就靠近，讨厌就远离；干得开心就努力争取，受了委屈就愤然离去，没有谁一定要为谁停留。

既然如此，怎么搞定他们、怎么管理和激励他们？

研究一个群体的有效方法，不是批判这个群体，而是积极融入这个群体。

新生代员工喜欢的游戏，喜欢的娱乐明星，喜欢的综艺节目，管理者也可以花时间尝试，去了解、去体验、去感受。游戏，如《王者荣耀》《绝地求生》；明星，如TFBOYS、蔡徐坤；节目，如《偶像练习生》《青春有你》。群体注意力的差异、思维模式的差异，未来可能成为管理过程中的枷锁。

以游戏举例，全世界所有玩家花在《魔兽世界》上的总时长，超过593万年。一个令人震惊的数据，却折射出了新生代员工的部分特点。

这里并不是鼓励大家玩游戏，而是通过一个新的现象发现一个时代的变化，当我们接受和理解游戏的存在时，便能更好地接受和理解新生代员工。

游戏的魅力何在？从专业的角度分析，推荐一本好书给大家，电子工业出版社出版的《游戏设计艺术（第2版）》，作者是美国的杰西·谢尔[①]，译者是刘嘉俊。

---

① 杰西·谢尔：电子游戏设计师、美国卡内基梅隆大学研究人员。

第四章 懂下属

游戏的魅力何在？从 DISC 的角度也能分析。

D 属性：竞技性＋成就感。个人间的较量、团队间的较量，狭路相逢勇者胜的剧情，不断刷新的积分与排行榜，这就是竞技性。每次对抗之后获胜的喜悦，个人成绩的档案留存，这就是成就感。

I 属性：交互性＋体验感。加入公会（联盟），认识一群新朋友，真实的私信聊天、团队喊话，或者游戏人物自带的、随机的交流，这就是互动。在游戏中变身将军、武侠、运动员，在现实生活以外、虚拟角色为人们提供的满足感，这就是体验。

S 属性：持续性＋安全感。游戏不是一下子就完成的，它提供了较为完整的剧本、一步一步的任务、由简入难的挑战，这就是持续性。在游戏中，你可以查看说明，遇到任何问题都可以点击"问号"，在团队中获得指导，这就是安全感。

C 属性：公平性＋秩序感。除了氪金玩家的特殊待遇，游戏本身是公平的，每个角色都是从 0 级或 1 级开始，都是按照一定的级别获得奖励，这就是公平。完成任务要满足相应条件，触发剧情要符合一定标准，这就是秩序。

以下是对新生代员工的四点激励法。

第一，自主，保有自我。让他在一定范围内按自己的方式做事。譬如，提交给上司的方案，除了必要的格式，剩下的都可以自主发挥。

第二，胜任，建立信心。想当年，胜任一份工作也许要 1 年以上，但新生代员工充满自信，又渴望快速进行能力验证，最好让他们尽快上手，或阶段性地解锁任务。譬如，先丢给他 3 件能轻松搞定的任务，再丢 1 件难一点的，挫挫他的锐气并激发他的斗志。

第三，联机，制造氛围。新生代员工虽然对自主性要求较高，却也害怕孤独，所以，为其提供互动的平台、群组，至关重要。譬如，企业内部的 OA 系统、微信群、QQ 群的开放式交流，或者定期组织主题下午茶、向前辈请教、和 HR 小姐姐吐槽，又或者组织形式多样的团建，在欢声笑语中"让我们荡起双桨"。

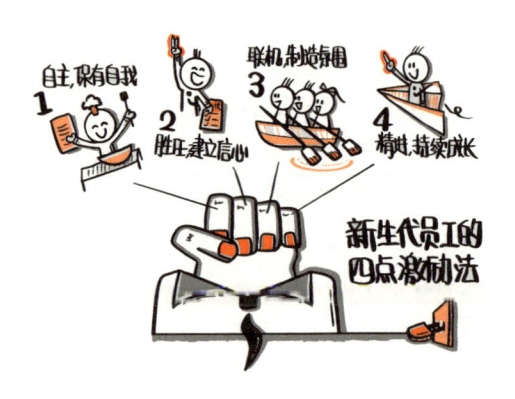

第四，精进，持续成长。 在闯关的过程中，会捡到装备，会拿到秘籍，会获得个人提升。当新生代的员工选定了从事的岗位方向，就要想办法让他们获得可持续的专业进阶，专家指点、技术培养、行业资讯，一个都不能少。

你看出四点激励法背后的 DISC 了吗？

- 自主是 D+I。
- 胜任是 D+S。
- 联机是 I。
- 精进是 C+S。

根据新生代员工的不同个性，你可以自由搭配并组合出击！

09　如何管理能力比你强的下属

马云说，领导永远不要跟下属比技能，下属的技能肯定比你强；如果下属的技能没有你强，说明你请错人了。

这段话说得特别有道理，但也深深刺痛了很多上司的"玻璃心"。

面对下属，如果你展示的是头衔、权力、高高在上，变成一个"监督者""压迫者"，这样很容易站到下属的对立面。面对下属，如果你展示的是责任、担当、身体力行，变成"同行者""带头大哥"，

第四章 懂下属

这样既挡在下属前面,也站在了下属身边,面对能力比自己强的下属,你应在意的是如何激发他的潜能,如何让他发挥最大价值,这是互相信任的,也是互相成就的。

下属的价值,决定了上司的价值,遇到能力比自己强的下属,难道不是一件值得开心的事情吗?人才的选用,既体现了管理者人力资源管理的能力,也体现了管理者的领导力水平。选到强人、善用强人、培育强人、留住强人,才配得上"伯乐"与"明主"的美名。

然而,很多上司并不这么认为,总觉得下属能力越强,对自己构成的威胁就越大,害怕因此地位不保,只能小心提防,甚至刻意打压。结果,强人愤而离去,上司人心尽失,团队的业绩直线下滑。

遇到能力比自己强的下属,我们可以尝试以下做法。

第一,上司发挥 D 特质,明晰下属的目标,划出工作的重点和难点,匹配下属的技能与才干,并把重任(难啃的骨头)交给他,能力强的人,就要放手让他去干,没有条件创造条件也要让他去干,干成了就举荐他晋升,做那个"扶他上马"的人。

第二,上司发挥 I 特质,主动了解下属的性格,用热情激活下属体内的活跃因子,用人际关系协调下属所需的各种资源。关注下属的表现,及时给予当众表扬,收集下属的高光时刻,随时为他们准备一份惊喜,能力强的人,更会珍惜那个看到他的能力、点赞他的能力的人。

第三，上司发挥 S 特质，给予下属情感上的关怀、实际工作上的全面支持。就像麦肯锡管理咨询公司①中能力超强的咨询顾问，没日没夜地工作，但是他们不必为订机票、订酒店、订餐等操心。

第四，上司发挥 C 特质，安排下属做定期汇报，并给出专业的建议。汇报无须频繁，但每一个节点要把握好，相当于为下属的工作增加一个"复核"的环节，以免出错。上司给出的专业建议，并不一定是具体工作上的，有可能下属已经足够专业了，这里的"专业"，更多的是站在管理的角度和系统思维方面来说的。

发挥了 DISC，总是让人可以从四个维度去考虑问题，也可让人组合运用 DISC，威力不容小觑。

D+I，带头冲锋，随手点赞，下属才能保持冲的劲头。

D+S，铁血之余，总要有点温情的动作。

S+I，在平淡生活中，增添些许惊喜与乐趣。

S+C，无微不至的关怀，加上无处不在的细节改善。

……

在山庄闭门会开始之前，CEO 单独找每一位管理者私聊，毕竟，很多话是不会被拿到台面上来讲的。

CEO 问每一个人："如果遇到能力比你强的下属，你会怎么做？"

当 CEO 找到老狄时，老狄说："不可能！我的下属怎么会比我强？"这样的回答，在 CEO 的意料之中，于是，CEO 追问了老狄第二个问题："这些年来，你为公司培养了几位主管呢？"老狄沉默了。

当 CEO 找到小艾，小艾说："比我强？有啊，我觉得他们每一个都很优秀，当然，也许我对他们的管理起到了更大的作用。"CEO 先是夸奖了小艾，然后请小艾把潜力员工的名单与能力分析分别写出来，小艾陷入了片刻的沉思："我知道他们厉害，却没有对他们进行建档分析，我现在就去办……"

---

① 麦肯锡咨询管理公司：国际知名管理咨询公司，由芝加哥大学商学院教授詹姆斯·麦肯锡于 1926 年在美国创建。

第四章 懂下属

当 CEO 找到司哥，问题抛出来，司哥已经紧张得说不出话来了，内心忐忑："难道是要换将？我作为管理层的能力被质疑了？" CEO 递了一张纸巾，给司哥擦擦汗。随后补充一句："我是想了解一下，他们的个人发展情况，酌情奖励，并将他们纳入人才计划。" 司哥这才露出了淡定的神情。

当 CEO 找到西西，西西考虑了一会儿，回复说"既然是如果，那我也大胆假设，我会根据公司现有的员工晋升通道，给他创造一个上升的机会，只要他符合职位的标准，他就可以被视为优秀的候选人。" CEO 说，希望收到从她这里传出的"晋升好消息"。

私聊的当晚，CEO 在朋友圈写道："现在的核心团队，是我带过的平均水平最高的团队，每一位管理者都很优秀，甚至能力都比我强，他们身上有太多值得我学习并觉察的地方。"

评论区里有很多"大写的赞"，当然，更多的赞不在朋友圈，而是在每一个被他夸奖的人的心里。

一个人能否成为管理者，关键在于跟对人、做对事、做好人、做好事。

做好人，不单单指做个"好人"，而是会做人；做好事，不单单指做"好事"，而是会做事，并且把事情做得圆满。管理的最高境界就是示范。

10　一个好上司的自我修养

每个下属都有个性化需求，有自己的特征与喜好，管理者如何成为他们心目中的好上司呢？

首先，你要看懂他们，不一样的烟火，就有不一样的绽放方式。

对于下属（D型）的懈怠和士气低落，你如何处理？

对于下属（I型）工作中的粗心大意，你如何处理？

对于下属（S型）工作中的拖延、推诿，你如何处理？

对于下属（C型）工作中的不合作，你如何处理？

以前，我们只有一种处理方式，统统骂一遍，"给我滚去反思"！

现在，有了DISC，有了知识的沉淀和经验的积累，有了因人而异的觉察，更重要的是，我们拥有了真正的管理思维——凡事必有四种解决方案。

举个例子，一直困扰管理者的授权问题，原本只有两种解决方案，第一，不授权；第二，授权。1974年，威廉·翁肯和唐纳德·沃斯撰写了《时间管理：谁背上了猴子？》，这篇文章刊载于《哈佛商业评论》。当时，管理者们正处于极大的困境之中，拼命寻求解放自己时间的途径。由于当时盛行的是命令与控制，几乎没有授权，于是管理者把所有"猴子"都背在了自己身上。

【猴子在谁的背上】

张总巡视车间时，与自己的下属老王迎面相遇，老王向张总汇报："早上好，我遇到了一个问题，您知道，情况是这样的……"当老王继续往下说，张总发现，这跟下属们提出的所有问题一样，具有两个共同点，其一，需要他参与解决问题；其二，他对情况有待了解。于是，张总回答说："很高兴你能提出问题，我现在很忙，让我考虑一下，晚点给你答复。"随后，两人告别。

让我们分析一下，在两人碰面前，"猴子"（任务、难题）在谁的背上？在下属老王的背上。两人分手后，"猴子"又在谁的背上？在张总的背上。当"猴子"从下属背上跳到上司背上，上司受下属

第四章 懂下属

支配的时间，开始计时，直到上司把"猴子"归还给真正的主人。在接受"猴子"的时候，上司从自己的下属那里接过了责任，并向下属做出承诺。

授权的问题，我们从 DISC 的角度来分析。

D 型特质的上司：只要是下属"搞得定"的，一律授权。如果是下属未必能搞定的难题，或者以往有过失手的经验，便亲自上阵。

I 型特质的上司：授权是一定的，但是想法多变，一会儿指南，一会儿指北，下属就算被授权了，也可能无所适从。

S 型特质的上司：但凡是合情合理的方案，都会授权，并为下属提供全方位的支持。在方案执行的过程中,下属一旦遇到难题和挑战，需要长时间纠结，怎么也拿不定主意。

C 型特质的上司：很难授权，因为多数下属都不能达到其设定的标准，哪怕完成了任务，也需要核查甚至返工。慢慢地，与其授权给他们，最后"擦屁股"，不如自己从头到尾亲自把关。

这时，问题出现了，如果上司的授权手段，只从自身出发，可能只适用于一部分下属，有些人反而颇为抵触。

一个好上司，在解决问题时懂得从下属的角度出发。

面对 D 型特质的下属，你和他说，这个 App 开发的项目，由他来负责，同时告知他，App 主题颜色选橙色，界面设计要参考某品牌，要包含至少 8 个主功能，每个主功能下面还有 3 个子栏目……这是他喜欢的授权方式吗？你什么都决定好了，让他做什么？

正确地向 D 型特质的下属授权，只需要告诉他预期目标、时间节点、验收标准就可以了，他会撸起袖子加油干。

面对 I 型特质的下属，你把项目路演的任务交给他，除了告知路演主题和日期，其他均由他自己安排，这样的授权会带来理想的结果吗？他上台了，主题是对的，逻辑却一片混乱，讲着讲着就跑题了；他是准时开始的，但是讲嗨了，演示过程一度停不下来……

正确地向 I 型特质的下属授权，最好给他标准化的框架，路演主题包含哪些部分，哪些要重点讲，哪些不能漏掉，这里有流程，跟着流程走，这里有模板，套个模板，思路更清晰。

面对 S 型特质的下属，你只是跟他说，由他来负责欧洲市场的开拓，具体操作自行决定，这是他适应的授权方式吗？天哪，有什么可以参考的吗？什么都要他来决定，岂不是要了他的命……

正确地向 S 型特质的下属授权，既然要他开拓欧洲市场，尽量多给他一些信息和支持，譬如，市场调研怎么做，在开拓市场的过程中可能会遇到哪些问题，可以调动的资源有哪些。在询问工作进展的同时，给予其定点关注并为其答疑解惑。

面对 C 型特质的下属，你提出一个要求，参考市场上受欢迎的老师，录制一门高水准的课程，放到线上去卖，打造出我们的爆款。什么是受欢迎？怎样才算高水准？何为爆款？C 型特质的下属一脸懵啊。

正确地向 C 型特质的下属授权，要把任务描述清晰、准确、合理，最重要的是，具有一定的标准，可以借鉴或比对。譬如，受欢迎就是满分 5 分，评分至少在 4.8 以上；高标准就是画质像素达到单反级别、声音清晰悦耳、没有明显瑕疵；爆款就是购买课程的人数达到 1 万人以上。

第四章 懂下属

授权原来这么难,难就难在好上司的自我修养。

第一,足够了解下属。

第二,愿意从下属的角度出发。

第三,愿意调整自己的风格。

第四,在各种风格中游刃有余地切换。

第五,传递给下属"我懂你"的信号。

第五章　懂团队

01　销售 vs 财务的鸡同鸭讲

在闭门会上提到"团队"这个词时，CEO 讲了一个故事。

外面传来一阵咚咚咚的敲门声，急促而有力。

财务经理、财务主管被总经理叫去开会了，一时半会儿回不来，财务室只有一个"留守儿童"——入职三个月的小耿，谨慎地询问："谁啊？"

"是我，来报销。"回答的声音，声如洪钟，像是业务部门的老袁，他是公司的销售精英，也是公司的元老级员工。

"请进。"小耿的领导告诉过她，业务部门不好惹，要牢记四个字"客客气气"，她是新人，涉世未深，自然没明白领导的意思。或者说，她自以为，同事之间本就是客气的嘛！

只见老袁从裤兜里掏出用于报销的发票，揉做一团，乱七八糟。

小耿说："这样的发票，我不能收。"

老袁一听，不乐意了："怎么不能收了？不是凭发票报销吗？"

"准确地说，是凭报销申请单报销，您没有填写申请单。"

"那我现在填一张不就行了，你给我一张。"老袁说填就填，三下五除二，搞定！

"单子上没标注申请日期，麻烦您补一下；这里漏写了具体内容，麻烦您也补一下；发票要整齐地贴在报销申请单的背面，每一张都对齐，这是胶水。"

第五章 懂团队

"我以前报销,没这么多麻烦呀,你是不是新来的,规矩还不熟?还是你吃饱了没事干,故意刁难我?"

面对老袁连珠炮式的质问,小耿并不胆怯:"我是按规矩来的,财务报销,实事求是,您既然走过这么多次流程,您不清楚吗?"

"小丫头,听不懂人话是吧?你这么轴,小心嫁不出去!"

"您这是人身攻击!明明错在自己身上,却倒打一耙,应该道歉。"

"哎呀,我就是跟你开个玩笑,怎么就上升到人身攻击了。我道歉我道歉,一人让一步,你也别矫情我的报销规范了,赶紧给我走流程吧。"

"这不是让步的问题,是原则的问题,您还是要自己贴发票,谢谢。"

"你……"老袁话在嘴边,又收了回去,这不是怕传出去不好嘛,给人留下"老员工欺负新员工""大男人调戏小女生"的口舌。

"算了,跟你讲不通,不报销了,回见。"

小耿看着老袁气呼呼的背影,自己也憋着一股怒气和委屈。

这样的场景,你在工作中有没有见过?如果在网上发个帖子,网友会站在哪一边?有人说肯定站小耿那边,小姑娘按照流程来,一丝不苟、严格把关、职责所在,再说,入职三个月的新人,活该被欺负吗?也有人说,老袁没有恶意,只是小姑娘不懂变通,说话又冲,这才导致矛盾升级。

回到业务部的老袁，气鼓鼓的，同事们见了，纷纷上前询问："怎么啦？谁敢惹咱的销售冠军啊！"

老袁一五一十地把事情讲了一遍，手舞足蹈，添油加醋，还模仿小耿的表情和动作，表演了一出"鸡同鸭讲"。同事们听完，愤愤不平。

"我就说嘛，财务部一直刁难我们，找碴是他们的天然属性！"

"每次带着笑脸过去，里面都是一张张扑克脸，毫无服务意识！"

"对，有什么了不起，没有咱业务部门冲锋陷阵，他们拿什么发工资？"

冲昏头脑的众人，表示要跟老袁一起去"讨个公道"。

事情传到分管业务的副总那里，他特意选在下午茶时间，与大家交心，他的观点主要有三个，第一，公司重视各位业务部门的兄弟姐妹。第二，财务部门按章办事也是基于专业性和风险管控，请大家理解。第三，下午茶，他请。

在一片欢呼声中，大家忘却了那件令人生气的小事。

另一边，小耿的闷闷不乐，也被开完会回来的领导察觉，"怎么了，咱家的小姑娘，遇到什么不顺心的事情了？"

小耿把事情的经过，包括俩人的对话，以 95% 的事实还原度，复述了一遍，并等待着领导的批评和指教。没想到，领导非但没怪她，还肯定了她的"一根筋"精神——这是财务人员应有的专业素养。

小耿心中的大石头也算落下了，顺势追问："那，是不是有什么好方法，能够跟老袁，以及业务部门的同事和平相处呢？"

财务经理笑了笑，说："完全的和平是没有的，相对的和平是可以争取的。譬如，他在报销前，你可以夸夸他，最近业绩杠杠的；他发票贴错了，你不能直接怼他，而是说他有创意，别具一格；他站着贴发票，辛苦，你请他在沙发上坐下，慢慢贴……"

说着说着，经理、主管都笑了，异口同声："我们也在修炼中"。小耿若有所悟地点点头，看来自身的修炼之路也是任重道远啊。

故事讲完了，CEO 开始挖掘故事背后的价值。

业务部门的同事，重视人际和互动，一切由结果说话，待人热情，喜欢套近乎和开玩笑，工作比较随性，不喜欢被条条框框所束缚。财务部门的同事，重视规范和流程，一切由数据说话，关注细节，喜欢实事求是和保持距离，在工作中略显高冷，也极少谈论交情，不愿意介入复杂的人际关系。这就是两个完全不同的部门（团队）。

在企业中，每个部门都有自己的团队DNA，又各自拥有个性不同的管理者和成员，部门间存在沟通障碍，是必然的，引发冲突，是偶然的，没有谁对谁错。各个部门都是兄弟部门，都在为企业运转做出贡献，理解了这些，有些问题也就迎刃而解了。

02　团队也有DNA

有的大公司的办公楼很气派，每一层是一个部门，有序运转。

上班时间，有的楼层异常安静，有的楼层热闹非凡……这是什么原因？

项目受阻，有的团队一片哀怨，有的团队斗志昂扬，有的团队成员之间互相指责，有的团队的成员自我检讨，这又是什么原因？

每个人都有独一无二的DNA，从出生开始，伴随自己一生。

每个组织（大团队）也有自己的DNA，在企业里就是逐渐形成的企业文化；在不同部门或小团队中，便形成了团队的DNA，团队中的每一位成员，都在影响它，团队的负责人，往往是为其带来影响最直接、最深刻的那一个。

在山庄闭门会上，其中有一个议题就是关于团队的。

CEO在四面墙上，分别贴了一大张白纸，每位管理者一张，完成团队DNA的自测，检测过程包括4个需要认真思考的问题。

第一，写出三个概括当前团队状况的关键词。

第二，团队里受欢迎的行为有哪些？

第三，团队里被批评的行为有哪些？

第四，写出三个有待发展的团队短板。

老狄选择了自己面前的墙，方便。

小艾询问了 CEO，是否可以寻求场外支持，CEO 表示可以，只是几位身在现场的管理者之间，禁止互相交流。

司哥等大家都选完，站在了剩下的一面墙前面。当老狄大功告成时，司哥才写了一半，要不是禁止交流，老狄肯定要过来指手画脚一番。

西西一边想，一边在本子上涂涂写写，直到把内容梳理好，才将本子上的内容抄到墙上的白纸上，她花费的时间，也是最久的。

当大家完成现场作业，或盼着 CEO 的夸奖，或盼着 CEO 的指点，同时好奇地张望，别人都写了些什么。CEO 召集大家一起观摩学习，规则很简单，轮番介绍自己的答案，其他人可以就各自感兴趣的内容提出疑问。

众人先来到老狄这边，字号极大，几乎用尽了整张大白纸，字迹"狂草"，个别的字需要仔细辨认。以下是老狄的答案。

团队关键词：狼性、好胜、No.1。

受欢迎的行为：扛责任、扛指标、快速反应、执行力强。

第五章　懂团队

被批评的行为：磨蹭、闲聊、浪费时间、说话不算话、'等靠要'。
团队短板：同理心、风险评估。

问答环节到了——

"'等靠要'，是什么？"

"等，就是等我派任务、等我扬鞭子；靠，就是靠我出主意、靠我来解决问题；要，就是向我要预算、向我要资源。我拒绝这些'等靠要'的思想，我更喜欢自主担责、全力以赴，我的团队是一个战斗的团队，每个人都应是作战的好手，勇猛而坚毅，不达目的誓不罢休，赢得胜利才能凯旋。"

小艾脱口而出："战斗的民族！"其他人笑着点头，连老狄都竖起大拇指表示认可："嗯，我的团队的 DNA 是'战斗'。"

轮到小艾了，她的大白纸上，特意用黑色、红色、蓝色三种笔写的，直观而漂亮。以下是小艾的答案：

团队关键词：活力、赋能、真性情。
受欢迎的行为：主动社交、演讲表达、鼓励他人、提出新点子。
被批评的行为：冷漠回应、不发表意见、刨根问底、认死理。
团队短板：情绪管理、聚焦目标。

问答环节到了——

"为什么短板写的是情绪管理？"

"我的团队凝聚力很强，成员关系十分融洽，正因如此，经常容易嗨过头。开会的时候，你一言我一语，谁也刹不住车；而我知道，当时更需要的是，冷静、倾听、专注。"

这种自我反省式的觉察，也触动了其他管理者。"羡慕你们的激情"，说话的是西西，这是她有史以来第一次、公开表达对别人的羡慕。小艾在惊讶之余回应："谢谢，我的团队 DNA 是'激情'！"

轮到司哥了，他的字不大，字迹工整，可以清晰地看到一撇一捺。以下是司哥的答案。

团队关键词：中庸、佛系、忠诚。
受欢迎的行为：友好互助、倾听他人、踏实干活、团队协作。
被批评的行为：一言堂、忽略他人、缺乏耐心、过于迟缓。

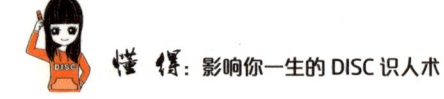

团队短板：决策力、演讲表达。

问答环节到了——

"为什么过于迟缓也会被批评？你的团队本身就很迟缓啊。"

"我的团队没有老狄团队的血性，也没有小艾团队的热度，就是一个和睦相处、互相扶持的团队，每次我下达命令，大家都很认真地执行，没有异议、没有怨言，匀速前进。平时还好，遇到突发状况，尤其是有临时任务+高强度工作，整个团队充斥着满满的无力感，有一种想使劲冲却跑不快的感觉。"

毕竟团队之间都是打过交道的，司哥这么一说，其他人特别来劲，但又压抑着想要吐槽的欲望。司哥心领神会，带着标志性的微笑说："感恩大家，我的团队DNA是'和谐'。"

最后发言的是西西，她在白纸上列明了"1、2、3、4"，整体排版应该是现场最规整的，连四边的留白都像是计算过的，以下是西西的答案。

团队关键词：严苛、标准、流程。

受欢迎的行为：逻辑性表达、用词严谨、论证分析、高标准。

被批评的行为：画饼、细节缺失、随意性、破坏规矩。

团队短板：社交、全局思维。

问答环节到了——

"关键词中提到严苛，这个词该如何理解？"

"严苛并不是贬义词，在我这里是褒义词。严苛=高标准+严要求，这不仅是我对团队的要求，也是我对自己的要求，当然，我的团队中都是严苛的人，正因如此，经我们手的数据、材料、产品，很难找到差错，也绝不允许差错的存在，专业品质值得信赖。"

大家频频点头，似乎也从另一方面表达了对西西和她的团队的信赖。西西说："谢谢，我的团队DNA是'完美'。"

CEO全程都没有发问，也没有发表任何观点，只是安静地观察和聆听。他希望看到管理者在撰写、提问、回答的过程中，逐渐深挖每一个团队的DNA，并且通过开放式的交流，互相验证和理解别的团队，毕竟在公司运作中，永远也绕不开"团队协作"与"跨部

第五章 懂团队

门沟通"。

CEO 的下一个作业要求，就是每个人要把团队 DNA 延展开来，在丰富内容的同时，讲一个故事，但不能是自己团队的故事，以免产生不必要的误会。

03 D 型团队：狼行天下

狼，并非常见的动物，真要见了，一般人撒腿就跑。

自从有了一部叫《狼图腾》①的小说，狼性文化正式登上历史舞台，被人追捧或质疑，被人欣赏或嫌弃，被人反复验证并应用于实际工作中，尤其是企业文化与组织发展中。

狼性的团队精神，是奋力拼搏与优胜劣汰，是在逆境中求生存，是时刻保持危机意识，是在商业环境中片刻不敢懈怠。

D 型团队就是如此"嗷嗷叫"，狼行天下，无所畏惧。

说到这里，我脑子里浮现出民族品牌——华为。军人出身的任正非借鉴军事化管理的治军理念、加班太晚就地解决的行军床、备

---

① 《狼图腾》，姜戎创作的长篇小说，出版于 2004 年，讲述了二十世纪六七十年代一位知青在内蒙古草原插队时与草原狼、游牧民族相依相存的故事。

受争议的"奋斗者协议"等都在侧面反映着企业的 DNA。当然，管理者狼性的背后，往往要背负"不够人性"的骂名，这就是得失之间的选择。

D 型团队的特点

力争第一　第二就是失败，团队目标始终聚焦"第一名"，往大了说，行业龙头；往小了说，部门至少要做到业绩第一。在团队内部，也充斥着竞争，每个人都铆足了劲工作。

敢于冒险　富贵险中求，真正的冒险不是盲目地冒险，而是需要进行调查分析、综合判断，有人说过："只要我想不断地将自己推向世界，只要我想继续提高自己的能力，我必须继续经历新的冒险，也必须承担风险。"

鼓励创新　创新是第一生产力，所谓变革，都是"新的"取代"旧的"，什么样的产品可以引领潮流？什么样的企业可以跻身世界前列？创新是永恒不变的主旋律，第一个吃螃蟹的人是冒险，开发丰富的蟹黄产品的人便是创新。

追求速度　语速快，不给别人说话机会；动作快，令别人跟不上节奏；决策快，便可抢占市场先机。总之，团队成员手脚麻利，做什么都快，一切为了节约时间，时间就是金钱，加速才能赢得时间，让更多的时间创造更多的价值。

言简意赅　我们通常很难在团队里找到一个唠叨的家伙，成员们都试图用最简单的词汇来阐明观点，实在不行才用短句。早上见面说"早"，下班道别说"再见"，足够了。

各自为政　除了团队负责人是领导，人人都具备领导范儿，都是可以独当一面的人。在共同目标和价值观下，团队加速前进，一旦出现分歧或裂痕，整个团队不是减速，而是停滞或倒退。

以上是老狄的延展，到了讲故事时间，他借用了一个创业者的故事。

D 型团队的故事

小丁是一个怀揣着创业梦想的人，面对竞争激烈的互联网行业，

第五章　懂团队

他也有种耐不住寂寞的感觉。

在读大学期间，小丁就感觉到了游戏自带吸金属性，他在业余时间给一家游戏公司做兼职程序开发，还拽上了宿舍的两个哥们，没日没夜地写代码，用他的话说，在大学期间，他赚到了装"人生第一桶金"的桶。

毕业前夕，他直接带着兄弟们创业了，把创业信念贴在宿舍的墙上，"天下第一游戏公司""我用青春赌明天"等一系列口号，不知道学弟们住进来会做何感想。

三个人，三张桌子、四台电脑、五部手机，家里没有车库，于是租了一个车库就开始创业了。三个人都擅长程序开发，敢于跑市场、谈合作，对游戏产业充满热情，最重要的是，他们都有一颗"大心脏"。他们首先做了几款无人问津的小游戏，不但没挣到钱，还把家里赞助的启动资金赔了，"失败是成功之母"成了彼此积极的心理暗示。敢想敢拼、迎难而上、破釜沉舟的小团队后续在某款网页游戏上赚到了钱，有个投资人看中了他们的潜力，双方见面之后，灵魂拷问，直指小丁。

"知道我是谁吗？"

"知道，知名风险投资人，谁疯投谁。"

"很有幽默感，你认为，合伙人最重要的是什么？"

"三观一致、目标一致、利益一致。"

"公司当前的方向是什么？"

"游戏领域，重点开发手机游戏，什么赚钱做什么。"

"告诉我三个投你们的理由。"

"第一，斗志；第二，赢家心态；第三，不稳赚，但是可以大赚。"

"如果亏钱呢？"

"贵公司亏的是钱，我们亏的是命。"

小丁的回答干脆有力，神情中还透着必胜的自信，当小丁在进行机智问答的时候，他的同伴却连喝杯咖啡的时间都没有，坐在一旁，操作着电脑，说是游戏程序出了Bug，必须马上修复，以免玩家对游戏产生不满。整个会面，仅仅持续了15分钟，风险投资人惜时如金，小丁他们也争分夺秒。

之后，他们拿到了一笔数额不小的天使轮投资，正式开始招兵买马。小丁的团队在手机游戏市场中杀得天昏地暗，成为一家知名的手机游戏公司。

当初的风险投资人在财经专访中提到，投小丁的团队，更多的是被三个人身上的魄力所折服，他们有一种"无坚不摧"的意志力，在他们身上，我看到了"狼性"的创业精神，像这样战斗数值爆表的团队，可不多见！毕竟，风险投资行业的潜规则——投项目，就是投创始人和初创团队。

04 I型团队：快乐至上

年轻人在进入职场之前，或多或少，都曾有过不切实际的幻想。

希望，公司的占地面积足够大，其内部甚至有篮球场、网球场、保龄球馆；希望，有一个房间叫"游戏室"，里面不仅有棋牌类游戏，还有最新款的游戏机；希望，午睡不是趴在桌上，而是坐在摇椅中；希望，不要总是坐升降电梯，而是滑滑梯；希望，公司除了组织内

第五章 懂团队

训和户外拓展，还组织"王者荣耀争霸赛"；总之，希望公司能够不定期推出一些很酷的活动，能让大家感受到上班的乐趣。

放在20年前，你一定会说"这不是希望，这是奢望"，放在今天，还有什么是不可能的？一门心思搞生产的时代已经过去了，国际和国内很多公司，真的就把公司变成了"游乐场"，只是程度不同而已。

I型团队就是如此Happy，快乐至上，开心最重要。

我曾经到访过一家公司，员工上班都是穿拖鞋配大裤衩，怎么舒服怎么穿；另一家公司，员工上班牵着宠物，做一会儿报表，撸一会儿狗；还有一家公司，培训教室的名字是"霍格沃茨"[①]，新奇又好玩。

I型团队的特点

充满乐趣 团队成员都是欢乐的制造者和传递者，走进I型团队，你能看到笑脸，听到笑声，也能感受到正向、积极的氛围。

乐于表达 团队中的每一个人都有发声的机会，享受在他人面前展示自己说服力的时刻。外界总会向这个团队投来羡慕的眼光，"你们都太能说了"。演讲与口才，被认为是这个团队中重要的能力验证标准。

擅长社交 销售、客服、公关、市场开拓，与人打交道的问题都不是问题。在团队内部，彼此的关系并不局限于同事，更像兄弟姐妹，随时随地约一个下午茶。人际关系的纽带不是工作本身，而是情感连接。

热衷奖励 团队总是变着花样激励人心，物质奖励包括奖金、奖品、奖状，而且设计了很有仪式感的颁奖典礼。非物质奖励包括口头表扬、随时随地的互动交流等。

摆脱束缚 除了必要的规则，你很难在这里看到条条框框，一旦把所有规矩定死，也就扼杀了团队的活力和创新能力。譬如，上下班打卡是必需的，但允许时差和特殊情况的存在，虽然不严谨，却彰显人性化。

[①] 霍格沃茨：来源于J.K.罗琳所著的魔幻小说《哈利·波特》，是一所位于英国的全日制寄宿学校，以教授魔法闻名于世。

天马行空 由于把大量的时间消耗在社交上，说的比做的多，很多想法停留在描述阶段，而非落地执行。由于注意力分散，团队节奏很容易被打乱，方向跑偏也是常事。

以上是小艾的延展，到了讲故事的时间，她想起了自己做业务经理的表哥。

I 型团队的故事

董事长正在斟酌，手上有个涉及千万美金的商务项目，到底交给业务一部，还是业务二部，于是把两位部门负责人叫到办公室，想问问他们的看法。

一部的安经理说："没问题，交给一部，保证拿下客户。"

二部的负责人面露难色，看上去信心不足："可以一试。"

于是董事长把项目交给安经理，一再嘱托要"极力促成"，安经理拍着胸脯说："包在我身上。"

过了几天，董事长打算了解下作战情况，于是，悄悄走进热火朝天的一部办公室，所有人的敏感度都颇高，立即放下手头工作，热情地跟董事长打招呼，有的员工已经起身致意了。

董事长问安经理："项目进展如何？洽谈到了什么阶段？"

安经理笑着说："您放心，我们一直盯着呢，用不了多久，就能签约了。"

"用不了多久，是多久呢？"

这个问题竟然一下子难倒了安经理，他转身询问一位下属："客户说什么时候给最终答复？"下属说："就这两天，我再看下邮件……有了，明天。"

这时，另一位下属补了一句："算上时差了吗？"

"刚才看得太着急了，应该是后天答复，后天。"

董事长说："各位不能掉以轻心，肉在面前，风险也在面前，吃得到和吃不到，只在一瞬间。"众人点头，表示"谨遵教诲"。

抬手看表，都快午饭时间了，董事长正准备转身离开，又跟安经理说："给我一份客户的概况分析，以及你们近期洽谈的核心内容。"

第五章 懂团队

安经理说:"您放心,这段时间接触下来,客户跟我们很投缘,聊得可开心了,几乎没什么分歧,签约是迟早的事。相关资料,我马上整理,马上发到您的邮箱里,董事长请慢走。"

直到下午五点,董事长仍没收到邮件,一个电话打给安经理。

"安经理,我怎么还没收到你的邮件?"

"董事长,抱歉抱歉,马上就发。"

"一口一个马上,你的马死在路上了啊?都快下班了,半天没个动静。"说完,气得挂断电话。

大约五点半的样子,邮件来了。

董事长仍在气头上,感觉业务一部"不靠谱",打开邮件,客户分析倒是翔实,洽谈内容也确实"形势大好"。

两天后,安经理带来一个好消息,与客户达成初步意向,签约时间定在本月中旬。董事长表扬了业务一部,心里却仍不踏实。

"安经理,你们的表现很出色,我很满意!这个项目志在必得,我会时刻关注你们,为你们打气,加油!"

电话那头传来了安经理激动的声音:"您放心,本月中旬,最快15号,噢不,最快11号,业务一部就把合同放到您的桌上。"

"好,本月11号,我等你!"

挂断电话,董事长暗自庆幸:"幸亏我盯得紧,不然像在玩火!"

05　S型团队:家的文化

领导常说"把公司当成家",有的领导是为了让你"自动加班",有的领导是为了让你"感受到爱",前者被贴上资本家的标签,后者被员工拥戴并传为美谈。

世界上真的有这样的公司,能够营造出"家"文化!当然,归属感的强弱,取决于每一位员工如何看待。

上班、下班不用打卡,如果早晨堵车来晚了,那就晚一点下班,对员工拥有绝对的信任;公司内有小超市或售货机,无人值守,仅仅标注了商品价格，员工可自行购买。食堂的餐标不高，但是食材品质很高，甚至猪肉、羊肉均取材于自家的农场，大厨从不偷工减料，打菜阿姨也绝不手抖；逢年过节，公司会给员工放假、买过节礼品，甚至还会往员工爸妈的卡上，打上一笔"孝顺金"，以及送上管理者亲手写下的感恩信。

S型团队就是如此温馨，入了家门，便舍不得走。

S型团队的特点

脚踏实地 团队成员是"苦干型"的，勤勤恳恳，任劳任怨，干活的人多，邀功的人少，做事的人多，吹牛的人少。他们很少向别人炫耀自己的成绩，在他们看来，上面安排下来的任务，都是应该完成的"分内的事"。

真诚交流 团队成员之间都是友善而客气的。彼此在办公区域打个照面，问候一声"早上好"，偶尔含羞，就用微笑代替。当别人侃侃而谈，他们选择认真倾听，不打断、不干扰，绝对是全世界最好的听众。

团队协作 成员们十分享受协作的乐趣，没人愿意出风头，也没人愿意背负巨大的压力，互相帮助与配合的过程，反而令人心生愉悦之感，团队利益也被放在首位。此外，单兵作战的能力，是他

第五章　懂团队

们畏惧的，也是他们艳羡的。

以和为贵　这里的"和"，包含了对和平的向往、待人处事的随和，团队里几乎没有争执，没人发脾气，也没人吹胡子瞪眼睛，人人都显得十分温和与有耐心。

坚守忠诚　他们能够把一件看似枯燥的事情，重复多遍，同样也能把缺乏新鲜感的工作，坚持下去；他们常怀感恩，看重日积月累的人情，与其说忠诚于一家公司，不如说放不下早已熟悉的人和事。

担心变革　他们的动作和反应迟缓，工作中也不会死磕速度和进度，倾向于固定的内容、低风险的操作，这种"求稳"的特性，令他们很难适应过快的节奏、过多的变化，尤其是来势汹汹的"组织变革"。

以上是司哥的延展，到了讲故事时间，他想起了为自己全家提供周到服务的保险代理人。

S 型团队的故事

老石在一家保险公司任职，带领一个 20 多人的业务团队，他自己是从一线打拼上来的资深营销员，小伙伴也都是他亲手培养出来的。总经理跟他讲，明年会有制度上的调整，要晋升总监，最好抓住今年的机会。

要晋升，就要满足个人业绩和团队业绩，个人业绩倒是不愁，毕竟做了这么久，通过老客户转介绍，业绩达标不在话下。

老石愁的是团队业绩，只能在例会上问问大家的想法，也表明一下自己告别佛系、冲刺总监的决心。

有人说："经理，我们会全力以赴支持你的。"

有人说："算我一份，我一定努力出单。"

其他人也表示，作为团队中的一分子，到了"报效"老石的时候了！老石表示很欣慰，特地请小伙伴们大餐一顿，聊表感谢。

大家都在努力出单，业绩稳步上升，却没有超级大单的眷顾。总经理为此找到老石："趁着这股劲，你要逼一逼大家，业绩好的员工就提拔，业绩不好的员工就放弃吧。"

老石点头，心里却不情愿。团队里的人，业绩好的就三四个，勉强维持的有五六个，剩下的都是"困难户"。他从来没使用过"威逼""激将""军令状"这样的策略，即使其他经理将这些策略用起来屡试不爽。

时间不等人，业绩也从来不说谎，眼看还有最后一个月了，团队业绩距离达标还差不少。几十万元的业绩，分到每个人头上的指标，也就1万多元，是不是真的要把团队成员往死里逼？

从未感受到如此大压力的老石还是在例会上开口了："这半年来大家都挺努力的，团队业绩比以往都要高，只是距离达标，还差一些，大家有没有什么好建议、好想法……"

没人打破沉默，因为团队一直缺乏"始作俑者"。大家都想回应，奈何无计可施，同时盼望着别人有什么好点子。老石也是沉默，没有说狠话，也没有严厉批评，他并不希望挑起冲突，也不希望伤害到谁。临近散会，老石留下一句："那就一起努力，加油！"

最后几天，业绩仍差一大截，老石有点灰心，过早的投降情绪从他开始，蔓延至整个团队。与此同时，两位小伙伴连续三个月未开单，看来要卷铺盖走人了，老石于心不忍，偷偷把手上的小单子给了他们，让他们顺利渡过难关。"唉，反正我也冲不上总监了，能帮一个是一个，一个团队，最重要的是没人掉队。"

老石的人缘真的很好，团队氛围也很有爱，只是在下个月公布的晋升名单上，不会看到他的名字。

06　C型团队：专业信仰

一个应届毕业生，心情忐忑地来到人才市场，投递了几份简历，对方的回复都是："回去等通知吧。"

有什么才艺和特长吗？大学里担任过学生会的职务吗？有组织或策划过什么大型活动吗？有营销方面的实习经验吗？这些问题总是把他难倒，或许"储备干部"的岗位，真心不适合他。看到别的

第五章　懂团队

求职者，不经思考地对答如流，他一点也不羡慕。

旁边有一位 HR 正在平静地宣讲："我们是一家技术研发型企业，我们的团队，拥有自己的专利，完善的管理制度，透明的晋升体系，配套的员工学习与发展规划，致力于不断提升产品品质，成为专业领域的前三名，希望在公司未来的五年计划、十年计划中，能看到你的身影，欢迎加入我们的团队。"

C 型团队强调"专业"，术业有专攻，个人如此，团队亦如此。

他确实被这段宣讲吸引住了，也不知道为什么，相比于别家动辄"万元高薪""股权期权"的诱惑，以及慷慨激昂的演讲，他更喜欢这家企业传递出的沉稳与务实。

C 型团队的特点

井然有序　SOP 工作流程清晰可见，每一步都有标准操作步骤，不允许无序与混乱的状况发生。谁来做、做什么、怎么做、可能存在的问题、相应的解决方案，均有文档指引，不断规范和完善团队运作。

制订计划　计划是深思熟虑的产物，没有计划就等于不可控，因为有了计划，相关人员才能跟踪进度、检验实施、控制质量、管理风险。C 型团队不但凡事有计划，还有应对变化的"应急方案"，计划赶不上变化，那就做两手准备，确保万无一失。

崇尚分析　"灵光乍现"的思考方式不被认可，团队成员倾向于专业的、完整的、系统的分析，基于事实而非评判，基于论据而非论点，自身分析、竞品分析，团队成员享受条理清晰的分析过程，尊重客观可靠的分析成果。

追求完美　每一个人都对专业性和品质抱有执念，对人、对事具有较高的标准，达不到标准就是不合格，达到标准也还需尽善尽美。这种完美主义的态度，既是团队赋予每一个人的，也是每一个人赋予团队的。

谨言慎行　为人处世不求惊人，也不喜欢哗众取宠，在说话之前，都会进行自我过滤，言之凿凿，行之有效。团队语言听上去缺乏趣味，动作看上去缺乏感染力。

细节严苛　仿佛每个人都戴着放大镜，对于文档中的错别字和标点符号，食堂隐蔽处的微型蜘蛛网，他人言辞中存在争议的某个词，敏感而严苛。所以，常被人诟病"吹毛求疵"，与这个团队打交道，必须十分谨慎。

以上是西西的延展，到了讲故事时间，她想到了自己的一个当 HR 的闺蜜，也是她为数不多的保持联系的好朋友。

C 型团队的故事

产品研发中心的行政秘书，由于个人原因突然离职，恰逢年前，公司找不到合适的替代人选，人事经理决定，安排人事专员小陈暂时过渡一下。经理对小陈说："这是公司和我对你的信任，克服一下困难！"

好有魔力的两个字——信任！

小陈的思绪被分成两半，一半是感谢，一半是忐忑，部门里流传"研发中心不好搞"，看来只能硬着头皮上了。

第一次参加研发中心的会议，小陈就被一大堆专业名词搞得晕头转向，手忙脚乱之间，总算是把会议纪要弄完了。小陈将会议纪要以邮件的形式发给研发总监，同时抄送给各位主管，等待他的不是表扬，而是总监的一个电话："来我办公室一趟。"

第五章　懂团队

"你知道我们这里的信仰是什么吗？"

小陈当然知道啦，这群人说得最多的就是那两个字，但是总监亲自发问，她不知道如何回答更保险一些。

"专业！除了专业，还是专业！我们这里都是做研发的人，而你的专业是人力资源，术业有专攻，我不怪你，但你成为研发中心的一分子，就需要体现一定的专业性，你觉得呢？"

"您说得对，我会在这方面下功夫的。"

于是，小陈拿出当年高考的学习劲头，给自己制订了一份学习计划。第一，把研发中心存档的产品资料看一遍，再把电脑里存档的行政资料看一遍，尤其是去年年终会议上，总监和各位主管的述职 PPT。第二，向中心的主管、前辈请教，让他们带带自己这个"小白"，哪怕不专业，也让他们感受一下自己"向专业靠拢"的强烈意愿；第三，了解大家喜欢登录的产品论坛，潜水积累经验。

融入团队，最好的方式是"真正"成为团队的一分子，旁观者永远不及躬身入局者。

每天步入研发中心，总是特别安静，除了定期的全员会议、主管会议，临时的小组头脑风暴、项目研讨会，大多数时候，团队成员的交流，停留在点头的阶段，各自忙着各自的工作，极少应付人际关系。即使开会，也见不到"火星撞地球"的场景，大家就事论事，没事就散会。

下午茶时间，有人在喝咖啡，有人在阅读，有人在发呆，都是一脸思考状。小陈偏好的八卦、电视剧、美食，在这里缺乏交流的土壤，或者说，研发中心的人们对这些不感兴趣。

待了一段时间，小陈适应了这里的氛围与节奏，既能听懂他们随口说的专业术语，也能理解他们的沟通方式，甚至开始用大家接受并喜欢的方式与他们进行交流。她变得收敛，语速不再急切，用词更加精准，表达更加严谨，习惯采用书面记录的方式，规避口头交流以致信息丢失的风险，甚至在日常工作中，呈现出逻辑性和专业分析的姿态。

不久，她又被叫到总监办公室，这一次不再是"委婉的批评"，而是一番肯定与鼓励。

总监说："我观察和评估了你一个月以来的工作，包括团队成员给的反馈，你是合格的，甚至是具有潜质的。如果你愿意，可以继续留在产品研发中心，如果你有其他想法，可以调回人力资源部，有一点是令人欣喜的，你会成为人力资源部中最懂产品的那一个，这就是因果效应。"

小陈表示感激，脑海里浮现出"专业"二字，同时想起了一直重用自己的人事经理，以及语重心长的"信任"二字。

07　到底什么叫团队

团队分为 D 型团队、I 型团队、S 型团队、C 型团队，这一分类基于团队的整体行为风格，以及建立起来的场域。

在实际工作中，假设 D 型团队中有 20 人，这 20 个人也可能是不同行为风格的人，他们团结协作，共同打造了 D 型团队。

说到"团队"二字，人人都懂，解释起来却不易。

百度百科的解释如下：团队，是由基层和管理层人员组成的一个共同体，它合理利用每一个成员的知识和技能协同工作，解决问题，达到共同目标。

换一个角度去解释。团队二字拆开，团＝口＋才，队＝耳＋人。所以，团队也可以理解为成员各司其职，有人负责讲话，有人负责倾听，互相沟通。

这里，我们首先要搞明白"群体"和"团队"的区别。

群体的定义：个体的共同体，不同个体按某种特征结合在一起，进行共同活动、相互交往，就形成了群体。

【先来做一道多选题，以下哪些属于团队】

一起搭乘地铁的人

第五章 懂团队

一群广场舞大妈

中国国家男子足球队

正在苏州园林游览的旅行团

备战高考的三年二班

某外企采购部

李佳琦和他的小助理们

热搜上力挺偶像的一群人

"群体"和"团队"概念经常被混淆,令人傻傻分不清楚。

群体可以向团队过渡,但是群体和团队还是有本质区别的,团队是具有团队精神的一个组织,而群体则是没有团队精神的一群人。

坐地铁,随缘遇到了一车厢的人,各有各的目的地,随时按照自己的想法下车;跳广场舞的人们,约好了晚上8点,有的人来得晚,有的人走得早,有的人跳过两次就再也没见过;旅行团看似有导游带头,但导游只是带领大家打卡景点,并保证大家安全往返。

群体就像散落在空间里的点,它们出现在同一个地方,关注同一件事情,偶尔有一点儿互动,但彼此没有黏度,更没有黏合性,

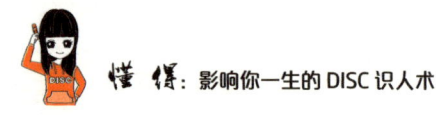

在意的仅仅是个体绩效——我怎么样，我得到了什么，我的目标完成了没有。

团队可以看作把群体中的一些人凝聚在一起，成员之间频繁互动，彼此配合，聚焦同一个目标，为完成共同目标而协同奋斗。这时，个人渴望达成个体绩效的同时，团队绩效成为众人的关注点，甚至团队绩效的达成的重要性将远超个体绩效达成的重要性——我们怎么样，我们得到了什么、团队目标达成与否。

中国国家男子足球队就是一个团队，场上有前锋、中场、后卫、门将，场下有替补队员、领队、主教练、助理教练、理疗师、后勤保障人员。他们的目标是一致的，短期目标是赢得一场比赛，中期目标是"冲出亚洲，走向世界"，长期目标是建立中国国家男子足球队在世界足坛中的地位，团队中的每一个人都为此奋力拼搏。

DISC 之于团队，就像是一种黏合剂，帮助我们更好地管理自己和团队成员，使一群人发展为一个"团队"。

第一，通过 DISC，我们可以更好地了解自己，包括自己的特点、自身的优势和劣势，真正明白"我是谁"。

第二，通过 DISC，我们可以更好地理解上司、下属、团队里的每一个人，悦纳差异性，从情绪反应到行为风格，真正明白"他是谁"。

第三，在团队协作的过程中，"我"和很多个"他"开始连接，产生互动，基于团队所处的环境、团队里的每一个人，做出更多的"调适"。

第四，达成共同目标，完成团队任务。每个人作为团队中的一分子，都贡献着自己的力量。

第五，一个"真正的团队"，应该彰显其 DISC 的显著特征。

彰显 D：共同目标，达成任务，聚势。

彰显 I：人际互动，保持沟通，聚人。

彰显 S：协同配合，互相支持，聚心。

彰显 C：分析问题，解决问题，聚智。

聚齐了 DISC 的团队，我就问你，强大不强大？

第五章 懂团队

08 克服团队协作的五种障碍

闭门会的前一个月，CEO为参会的管理层人员布置了一项任务，阅读《克服团队协作的五种障碍》，这本书旨在为管理人员提供团队建设的方法，作者为帕特里克·兰西奥尼[①]。

CEO说：阅读给人带来智慧与反思，各位是否能用一两句话，分享一下兰西奥尼先生作品的读后感。

老狄：经典，实用。

小艾：读起来特别有感觉，很容易把里面的小说情节，与自己身边的真人真事联系起来，代入感十足。

司哥：我仿佛看到了自己的影子，因为五种障碍是每个管理者都可能会犯下的错误，包括我，尤其是第四个障碍，这是困扰我的难题。

西西：我看到了问题，也在探索答案，我更希望把书中的理论，放在实际工作中验证一下。

CEO越发觉得，拥有这四位个性鲜明的管理者（活宝），也是他的福气。于是，他宣布了接下来的游戏规则——每人会抽到障碍1～5之间的某个编号，上面印有"障碍－克服"，每个人用自己的方式解读，并引发众人的思考，不用担心被剩下的那个，他会亲自解读。

障碍1：缺少信任
克服1：建立信任

老狄抽到了。信任是一切的基础，在团队里，我们需要学会体谅别人，毕竟每个人身上都有弱点、错误、恐惧，人无完人。当我们毫无隐瞒地敞开心扉时，才能释放更多的信任，并得到对方的信任。这一点，也是我需要改正的，我的"掌控欲与自负"，让我总是流露出对团队成员"不信任"的样子，对于我的团队成员，这可能

[①] 帕特里克·兰西奥尼，国际著名的商业演说家与管理咨询师，畅销书作者，著有《克服团队协作的五种障碍》《示人以真》等多部作品。

是致命的打击，虽然他们不会主动找我倾诉。

克服团队协作5种障碍

- 关注结果
- 共担责任
- 明确承诺
- 掌握冲突
- 建立信任

障碍2：惧怕冲突

克服2：掌控冲突

西西抽到了。其实，当团队成员之间相互信任时，就不会惧怕在关键问题或决定上产生冲突。我们应该勇于提出问题，找到对的或好的答案，在掌控冲突的过程中发现真相，并做出正确的决定。而我，常常用"不喜欢参与复杂的人际关系"来避免冲突，这令我的团队成员减少了与我的坦诚交流。

障碍3：缺乏承诺

克服3：明确责任

小艾抽到了。当团队成员表达不同意见，发生毫无隐瞒的冲突时，反而是一件好事，因为这最终能够真正实现对该决定的承诺。因为所有的想法和决定都已经拿到桌面上进行了讨论，也就是说，这是不存在任何芥蒂的彼此信赖。可是，我却受困于"良好的个人形象"，往往模糊了自己的责任和承诺。

障碍4：逃避责任

克服4：共担责任

司哥抽到了。如果团队成员可以毫不犹豫地承担起相应的责任，大家便能够主动地对本职工作负责。我常以为，团队责任背在我一

第五章 懂团队

个人身上,这是关爱大家的表现,结果团队业绩和目标没完成,所有人和没事人一样。我的"纵容和过度善意",降低了他人的责任感,也使众人丧失了主观能动性。

障碍5:忽视结果

克服5:关注结果

剩下的由 CEO 来解读。尽管团队成员彼此信任,在冲突中进行意见交换,对所做出的决定做出承诺,并主动承担起相应的责任,但很可能这些行为只是从个人角度出发的。每个人只关注"自己在团队中的地位、自认为有利于团队的需求、个人的职业发展与愿景",忽视了团队成功的结果。我想,这是我一直努力在做的,就像我们这次组织的闭门会,以及此刻我们对"克服团队协作的五种障碍"的解读与思考,我期待各位的格局再大一些,关注自己团队的结果(部门的结果),甚至关注整个大团队的结果(公司的结果),为此,我们一起努力,好吗?

众人的回应是鼓掌,不得不说,CEO 的良苦用心,令人感动!

【锁和钥匙】

门上有一把锁,开锁需要用钥匙,二者配合已久。

一日,锁对钥匙埋怨:"我每天辛辛苦苦为主人守门,主人却喜欢带着你出门,还带你到各地去玩。"钥匙表示不服:"你每天待在家里,安安稳稳,我每天跟着主人,东奔西跑,你是舒服了,我多辛苦啊!"

又一日,钥匙羡慕锁的安逸,不想出门,把自己偷偷藏起来。主人外出回家,找不到钥匙,情急之下找来了开锁匠。锁心里不爽了,钥匙弄的麻烦,让我来给他擦屁股,没门!锁不配合,怎么也打不开,主人见状,同意锁匠使用非常手段,砸掉了锁,并将其扔进了垃圾桶,换了把新锁。

主人进屋后,找到了钥匙,气愤地说:"锁也砸了,现在留着你这把旧钥匙,也没用了!"说罢,把钥匙也扔进了垃圾桶。

新锁和新钥匙上位了,赌气的旧钥匙和旧锁,躺在垃圾桶里,不禁慨叹:"早知今日,何必当初,都是妒忌和猜疑害苦了我们,如果相互配合,不至于到这般田地,我们是一个团队啊!"

他们还忽略了另一位小伙伴,门。门虽然保住了岗位,却也受了伤,糟糕的团队协作,殃及无辜。

CEO 饶有兴致地为大家讲了这个锁和钥匙的故事:"之所以让大家克服团队协作的五种障碍,也是为了让大家免受伤害。"

又到了 DISC 解密的时候,经典的团队协作理论背后,难道也隐藏着 DISC 的信息?其实,看到四个人的抽签和回应,或许你已有所领悟。

缺少信任→建立信任,D 型团队的软肋和解药。团队成员需要启动 C 型特质,理性区分他人的动机;启动 S 型特质,悦纳包容,放下戒备。

惧怕冲突→掌控冲突,C 型团队的软肋和解药。团队成员需要启动 I 型特质,主动表达,让意见被听到;启动 D 型特质,让"差异"更清晰。

缺乏承诺→明确责任,I 型团队的软肋和解药。团队成员需要启动 S 型特质,做好聆听,为达成共识提供可能,启动 D 型特质,大胆行动,让决策变成事实。

逃避责任→共担责任，S 型团队的软肋和解药。需要启动 C 型特质，明晰权责、细致分工，彼此均提出要求；启动 D 型特质，自主当责，高效推进。

忽视结果→关注结果，一切为了团队想要的结果。需要团队成员启动 D 型特质，聚焦结果与目标；启动 I 型特质，团结一切可以团结的资源；启动 S 型特质，对结果的获得保持耐心；启动 C 型特质，科学设计获得结果的路径。

09 经典团队的 DISC 解读

经典团队之蜀国核心团队

大部分男生爱看《三国演义》，容易被逐鹿天下的主角吸引，魏、蜀、吴的大当家曹操、刘备、孙权；闪烁着智慧光芒的诸葛亮、周瑜、司马懿；超高武力值的吕布、关羽、赵云。

基于作者罗贯中的偏爱，在作品中，蜀国的核心团队戏份颇多，享受的流量扶持也最大，粉丝支持率居高不下。有人爱刘备，因为其仁义；有人爱关羽，因为其潇洒；有人爱张飞，因为其勇猛；有人爱诸葛亮，因为其足智多谋。当我们用 DISC 理论分析经典团队时，第一个应该聊聊蜀国。

张飞，成也 D 型特质，败也 D 型特质。

D 型特质的优势。一夫当关，万夫莫开。什么长坂桥、短坂桥，都是一战成名的地方，什么大战三百回合，分分钟就能决出胜负。在战场上，张飞轻取敌军统帅的首级，犹如探囊取物，有时候，光出场的"气势"就已经赢了。

D 型团队的劣势：噩耗传来，张飞听闻二哥关羽被害，伤心欲绝，逼着两个小兵赶制丧服，如不能按期交货，他就要拧掉对方

的脑袋！结果，睡梦中反被下了毒手，一代名将就此殒命，你说可惜不可惜？

DISC团队策略。就张飞个人而言，应适当展示S型特质，待人宽厚些。放在团队中，当初张飞劈头盖脸骂人的时候，如果刘备在一旁打配合，动之以情，或许能唤起小兵的同理心，使其不但理解张飞的情绪失控，而且能使其死心塌地地跟着张飞打仗。

关羽，成也I型特质，败也I型特质。

I型特质的优势。美髯公，赤兔宝马，青龙偃月刀，三国武将的一块金字招牌，温酒斩华雄、过五关斩六将、华容道义释曹操，太多的故事渲染，关羽俨然是三国第一大IP[①]。

I型特质的劣势。关羽镇守荆州，不顾来自东吴的威胁，率军攻打樊城的曹仁，扰乱曹魏后方，却也给了东吴机会。南郡太守糜芳及其属下，平常皆受关羽的轻视而感到不满，便投了孙权。吴军出兵配合曹魏，前后淹击，蜀军溃败，关羽败走，被擒后誓死不降，被东吴斩杀。

DISC团队策略。就关羽个人而言，应适当展示C型特质，自信的时候多些思考，兴许荆州依然在手。放在团队中，军师诸葛亮若从旁辅佐，一来为关羽筹谋，二来阻止关羽冒进，三来关羽也听他的话，岂不万无一失。

刘备，成也S型特质，败也S型特质。

S型特质的优势。刘备有仁爱之名，动辄抹泪，兄弟情深，桃园三结义，礼贤下士，三顾茅庐请得诸葛亮。武将誓死相随，百官欢呼拥戴，刘备连弃城逃跑的时候，也割舍不下老百姓，爱民如子终成千古一帝。

S型特质的劣势。关羽败走麦城被敌人

[①] IP：网络流行语，仅凭自身的吸引力，在多个平台上获得流量扶持和内容传播，IP往往是能带来粉丝效应的人或产品。

第五章 懂团队

杀害,张飞急火攻心为二哥报仇却被手下杀害,接连痛失义弟,刘备真恨不得与二位"同年同月同日死"。刘备为了报仇,出兵攻打东吴,陆逊火烧八百里连营,刘备白帝城托孤后离世。

DISC团队策略。就刘备个人而言,应适当展示D型特质,哪怕人生不如意十有八九,目标总是明确而坚定的,不该为一时的情感所左右。放在团队中,包括诸葛亮在内的重臣们,当以死相谏,"主公,化悲愤为力量,看大局,做大事,成大业!"

诸葛亮,成也C型特质,败也C型特质。

C型特质的优势。诸葛亮摇摇羽扇,送送锦囊,是三国第一"智囊"。当年"隆中对",步步为营的气魄迅速俘获刘备的芳心,诸葛亮在政务方面是一把好手,谋划能力更是举世无双,神机妙算预知未来,用智慧撑起了蜀国的组织发展。

C型特质的劣势。完美主义害死人,凡事交给他人来办,似乎都不妥当,唯有亲自出马。人们都说诸葛亮不是病死的,而是累死的,诸葛亮一手操持的"继任者计划",在刘禅身上完全看不到希望,唯有事必躬亲,搞得其心力交瘁。

DISC团队策略。适当展示I型特质,偶尔撂下挑子,放松放松,老是把自己绷得那么紧,太累了。放在团队中,姜维等人站出来分担他的工作,刘禅也多与相父拉拉家常,叙叙旧情,心情岂不舒畅些。

蜀国的核心团队,几位牛人都有自己典型的DISC行为风格,也都借着特质转化为优势的机会,走上各自的人生巅峰;如果在特质转化为劣势的时候,做些探索和调整,或者团队中有人提醒、有人配合、有人互补,兴许结果比现实要好许多。

可惜,他们毕竟没学过DISC理论、没做过DISC测评,也不懂DISC团队管理的应用。

真想穿越回去,助他们一臂之力,让DISC理论在1800年前就发挥作用!

经典团队之西游取经团队

作为四大名著之中,传播范围最广、群众基础最强的作品,《西游记》中的人物风格,也值得我们探索并研究。

唐僧、孙悟空、猪八戒、沙僧,师徒四人前往西天取经,他们每个人在加入团队之前、之后的 DISC 行为风格有没有明显变化?

沙僧:加入前 S→加入后 S

沙僧原是卷帘大将,因不小心打破了琉璃盏,触犯天条,被贬出天界。住在流沙河期间,兴风作浪,专吃过路人,算是他的一段黑历史,后经观音点化,决心向善,赐法号悟净。

加入取经团队之后,沙僧个性憨厚,忠心耿耿,牵马挑担,任劳任怨,让干吗就干吗。他没变,加入取经团队前后一直都很 S。

猪八戒:加入前 I→加入后 I

猪八戒官至天蓬元帅,好不潇洒。偶尔遇到天宫的美女,与其打个招呼,套个近乎。某日,猪八戒因酒后闹事,调戏霓裳仙子,大声喧哗引来纠察灵官,被玉皇大帝责罚两千余锤后贬下凡间。猪八戒下凡后也有一段黑历史,随后其洗心革面,加入取经团队。

加入取经团队之后,在途经女儿国时,在酒、色、财的诱惑之下,猪八戒差点劝服唐僧落地生根。当然,猪八戒是团队中的开心果,有他在,取经路上多了很多欢声笑语。他没变,加入取经团队前后一直都很 I。

第五章 懂团队

孙悟空：加入前 D → 加入后 C

孙悟空原本在花果山竖起"齐天大圣"的大旗，随后赴天庭任职弼马温，发现自己被愚弄后，孙悟空二话不说大闹天宫，太上老君的炼丹炉被踢翻，王母娘娘的蟠桃园被洗劫，下海入龙宫，直接拔掉龙王的定海神针……

加入取经团队之后，孙悟空在团队中充当技术专家，探路、打怪、求助，面对各种困难，他都有办法。他不但拥有一双善于发现问题的慧眼，还有一个分析问题、解决问题的头脑，为了团队，他从 D 特质的行为风格变成了 C 特质的行为风格。

唐僧：加入前 S → 加入后 D

唐僧平时走路踩到蚂蚁都要念一声"阿弥陀佛"，对苍生万物都很友善、慈悲为怀。如果唐僧就这样带领团队，孙悟空肯定是管不住的，猪八戒肯定是留不住的，只有沙僧暂时还能被稳住。在西天取经的过程中，倘若唐僧一味迁就徒儿们的心思，半途而废的概率大大飙升。

加入取经团队之后，唐僧快速切换为 D 型特质，锁定目标、方向不改，无论如何，始终西行，有妖风，那就一探究竟，有妖怪，那就等待徒弟降妖……总之，谁也动摇不了唐僧前往西天取经的决心！

放在企业管理中，团队中的每一个人都很重要，如果想要成为管理者，强大的调适力便是其中的关键。

孙悟空和唐僧，基于环境的变化，

基于团队的需要，及时调适自己，这种调适力的背后，代表的是一个人的影响力，以及在团队中发挥的价值。调适力越强，其在团队中的影响力也就越大。

CEO 曾经给管理层的人员留下一句金句："一个人的智力和能力，决定了物质水平的下限，一个人的调适力和人际敏感度，决定了其影响力的上限。"

10　创业型团队的 DISC 构建

在全民创业的时代，一定有人会问，到底什么类型的人适合创业呢？D 型？I 型？C 型？还有，是不是 S 型特质的人做个创业的围观者就可以了？

这是错误的观点。正如有的人认为，D 型特质的人适合做领导，或者领导者都是 D 型特质，难道 I 型、S 型、C 型特质的人就不能成为领导吗？

正确的说法是，任何特质的人都可以成为领导，只是领导风格不同。

如有疑问，请回看第三章【懂上司】。

电视剧《完美关系》讲述的是公关公司的故事，主角们是一群公关人员。在电视剧收视长虹的同时，也引发了一些争议。于是，某时尚频道特意采访了圈内的专业人士——公关专家刘希平先生。

其中有个问题："只有性格外向、喜欢交际的人，才适合做公关人员吗？"

这个提问，类似于"只有 I 型特质的人才适合做公关人员吗？"

刘希平先生回答："判断一个人适不适合做公关人员，人们第一个想到的通常是，你喜不喜欢跟人交际。我不否认，善于交际是一个重要的特质，因为在这个行业中，天天会与人打交道，不管是与媒体也好，还是与 KOL[①] 也好，如果你不喜欢与人交际，可能就会

---

① KOL：关键意见领袖，Key Opinion Leader，简称 KOL，是营销学上的概念，指对群体行为有较大影响力的人。

不适合做公关工作。但现在的公关工作和从前不同,现在的公关人员要分析大数据,要设计程式去收集数据,或者做一些创意,类似这样的职位,并不需要过多地与人打交道,所以我们说不见得一定是外向、喜欢交际的人才适合做公关工作。"

回到最初的问题,什么类型的人适合创业呢?都合适!

D 型特质的人:善于锁定目标,率先拿到创业成果。

I 型特质的人:善于鼓舞人心,带领更多的人携手创业。

S 型特质的人:善于稳扎稳打,创业不求最快,但求最稳。

C 型特质的人:善于长远规划,创业前早已进行了充分的调研分析。

当然,善用 DISC 理论为优势,使用不当则为劣势,做个小提醒。

D 型特质的人:谨防扩张太快,来不及消化。

I 型特质的人:谨防画饼一流,能看不能吃。

S 型特质的人:谨防束手束脚,损失大把机会。

C 型特质的人:谨防技术陷阱,产品不被市场认可。

组团创业,构建创业型团队,参考如下。

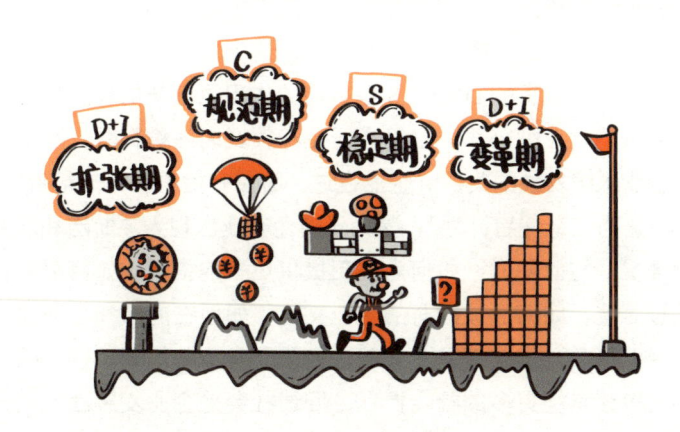

创业一阶,扩张期,也就是创业早期。

除了团队固有的 DNA,D+I 的组合大有裨益。英雄已经踏上征程,先活下来再说，只有生存问题解决了，现金流搞定了，小目标一个一个地实现了，未来才有将企业做大、做强的可能。管理者的 D 型特质时刻提醒自己，当前的团队目标是什么，团队靠什么生存，企业如何进行定位；创业早期的人心，是团队前进的保证，管理者既要对团队愿景充满信心，又要对外界诱惑嗤之以鼻。管理者的 I 型特质时刻提醒自己，对内要"画饼"，对外要讲"故事"，一是让团队成员"有盼头"，二是让客户和投资人"有盼头"，"希望"二字是企业早期最有力量的赋能。

创业二阶，规范期。

除了团队固有的 DNA，C 型特质的作用逐渐显现。能走到这个阶段，说明企业已经逐步走入正轨，需要建立起属于自己的制度、标准、流程、体系。原本财务部就一个人，慢慢地，财务部的人多了并设置了人员架构，真正变成部门了；原本纷杂的事务，均由老板和创始团队处理，这也是企业早期的表现。慢慢地，企业中可以设置专门的岗位、将一些事务交给专业的人士了。这些看似更烧钱的动作，都是将企业"做大做强"的铺垫，甚至是为了吸引更多的投资的必经之路。

创业三阶，稳定期。

除了团队固有的 DNA，S 型特质的作用也渐渐显现。作为一家相对成熟的创业型公司，已经在行业和领域内站稳脚跟，团队稳定性是企业永续发展的关键。企业在这一阶段开始重视"传帮带"了，外企称之为"继任者计划"，是为了避免企业出现人才断层和后劲不足的情况，与此同时，如何为员工提供更多的福利，如何解除员工的后顾之忧，如何形成固有的企业文化，如何在内部和外部建立正面的企业形象，这些都是企业管理者需要考虑的问题。企业除了缴税，还应该承担更多的社会责任，回馈社会是企业发展壮大的一个标志。

创业四阶，变革期。

除了团队固有的 DNA，D 型特质和 I 型特质的组合又回来了。

第五章　懂团队

当企业稳定性到达一定阶段，企业就陷入了"常态化运营"和"舒适圈"，也就是缺乏创新和变革的动力。D型特质的价值在于，发现新的目标与市场，迎接新的挑战与变革，这是需要极大的魄力和勇气的，常见的说法叫作"二次创业"。I型特质的价值在于，探寻新鲜感与引爆点，激发内部员工重新出发的动力，激发外部投资人的兴趣，这是需要灵感和敏感度的，常见的说法叫作创建"子品牌"。

请注意，这里还有两点需要澄清。

第一，都是除了团队固有DNA，不同特质在不同阶段的发挥。譬如团队DNA是D，一阶的建议，重点发挥D和补充I，S和C随时调用；到了二阶，C型特质成为重点，以此类推。

第二，这是对创业型团队的友情提示，而非构建创业型团队的唯一标准。不同行业、不同业务、不同历史背景，其团队DNA本身存在各自的差异，从个人到团队的实际调整，需要管理者根据实际情况来做。

指引归指引，对症下药，仍需大夫（顾问）上门，望闻问切。

"只要决心成功，失败永远不会把你击倒。"这是奥格·曼狄诺[①]的励志金句，我将它送给所有创业者，送给所有正在带领团队的管理者，也送给所有正在学习DISC理论和应用DISC理论的企业组织。

[①] 奥格·曼狄诺：美国畅销书作家，代表作有《羊皮卷》《世界上最伟大的推销员》。

第六章　懂客户

01　重塑客户认知

身处商业社会，谁也离不开"客户"二字，薇娅、李佳琦的流量背后，是其将"粉丝"转化为客户的能力。"粉丝"不断消费，买了又买，消费和复购的支持，养活了中国的现象级主播。

在阿里巴巴的新"六脉神剑"中，价值观第一条就是"客户第一、员工第二、股东第三"。华为更狠，公司治理理念中直接写着"公司存在的唯一理由是为客户服务"。客户真金白银的支持，养活了中国的航母级企业。

"我也知道客户重要，聊不到一起怎么办？"

"客户总是拒绝和我见面，我该怎么约他？"

"客户迟迟不成交怎么办？"

"丢了这个大客户，却想不通问题出在哪！"

你的客户，你在重视吗？你的客户，你懂他们吗？如果掌握了DISC理论，也许我们在面对客户的时候，就能多一样法宝。

以下是某部电视剧中的场景，发生在时装店的一幕。

"怎么样，她买了没有？"

"买什么买呀，试了一堆衣服，趾高气扬的，这件色彩不协调，那件袖子上有瑕疵，15分钟试穿了七八件，买衣服又不是选老公，挑三拣四，吆五喝六，害我白忙活半天，又要收拾一堆衣服，气死人了！"

"毕竟是客户，咱也只能好好伺候。"

"我才不要伺候她，又不是刷卡买单的主。"

第六章 懂客户

客户走出店门,其身后是店员的一阵吐槽,更像是情绪的宣泄。

这样的客户,往往被贴上"难缠""不好搞"的标签,这是真实的客户写照吗?并不是,这是店员被情绪操控的"评判",具有强烈的个人色彩,店员把某个人甚至某群人归为"不受欢迎"的群体,下次遇到类似的客户,基本也不会给对方好脸色看。

这件不协调,那件有瑕疵,会不会是说话直接,不喜欢拐弯抹角?

15分钟试了七八件,是不是习惯了雷厉风行,讲究速度和效率?

节奏偏快,不拖泥带水,关注买衣服(事)而非店员的感受(人),可见这位客户当时展现的可能是D型特质。

店员的大脑,如果第一反应是"难缠""不好搞",在其内心深处巴不得把对方撵出去;如果店员的第一反应是"D型特质",也许就会拼命检索如何与D型特质的人进行沟通,如何使用D型特质的人喜欢的策略。

本来,客户就是来看衣服、买衣服的,店员的职责是服务好客户,把衣服卖出去。剧情继续发展,只见客户从对面的时装店走出来,提着大包小包,得意扬扬,一副心满意足的样子。

"不会吧,你看,她买了好多呀!这是要搬空对面的店吗?"

"对面的服装店,衣服没什么特点,更没什么金字招牌,怎么会搞定这么难搞的客户呢?幸好老板不在店里,不然肯定骂惨我们。"

店员一边叹息,一边表示自己运气不好,白白放走金主,便宜了竞争对手。

这样的商业教训,有时候损失的是几件衣服的营业额,有时候,损失的是上亿元的贸易大单,归根结底,相关人员仅仅把"顾客就是上帝"这句话挂在嘴边,或者贴在墙上,从未认真审视和分析客户,也没有给到客户想要的东西。

为了避免这样的事情再次发生,我们需要重塑对"客户"的认知。

在闭门会上,CEO在强调对内管理的同时,也很在意对外部客户的服务与管理,为此,CEO准备了几个有关客户的问题,与管理层人员玩了一次"快问快答"。

懂得：影响你一生的 DISC 识人术

问，客户是什么？

老狄：客户是为我们的产品和服务买单的人。

小艾：客户是我们的资源（流量）。

司哥：客户是养活我们的衣食父母。

西西：客户是商业投入的必然产出。

问，如何满足客户需求？

老狄：解决问题。

小艾：个性化的需求定制。

司哥：站在客户的角度，换位思考。

西西：先分析客户需求。

问，完美的客户关系是怎样的？

老狄：复购，复购，复购。

小艾：互相影响与受益。

司哥：从客户到朋友。

西西：专业的商业合作。

问，有没有难缠的客户？

老狄：没有难缠的客户，只有不努力的自己。

小艾：我们有信心搞定，加油加油！

司哥：是我们做得不够好，客户永远是对的。

西西：容我想想，办法总比困难多。

问，如何提升客户满意度？

老狄：专属的客户服务与快速响应机制。

小艾：给予超越其期望的惊喜。

司哥：人性化的客户服务与陪伴。

西西：现有满意度基础上的流程与细节改善。

瞧瞧，这就是 DISC 理论的魔力，凡事必有四种解决方案。

02 如何打开客户的心门

兵无常势，水无常形，客户的心，亦如是。

采用什么样的客户策略，不能一概而论，因人、因时、因事、因势而为，最关键的还是因人而异。

如果用 DISC 理论来进行区分，客户至少有四种类型。

首先，我们需要确定客户的角色。

早年从西方国家传入的服务理念——"客户就是上帝"，完善了当时相关人员对客户的认知，但他们仅仅把它当成口号，没有真正理解客户的角色。

D 型，支配型客户

角色定位：VIP。

这一类型的客户始终认为，自己是一个 VVIP，贵宾也好，非常重要的人物也好，总之，你必须引起高度重视，打起十二分精神来接待他，用尊敬代替尊重，把事情办好，否则，后果自负，毕竟这一类型的客户的脾气上来了，谁也拦不住。

角色技能：习惯发动攻击式技能。

【强攻】说话直接、犀利，得不得理，都不饶人。

【决断】亲自拍板，排除外界干扰与影响。

【雷霆万钧】命令式语气，令他人屈服。

技能破解："What"，多跟他聊"是什么"。譬如，销售的商品或服务是什么，对于他的价值是什么，现在就下单的理由是什么。

I 型，影响型客户

角色定位：明星。

他容易吸引目光，无论是穿着还是言行，都自带吸粉属性。总之，他发个朋友圈会收到很多赞，推荐一家餐厅会有无数人去种草，在某种程度上，他属于意见领袖，抓住他，等于抓住了一群客户。

角色技能：习惯发动扩散式技能

【同频】很容易找到彼此共同兴趣，建立热络的关系。

【辐射】快速影响他人的决定，潜移默化地影响其周围的人。

【滔滔江水】开口就刹不住车，说起话来犹如奔腾而来的江水，滔滔不绝。

技能破解："Who"，多跟他聊"谁"和"哪些人"。譬如，谁（知名人士）也做出了相同的购买选择，谁将成为他的同行者，谁会因此得益或做出改变，谁会提供后续的服务。

S 型，稳健型客户

角色定位：听众。

当你在卖力推销的时候，他总是很认真地听你讲，有疑问也保留，尽量不打断你，哪怕你说错了，也不会计较，甚至还关心你的口干舌燥，他是上天派来，专门来给你加油打气的人。

角色技能：习惯发动增援式技能

第六章　懂客户

【禁言】保持良好的倾听状态，成为世界上最好的听众。
【同理心】将心比心，觉察和理解他人的高情商表现。
【天下太平】谁也不得罪，重大决策的模糊化处理。

技能破解："How"，多跟他聊"怎么"，譬如"怎么理解""怎么操作""下一步怎么进行"，让他清楚地知道进程，缓解其对于不确定性的焦虑，打消其各种潜在的购买疑虑。

C 型，遵从型客户

角色定位：分析师

他似乎是半个专业人士，无论你卖什么，他都提前进行了解、分析、论证。他喜欢提问，而且是不断地追问，他着眼于细节，崇尚标准和品质。不要质疑他的思考，这是其最骄傲的能力与财富。

角色技能：习惯发动防御式技能

【沉思】启动大脑，陷入一阵安静地思考。
【反问】面对不实信息，进行反问。
【抽丝剥茧】把碎片化信息进行深入分析。

技能破解："Why"，多跟他聊"为什么"。譬如"为什么是这样""为什么是那样""彼此之间的联系"，让他知道原因和原理，问题得到解答，他的思路就顺了，成交也就顺了。

角色就像一把锁，锁住了客户的心，当我们了解了客户的技能，当我们使用了"3W1H"，打开客户的心锁，一切都将变得容易。

通用电气前 CEO 杰克·韦尔奇说：

"公司无法提供职业保障，只有客户才行。"

沃尔玛创始人山姆·沃尔顿说：

"实际上只有一个真正的老板，那就是客户。"

著名的管理学大师彼得·德鲁克说：

"企业的首要任务就是创造客户。"

CEO 的建议是，在客户的心门尚未打开之前，我们不如做个开锁匠！试着用 DISC 理论逐一分析四类客户。

03　D 型客户：气势逼人

斗志昂扬的老狄，负责分析 D 型客户。

他在电话那头显得很忙，急着要挂断你的电话，他回复信息看上去十分敷衍，有时候甚至都不回信息。

他喜欢在见面的时候长话短说，相谈甚欢，当场签单；或者一言不合，拂袖而去，无论如何，他总是在气势上占据上风。

1. 邀约

难度系数：5 颗星。D 型客户比较难约，他的时间很宝贵，不愿意把时间浪费在他认为没有价值的人或事上。

拿起电话：他会说，"有什么事？"

回复微信：他会说，"在，你讲。"

打动方式：最好你能用一句话打动他，实在不行，要保证在三句话以内打动他。你能否快速说出产品或服务的"价值感"，令他的大脑中产生"有用"的信号，而不是"净扯些没用的"。与之交谈时，要直入主题，简单明了，避免使用太多修饰。

如果被拒绝。不要害怕他的拒绝，"今天没空""最近很忙""过了这段时间再说"，这可不是故意搪塞。第一，他确实很忙，第二，你的约访并未处于优先地位。第三，给你设置点障碍，考验你和其他人是否一样。如果别人都放弃了，你坚持了；如果别人都退缩了，

第六章 懂客户

你仍在向前冲,这将引起他对你的兴趣,他在你身上看到了他的影子,一个追求成功、无所畏惧的模样。

2. 会面

约到了 D 型客户,显然是值得兴奋的,但别兴奋得太早,与之当面交锋,才是真正挑战的开始。

会面有三种情况,要么他来(主场),要么你去(客场),要么双方找家咖啡厅喝杯咖啡。如果所售产品或服务需要展示或参观,邀请他来;如果不是,看他怎样方便。

关于时间。约好几点,千万谨记,不仅不能迟到,还要有"提前量",无论双方在哪里会面,均提前 10～15 分钟就位,摆出一种"已到达并恭候您"的姿态,顺便观察一下周边环境。

关于着装。根据首因效应[①],争取给对方留下良好的第一印象。譬如一套深色西装,搭配衬衫与领带,一尘不染的皮鞋,搭配符合礼仪规范的袜子(女士肉色丝袜、男士正装袜)。再配上一款优质的腕表,那就再好不过了。如果涉及签字,提前备好一支像样的笔,表示你对这次签字的重视。

关于交谈。他讲话,你认真听,切勿无故打断对方讲话,必要的时候做做笔记。他说什么,哪怕说错了,别急着纠错,先学会微笑。适度赞美对方,如果是客场,对于他办公室墙上的奖状、书柜里的书、简洁大方的布置,都可以进行适度夸奖,凡是与"追求成功"相关的信息,都是他乐于听到的。

关于地位。D 型客户的尊崇感,来自自身的地位,也来自你把他放在什么位置上。

3. 产品

多方案 + 拍板。在介绍你的产品或方案时,千万不要只给一个选择,你是来"将军"的吗?一定要多准备几套计划书,也就是选

---

① 首因效应:美国心理学家洛钦斯提出,指交往双方形成的第一印象,对今后交往关系的影响,即是"先入为主"带来的效果。

项 ABC，对方喜欢自己做决定，也就是"拍板"的感觉。你可以说一下你的专业建议，仅供参考，类似谋士提出计策，只等主公一声令下。

价值＋效率＋尊享。产品要塑造"价值"，投资回报率高、升值空间大、功能多、实用性强，买到就是赚到。也要兼顾"效率"，买房是拎包入住，买车是立等可提，买理财产品明天可以开始计息。还要"尊享"，只有您这样的尊贵客户，才能享受 VIP 级的待遇，开启高端人士的美好人生。

忌显摆。务必记住，对方是见过世面的，至少自以为是见过世面的，不必在他面前高谈阔论，或者显摆自家的产品，以免弄巧成拙。

4. 服务

VIP 级的体验。如果在你的主场，全程为其提供五星级服务，预留泊车、端茶递水；如果在你的客场或中立场所，绝不麻烦对方，不能让对方为你服务。

尽可能代劳。填写表格，仅需告知"您在划线的几个地方确认一下就好，其他不重要的信息，我事先填好了，您看一下有没有问题"。复杂的表格，令他耐心全无；用心的举动，势必赢得他的赞赏。不必要的程序，能免则免；可以代劳的地方，不要麻烦他。

态度端正。在服务过程中，某一环节出错，立即响应，马上解决，就算解决不了，也要展现出一定的重视程度，并向其致以真诚的歉意，错了就是错了，不要试图否认或抵赖。有句电影台词是这么说的——"有错就要认，挨打就要立正"。D 型客户在意产品和服务，更在意你的水平和"态度"。

最后是老狄的总结，D 型客户，有那么难搞吗？并没有。

他们需要完整、明确的说明；

他们追求较快的节奏和高效率；

他们希望看到当前的结果和未来的成果；

他们乐于主导整个过程并享受决策的快乐；

成为你的客户，只是分分钟的事情或一瞬间的决定。

04　I型客户：能量爆棚

精力充沛的小艾，负责分析 I 型客户。

他在电话那头显得很亲切，你甚至可以想象出他的表情和动作，他回复消息快速而友好，特别喜欢用表情包。

他喜欢在见面的时候侃侃而谈，签单一分钟，聊天一小时，或者聊了半天也没结果，无论如何，他总是能量满格。

1. 邀约

难度系数：最多 3 颗星。I 型客户相对好约一点，他是人际互动型的，有人的地方就有他。

拿起电话：他会说，"嗨，好久不见！"

回复微信：他会说，"好呀，约哪？"

打动方式：如果他积极性不高，你可以从多个角度打动他。第一，这是一款新产品，这是一项新服务，"尝鲜"和"好奇"是他的特点。第二，见见面，谈业务不是重点，就想找你聊聊天，喝喝咖啡，"互动"和"生活情趣"是他的特点。第三，心情这么好，不约一个吗？如果心情不好，更要约一个。

如果被拒绝。他也有婉言拒绝的时候，可能是无暇顾及，也可能是随口搪塞，不必灰心，下回再约。I 型客户容易因情绪激动而忘乎所以，一旦邀约成功，在挂断电话之前，请务必重申（提示）一下会面的时间和地点。

2. 会面

关于时间。如果双方约在你的主场，他不一定准时到，因为他的时间观念相对薄弱，迟到或忘记，早已司空见惯了。会面前一天，记得提醒他，会面前1～2个小时，巧妙地催促一下。否则，你等来的回复可能是"哎呀，我忘了，赶个过来了"。如果双方约在你的客场或其他场所，同样需要提前确认，否则，他可能会被临时增加的活动牵绊。

关于着装。职业装是工作需要，可以在饰品上下功夫。譬如女士的吊坠，男士的袖扣，只要有1～2个与众不同的地方即可。I型客户往往是时尚达人，强调前卫、创意，在其鉴别他人的品位的同时，也在传递着自身的品位。当你把目光投向他的着装、配饰、发型，并及时发出赞美和感叹，一句"您真是有气质、有品位、懂时尚、懂生活的人"，会收获对方的好感。

关于交谈。他的语速快，要紧跟他的节奏，争取在语速和肢体动作上与他达成共鸣；他一旦开口，滔滔不绝，抑扬顿挫，配合着丰富的表情和夸张的动作，犹如舞台上的表演艺术家，所以我们要懂得为他鼓掌并喝彩；他的口头禅有"我觉得""我感觉""超棒""无敌"等，用以表达强烈的情感，比较好的回应方式是"您说得太对了"；他在交谈前，很少规划内容，所以偏题、离题是常见的。

关于环境。这是需要特别补充的，I型客户喜欢轻松、愉悦的氛围，与之会面的地点，完全可以选择一个颇有味道的地方，如餐厅、咖啡馆、茶艺馆，相比单调的会议室，他更喜欢兼具文艺、潮流、人气的场所。如今，很多公司内部都设有咖啡馆，或者适合休憩的区域，那里常常点缀着盆栽和鱼缸，营造着富有生命力的"社交氛围"。

3. 产品

兴趣＋冲动。产品的"实用性""性价比"不是他首要考虑的，

第六章 懂客户

至于产品的使用说明,更不必逐条念给他听,那只会徒增他的烦躁情绪。他的兴趣点在哪里,就往哪里引,产品有很多功能,他感兴趣的也许就一两个。他的兴趣一旦被激发,冲动消费就发生了。我们需要抓住他的冲动时刻,那也是最好的成交时机。

品牌+创新+感觉。I型客户比较重视的是"品牌",产品本身是否驰名海内外,社会名流有没有使用或体验。譬如"XX明星也是我们的忠实客户""XX明星的同款座驾";他们还重视"创新"。譬如小区采用"恒温恒湿恒氧"的理念,车型配备"语音指令系统";特别打动他的,往往是"感觉",也就是他购买和拥有了这款产品之后,会拥有怎样的体验,这就十分考验你的画面感和讲"故事"能力。

举个例子。"试想一下,如果您穿上了这条杨幂同款的裙子,走到哪里都会引人注目,无论是从您的爱车上下来,还是漫步在时尚步行街,或者参加一个社交聚会,您就是全场的焦点。有人会投来羡慕嫉妒恨的眼光,有人会主动询问您的裙子是在哪里买的,记得到时候介绍对方来找我噢。"

如果客户进入了画面,多半是陶醉其中,刷卡买单。

4. 服务

心中有他。I型客户非常在意服务体验,因为他喜欢被人关注,让I型客户感受并享受服务,就是传递一个"我心里有你"的过程。看您眼镜上好像有些灰尘,这里有块高品质的眼镜布,我来给您擦一下;对了,最近流行的网红巧克力您有关注吗,我特意给您带了一些,希望您能喜欢。

关系促进。以上这些服务,既提高了I型客户的服务体验,也为后续服务奠定了基础。与I型客户在一起,可以与其建立长期的朋友关系,一个问候电话,关心近况,顺便聊聊生活百态;一次又一次的约访,产品的销售已经不重要了,只要关系促进了,二次购买、转介绍,一切水到渠成。

性情中人。I型客户在整个购买过程中,只要觉得销售人员"投缘",就会快速成交,I型客户买的是产品,也是人;买的是服务,更是感觉,感觉对了,什么都对了。

最后是小艾的总结,I型客户,有那么难搞吗?并没有。

他们热情、开朗,不冷场;

他们追求的是新鲜、有意思的感觉;

他们喜欢跟人打交道,社交从来不是他们的负担;

他们是圈子里的 KOL 意见领袖,适合为你带货。

成为你的客户,就成了你的转介绍中心,积极为你介绍新客源。

05　S 型客户:决策困难

温文尔雅的司哥,负责分析 S 型客户。

他在电话那头只是说"嗯……嗯……",甚至不好意思挂断你的电话,他回复消息,一般是你发一条他回一条,完全不会把你晾在一边。

他喜欢在见面的时候听你讲,但成交并不是一件容易的事,毕竟决策对他来说,并非易事。

1. 邀约

难度系数:最多 2 颗星。邀约难度较低,如果你连他都约不到,你要反思一下,自己是否适合干销售或客服这一行。

第六章 懂客户

拿起电话：他会说，"嗯，我考虑一下。"

回复微信：他会说，"嗯，我再想想。"

打动方式：邀约他的关键是，打消他的顾虑。他的顾虑有三，第一，如果不买，会不会很尴尬，再开口拒绝，反而更麻烦；第二，有没有足够的考虑时间，毕竟要再三考虑，还要找人商量，仓促之下恐怕决策失误；第三，购买行为产生了，会不会打破原有的使用习惯，变化就意味着重新适应。

如果被拒绝。S型客户语气平稳，不懂得拒绝，也不忍心拒绝，有时候处于模棱两可的状态，既没拒绝，也没答应，又似乎属于无声的拒绝。在他纠结之际，我们再争取争取，软磨硬泡这一招对他有效。

2．会面

关于时间。他很守时，承诺的事情尽量办到，约定的时间也不会放鸽子。如果你迟到了，他是不会催你的，这样不礼貌。如果等待的时间久了，他不会发飙，反而担心你是否发生什么意外。

关于着装。他不喜欢成为焦点，与I型客户相反，他更喜欢大众化的装扮，吸引过多的目光，会令他浑身不自在。标准款，而非限量款，基本款，而非设计师款，如果选定了某一个品牌，他往往会表现出对这个品牌的无限忠诚，这就是他喜欢的"平常但不平淡"。

关于交谈。你问他喝点什么，他的答案一般是"都行"。他的语气谦和，总是一副寻求商量的样子，习惯说"要不""是不是可以"，而不是D型客户的"必须""应该"。在洽谈业务的时候，不要急着问问题，先铺垫一下感情，给他一点进入状态的时间。在与之交谈过程中，语速尽量慢一点，语气尽量柔和一点，他更擅长倾听，讲话自然就少，我们要逐渐让他开口，可以聊一些有关"爱和善意"的事情，也可以聊聊他的家人和生活。在交谈的最后，要催促其成交，但不要逼得太紧。

关于家庭。他的办公桌上，摆放着花花草草；也许还有家人的合影，放在相框里，或者作为电脑桌面。工作成就不是他追求的，家庭的和谐才是他引以为豪的。这时你说一句，"您真是一个顾家的人"，关系就被拉近了，他的话匣子就被打开了。

3. 产品

关键参考+从众。S型客户对于产品的选择是谨慎的，不会像D型客户或I型客户那样一拍脑门就决定，也不会像C型客户对产品进行深入研究和分析，他的决策，取决于他认为重要的人的意见。譬如，配偶说这款产品好，父母也说这款产品好，买过这款产品的朋友也说好，那就是好。他经常说"我回去考虑一下"，这句话从其他人口中说出，也许是借口，但从S型客户口中说出，就是要回去征求他人的意见。这时要么给他时间考虑，要么从一开始就邀约他和家人一起进行购买决策。他喜欢参考大众意见，借此减少"买错的自责"。

求稳+拖延。他会慢慢找资料、货比三家，主要是对产品的"稳定性"有所期待，不求惊艳，但求稳妥；不求高收益，但求安全系数高。他对产品有疑问的时候，不一定会主动指出，需要我们主动问询。他不说，你不问，疑问就一直在那里，最后就不了了之了。

利他。他还很喜欢为别人买东西，所以在为他做需求分析或产品推荐时，可以从他的家人开始。譬如，这款产品对孩子的成长有帮助，这款产品适合送给另一半，这款产品适合表达"孝心"等。

4. 服务

微笑服务。保持亲和力，这会让他放松下来。毕竟在他的世界里，本就应该人人都充满善意，没有严厉，没有坏脾气，没有纷争，没有尔虞我诈，见面时打声招呼"您好"，分别时客客气气地挥手道别。

保持关心。S型客户是关心他人的高手，虽然其常常被冷漠以待，但这并不影响他继续拿到"好人卡"，反之，如果他能感受到来自你的关心，那就是爱与被爱的回应。主动关心可以是一通电话、一条短信，可以是天气预报、换季提醒，可以是一句"有什么需要我帮助的吗"。

表彰忠诚。S 型客户很容易成为忠实客户，因为改变对他们来说太辛苦了。如何表彰他们的忠诚？那些带有 logo 的定制礼品，尤其是与生活有关的，可以送他，如杯子、T 恤、雨伞、购物袋等。

最后是司哥的总结，S 型客户，有那么难搞吗？并没有。

他们真诚、友善、耐心，很少提反对意见；

他们求稳、从众，愿意听取他人的建议；

他们不善于做决策，犹豫不决；

他们是圈子里公认的老好人，要善待他们。

成为你的客户，他们就会安心做你的客户。

06　C 型客户：专业找碴

心思缜密的西西，负责分析 C 型客户。

客户就像分析师，随身带着用于观察的放大镜。

他在电话那头会说"上次介绍过了，"总之，他的记性特别好，他回复消息往往是"知道了"，缺乏继续聊下去的欲望。

见面的时候，他比你准备得还充分，无论是笔记本和笔，还是事先的调研与分析，甚至把准备当面咨询的问题，都罗列了一张清单。

1. 邀约

难度系数：4颗星以上。邀约难度较高，因为他非常理性，总是在分析必要性，如无必要，能免则免。他们会等你说完邀约目的，经过大脑评估后，确认是否需要。

掌起电话：他会说，"你说……我不需要。"

回复微信：他会说，"有没有相关资料？发邮件给我吧。"

打动方式：邀约他的关键是，时刻保持专业度。第一，对于自己所提供的产品和服务，具有相当高的熟悉度；第二，对于可能存在的反对问题，能够有效应对；第三，专业不是靠夸出来的，初次接触，尽量不要轻易赞美对方，这会引起C型客户的反感。

如果被拒绝：面对看似高冷的C型客户，被无情拒绝是正常的。我们需要准备好足够的耐心、简洁的措辞、专业的分析，同时在邀约中说明，更专业的分析在会面的时候进行，先发送一些电子文档，仅供参考。

2. 会面

关于时间。千万不要迟到，一个没有时间观念的人，等同于"做事不靠谱"。在会面开始之前，相应资料应该打印并准备好，而不是在会面的过程中"忘了给您打印一份资料""稍等，我再去找一张表给您填"，没有计划性吗？没有事先规划和查漏补缺吗？为了让时间被充分利用，地点一般会选在办公室、会议室，安静的环境，不易被他人打扰。

关于着装。他的穿衣风格比较固定，对于品牌比较讲究，"品质"是他常常挂在嘴边的，纯色或不超过两种颜色的色调，看上去颇有质感的材质，简捷的修饰。手表，从表面到表带的设计要么低调，要么是低调的奢华，其他饰品也是如此。

关于交谈。在与C型客户交谈之前最好做足功课，名片、笔、本子、草稿纸、介绍资料，越细致越好。交谈的内容，处处要彰显专业，有事实、有出处、有数据，还有相应的书面资料，允许对方带回去慢慢研究。交谈不涉及隐私，也不主动询问对方各种私人问题，除非必要的信息采集，非必要的均可忽略。

关于细节。如果在他的办公室，那一定是井井有条，文件夹被放得整整齐齐，连桌上摆放的小物件，都显得错落有致。对方是一个十分关注细节的人，他可能会在意你的着装，扣子有没有扣好；他也可能会瞥见你端过来的茶杯有没有缺口、掉色、各种瑕疵；他还可能注意到你递名片、递笔的姿势，所有的细节，都在验证你"是否训练有素"，这些都从侧面反映你的专业性。

3. 产品

书面化。尽量提供书面的内容，纸质的，拿着有手感；电子的，收发和保存方便。产品分析与可选方案，购买流程和售后服务，各种数据、图表、指导，甚至国内外的趋势分析、市场占有率、竞品分析，都是有力的证明。

理性表达＋确定性。高频使用各种形容词，会给他造成一种"夸张和包装"的感觉；也不必过于热情，感性的表达对他不起作用，书面化的意义在于传递理性。同时，避免在产品介绍过程中使用"大概""差不多""我猜""我估计"这些词，缺乏客观性。

比较。他在货比三家的时候，不像 S 型客户那样关注性价比，他更关注的是品质，也就是可供对比的参数，包括产品性能的各项指标，售后服务的相应举措。在比较的过程中，他获得了一定标准下的"最佳选项"。做足功课，就是当他想要比较的时候，你已经事先完成了对比分析。

4. 服务

体现专业。所有服务都是由细节组成的，一个专业的细节，足以搞定 C 型客户。譬如，最早海尔集团推出的上门服务，工作人员自备鞋套，就这一个动作，彰显的就是服务流程的专业化。

做好记录。C 型客户最希望能为其提供服务记录，无论你自行留存，还是为他留存，这是真实的，也是备查的证据。在他看来，口头内容不及书面内容可靠，更何况有些业务可能还涉及严肃的"签字确认"。

保持距离。他把工作和生活分得很清楚，在为其服务的过程中除了保持专业，仍要刻意与其保持距离，直到他传递出"我们已经彼此熟悉了"的信号。

最后是西西的总结，C 型客户，有那么难搞吗？并没有。

他们倾向于标准化、流程化、规范化；

他们专业、细心、不易亲近、追求完美；

他们不放过一点瑕疵；

他们一旦做出了选择，那是深思熟虑的决定，其立场格外坚定。成为你的客户，就意味着他们认可了你和产品的专业性。

07 用 DISC 拆解销售流程

CEO 对大家的分析非常满意，公司从去年开始，推行"全员营销策略"，每一个人都要提高销售能力，从意识到行为，从成交额到服务客户，"销售"被前所未有地关注和重视。

销售的本质是什么？有人说是成交，有人说是价值交换，有人说是心理的博弈，实际上，销售的本质是影响他人做决策。

如何影响他人，销售流程起到了至关重要的作用。

完整的销售流程，是一个复杂的流程，售前、售中、售后，可以各自单独写一本书。这里，我们主要用 DISC 理论，拆解一个陌生客户的销售流程，从打招呼开始，包含线下和线上两种模式。

当客户走到你面前，或者坐在摄像头的那头，双方开始进入销售流程。

第六章 懂客户

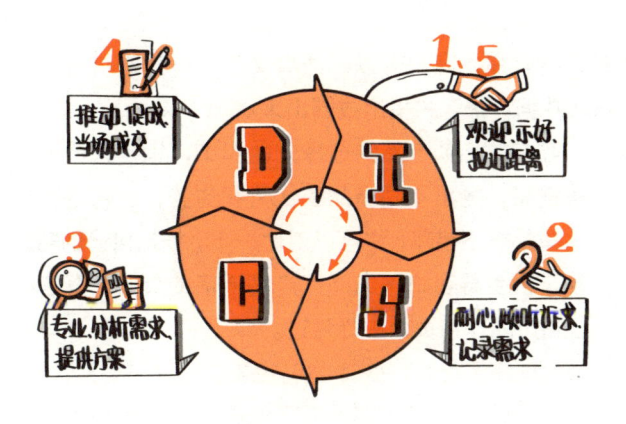

先向客户展现我们的 I 型特质，欢迎、示好、拉近距离。

线下：主动上前迎接，露出热情的笑容，主动做自我介绍。譬如"您好，我是 XXX，很高兴能为您服务。"紧接着聊一些拉近彼此距离的话题，如"感觉您很亲切""您看着像我的一个朋友""您也是漫威的粉丝吗"。

线上：当对方询问"在吗"，立马回应"在的，亲"，当对方一段时间没反应，主动确认"亲，还在吗"。互联网催生了"亲"文化，在一定程度上提升了客户服务水平。

接着向客户展现我们的 S 型特质，耐心、倾听诉求、记录需求。

线下：询问对方，有怎样的需求或想法，尽可能多地让对方讲话，自己保持倾听状态。这是一个收集信息、明确需求、识别客户的好机会，做销售工作，20% 靠话术，80% 靠倾听。

线上："您好，请问您想要购买的是哪一款，方便发一下链接吗？"与客户确认其需要的商品，以免搞错，链接发来的同时，耐心答疑，一般主动来找客服咨询的，至少对价格、优惠、使用方式、物流服务等存在一些疑问。

接下来向客户展现我们的 C 型特质，专业、分析需求、提供方案。

线下：既然客户的想法已经和盘托出，销售人员是时候从自身的专业角度出发了，给予建议，提供适合对方的方案。譬如，"根据您的描述，以下三款适合您，我为您逐一介绍一下"，与此同时，把相关资料递给客户，客户可以一边看文字，一边听讲解，遇到一些重点信息和数据，帮客户指出或圈出来。

线上：客户在几款产品的选择方面纠结，销售人员根据设置好的客户应答策略，抛出不同商品的优势和劣势，适用范围与使用建议，"亲，这些都很不错噢，您可以对比一下，根据自己的需求购买"，必要的时候，再引导客户仔细阅读产品详情的页面，有些细节性的问题，早已在产品详情页面中标注过。

终于要向客户展现我们的 D 型特质了，推动、促成、当场成交。

线下：所有的销售工作都是为了促成交易，销售人员可以使用促成交易的话术。譬如，直接询问付费方式，"那您看是现金还是刷卡""您是用支付宝还是微信"。譬如，增强客户的紧迫感，"今天是促销的最后一天了""商品是限量的所以即将售罄"。

线上：线上的话术与线下的话术类似，还可以多一句"今天有满减券，您可以领一下"；或者多一句"亲，手快有，手慢无，今天活动的力度真的非常大噢"，潜台词就是"快点付款吧"。

千万不要以为销售流程到此结束了，经验丰富的销售人员会继续出招。

再次向客户展现我们的 I 型特质，点赞、互动、寻求转介绍。

线下：客户下单了，这时候是甜蜜时刻，要抓住机会与客户搞好关系。夸奖客户。譬如，"您真是太明智了""很高兴像您这么优秀的人成为我们的客户"，让客户的购买体验得到升华。销售人员要与客户加深联系。譬如，"可以跟您加个微信吗""以后有新产品，方便给您推荐吗"，力争得到客户的"首肯"。寻求转介绍的机会。譬如，"期待您向身边的朋友推荐我们的产品""您身边有跟您一样的优质客户，要介绍给我噢"，也许，下一个订单就这么产生了。

线上：相对简单，确认收货地址，寻求对方收货后的好评，如果有感恩回馈政策，再给客户一个小惊喜。"亲，我是××号客服，欢迎下次光临"。

第六章 懂客户

I→S→C→D→I，拉近距离、记录需求、提供方案、当场成交、寻求转介绍。在每一个优秀的销售人员的心中，都应该有这样一个流程，只是，我把它用 DISC 理论拆解了一遍。

特别补充几句。

流程是死的，人是活的，要会随机应变。

标准流程如此，具体操作要结合实际情况进行调整。譬如，客户是高 D 特征的，你就不必从 I 型特质开始了。

既然是标准流程，适用于大多数行业和销售场景，但也有不适用的，欢迎一起探讨研究。

如果想做好销售工作，请回到第四章，阅读"马斯洛需求层次理论"的部分，或者阅读下一节内容，相信会对你有新的启发。

08 用 DISC 理论卖楼、卖车、卖保险

学习 DISC 理论的价值在于，使人看懂一个人的行为风格。

通过行为表现分析，抓住客户的动机和心理需求，由外而内，层层推进。

客户形形色色，没有"难搞"的客户，只有"捉摸不透"的客户。掌握了 DISC 理论，便多了一种识别人、看懂人的工具。不同的客

户关心的侧重点不同，客户最关心的问题，往往也是销售工作的突破口。

假如你是一名置业顾问，不同类型的客户，他们各自关心什么？

D型客户，心中已有盘算，主要衡量的是房屋的价值。

① 视野：喜欢住在高层，房间内最好是落地玻璃窗，可以鸟瞰城市风景。

② 交通：开车出行、公共出行是否方便，节约时间就是节约金钱。

③ 升值空间：关心房屋涨价和升值的潜力，无论自住还是投资，都要考虑投资回报率。

I型客户，视觉系爱好者，容易被小区和房屋的"美好"吸引。

① 邻里：邻居的层次，居住氛围也是其考虑要素。

② 设计：小区大门的美观度，小区内的景观布置，如喷泉，小区内的文体设施，如篮球场网球场，最好有地标性建筑，成为别人口中的"小区典范"。

③ 精装修：充满设计感的装修，个人偏爱的风格，拎包入住，省时省力。

S型客户，倾向于刚需购房，喜欢听取别人的建议，反复观望。

① 家人：购买决策主要受家人的影响。

② 环境：小区是否远离工业区，有没有噪声污染，绿化覆盖率如何，是否有专门散步和康乐的区域。

③ 治安：所处区域的治安是否良好，如果孩子在附近上学，交通风险如何。

C型客户：在看房前，已经通过各种渠道对房屋进行了数据分析，有严格的房屋筛选标准。

① 小区质量：确认宣传单中注明的设施是否齐全；小区内的采光取暖、绿化亮化、楼宇间隔，房屋内，墙面与地面裂缝、水电煤畅通、各功能区的下水情况等。

② 配套设施：除了配套的学区规划，周边地铁、公交、商场、便利店、菜市场、医院、学校、银行、公园，到小区的步行距离。

第六章 懂客户

③ 财务管理：评估首付和自身月供能力，寻求最优的购房与还贷方案。

假如你是一名汽车顾问，不同类型的客户，他们各自更关注什么？

D 型客户，以"大"为贵，以"大"为尊，以"大"为美，倾向于大牌车。

① 实用性：空间够不够大，包括驾驶空间与乘坐空间、后备厢。

② 气派程度：车型要长，配置要高，内饰要豪华，中控要超大屏。

③ 驾驶体验：满足驾驶需求，动力强劲，有较高的操控感。

I 型客户，追逐潮流，前卫时尚，个人喜好占主导，倾向于酷炫的新款车型。

① 美观性：流线型设计，美学时尚，另类的车门打开方式。

② 科技感：早年的车载 GPS、车载音响，现在的自动驾驶、自动泊车系统。

③ 促销活动：除了降价，还有送加油卡，参加大抽奖。

S 型客户：代步工具，考虑家人对车的需求，倾向于大众认可度高的品牌。

① 舒适性：主要是家人坐着舒不舒服，更在意乘坐体验。

② 性价比：购买时的价格优惠力度，购买后的车辆耐用性与是否省油。

③ 口碑：车的口碑，来源于身边人和新闻媒体，感觉开同款车的人多，就不会踩雷。

C 型客户：考察性能，评估风险，综合分析，倾向于主打安全驾驶的品牌。

① 安全性：安全性测试中的得分，车体的结实程度，安全配置是否全面。

② 参数指标：平均油耗、百辆故障数、各项关键属性。

③ 售后：预估保养和维修成本，寻求最优的售后支持。

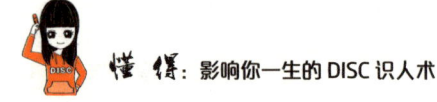

假如你是一名保险顾问，不同类型的客户，他们各自更关注什么？

D 型客户，他需要你的专业建议，但只相信自己的判断。

① 身价：保额要高，高于平均保额，消费型的也能接受。

② 杠杆：意外险、寿险、重大疾病保险、医疗保险中"以小博大"的部分。

③ VIP：高端医疗保险享有的绿色通道，1 对 1 的专属客服。

I 型客户，他身边不缺保险销售人员，更强调与你之间的关系。

① 产品名称：有时候一个好听的名字，真的会引发他的兴趣。

② 保险实例：一些发生在名人身上的保险案例，投保或理赔的故事。

③ 定制化：印有保险公司 Logo 的定制杯子、笔记本、春联，越美观越好。

S 型客户：他考虑给自己买一份保险，更考虑给家人买一份保险。

① 保障范围：保险产品保障的项目，希望全面覆盖，作为社保的补充。

② 储蓄性：将购买保险视为一种投资手段。

③ 豁免与退保：担心发生各种情况，如保费无法按时给付如何处理。

C 型客户：他是半个保险人，有时候比不专业的保险销售人员还专业。

① 条款：明细，如保障责任、免责条款；注释，如免赔额、等待期；金额，如投保费率、现金价值。

② 结构性：个人投资理财的结构，家庭现有保险产品的结构。

③ 理赔：虽然他并不愿意发生理赔，但仍详细了解理赔条件与流程。顺便了解保险公司的实力和偿付能力。

假如你找到了规律，能够举一反三，懂得 DISC 理论就懂得了客户。

09　用 DISC 理论处理客户投诉

当你想尝试一家新的理发店和"Tony 老师",你会怎么做?

打开点评网,参考别人的评价,好评增加了你去消费的冲动,差评则阻止了你的这一份冲动,商家最怕的就是被公开的客户投诉。

【连线题,四种类型客户留下的差评】

D　首先,技术不过关,其次,只会推销,第三,不会再去

I　全世界最糟糕的店,体验下来非常非常差

S　差评,拉黑

C　我从来不给差评,这次真的忍不了了

如何应对客户投诉,也是商家进行客户服务的必修课。

处理客户投诉,必须参考的两大原则。

"先处理心情,再处理事情"。

"大事化小,小事化了"。

客户正在气头上,他是听不进去你说的话的,要把客户的火气先灭了,然后才能与之进行有效沟通。DISC 不同类型的客户,投诉

反应不一样，相对而言，D 型特质的客户和 I 型特质的客户的情绪反应更大、更具有杀伤力，容易冲动，容易被点燃。

举个例子，假设在餐厅用餐，在食物中发现异物。

D 型特质的客户：不留情面的言辞，"叫你们经理过来"。

潜台词：我只和最高负责人对话。

目的：发泄情绪，解决问题。

错误应对：服务生并没有去叫经理，而是试图自己搞定这个客户，但回应基本是自杀性质的，如"不是这样的""不可能的"，还借口说"经理不在店里""经理有事出去了""有什么问题找我就可以了"。这只会让 D 型特质的客户更加确定，跟你对话是浪费唇舌。

正确处理："好的，您有什么问题吗？我马上把相应情况转达经理。"D 型客户要彰显自己的"尊崇感"，所以"高层对话"在他看来是必要的，他希望获得"赢"的感觉，建议使用的语言为"谢谢您的建议""您的反馈非常有价值""我们会立刻整改"。

I 型客户：容易引发周边人关注的大嗓门，"天哪，怎么回事，经理呢……"。

潜台词：我反映的问题非常严重，必须引起高度重视。

目的：发泄情绪，引起重视。

错误应对：服务生露出"不屑"的神情，认为 I 型特质客户"小题大做""无理取闹"。甚至说："不至于吧，没有您说的那么夸张""麻烦您小声点，客人们都在呢"，这会勾起对方强烈的咆哮欲望。

正确处理：表达倾听的意愿，诚恳地听取客户的意见，点头示意和积极回应。I 型特质的客户希望引起商家的重视，商家如果想搪塞过去，他就会努力引起现场所有人的重视，甚至是消费者协会的重视。他希望获得"被认可"的感觉，建议使用的语言为"您的意见，我们已经记录下来""为表示歉意，我们赠送您……"这是缓和气氛的语言。

S 型客户：他们的投诉，更像是一种求助，"麻烦您过来看一下"。

潜台词：我这里遇到了困扰和难题。

第六章　懂客户

目的：表示担忧，寻求帮助。

错误应对：服务生敷衍了事，"那我给您换一份"，以为这样可以轻松搞定对方。却引发了 S 型客户更大的纠结，内心有一个声音"老虎不发威，你当我是 Hello Kitty"。

正确处理：承认错误，表示歉意，请对方放心，我们会认真对待。提出至少两个方案，第一种，直接把这道菜退掉。第二种，换一道等价的菜。如果客户在换菜的过程中露出纠结的神情，直接推荐一个招牌菜，菜价略高于原先的那道菜，S 型客户会很满意。

C 型客户：说话比较低调，"请给我一个合理解释"。

潜台词：我想知道，为什么食物中会有异物？

目的：寻求答疑，提出建议。

错误应对：服务生连声道歉，表示"一时疏忽"，这很容易被 C 型客户抓住不放，"什么叫一时疏忽，是不是哪个环节存在问题"。服务生觉得，这并不需要客户操心，也不必和客户解释太多，忽略了客户对于"真相"的执着。毕竟，客户已经在推测食物出现异物背后的原因了。

正确处理：更正自身错误的理解。不要认为遇上 C 型客户就是遇上"一大堆问题"，恰恰相反，对方是基于提出改善意见进行的提问，他希望获得"事实"，而且是条理清晰的解释。服务人员不妨这样处理，"请您稍等，首先，这道菜我们给您退了，其次，具体是什么原因，我尽快和后厨确认并给您回复。您有任何问题都可以找我，也感谢您给出的及时反馈。"

处理投诉，就要了解客户的心理，第一是发泄的心理，第二是被尊重的心理，第三是希望得到补偿的心理。

统一的处理方式就是让客户适当发泄，时刻表达对客户的尊重，最后做出相应的甚至超出客户预期的补偿。针对不同类型的客户，我们的策略变得更多变、更清晰、有的放矢。

10　心中自有 CRM

懂得客户，更要经营客户，珍惜与客户之间的关系，这里要提到一个管理学概念——CRM[①]，客户关系管理。

尤其在电商兴起之后，概念背后的价值，被一下子拔高不少，"以客户为中心"的 CRM，美其名曰，客户思维。

这样的思维，也在闭门会上被提及，CEO 总是喜欢倾听每一个人的心声，这让彼此之间变得坦诚，而且他擅长引导大家，说实话、说真话，擦出思维碰撞的火花。

CEO 先开口：当我们与客户打交道的时候，需要时刻做好客户关系管理的工作，这是长期的、可持续的、必须牢记于心的。相信没人会否认 CRM 的重要性，我也想听听各位的看法。

老狄：没错，CRM 是业绩突破的基调，我更希望，大家主动出击，锁定大客户，通过客户关系的管理，让我们成为客户的必然选择和唯一选择，业绩也会大幅上涨。

小艾：真正的客户关系管理，不是依靠冰冷的机器，而是充满感情的人，如一通电话、一次拜访、一顿午餐、一份小礼物。客户满意度与客户忠诚度，体现在报表上，更在客户的心里。

司哥：我也赞成小艾说的，客户关系需要维系，客户更需要被真诚服务，也许，我们应该安排一些内训，让大家对 CRM 概念的理解，不只停留在口号上，至于如何做好客户关系管理，可以邀请优秀的伙伴进行分享，或者外聘成熟的讲师来授课。

西西：CRM 是公司高效运转的保证，我的着眼点是，引入成熟的 CRM 系统，这样就不用担心客户数据被遗漏，也不用担心找不到以往与客户沟通的痕迹。

CEO 非常高兴，大家的发言，道出了如何全面看待 CRM，以及

[①] CRM：Customer Relationship Management 利用相应的信息技术以及互联网技术协调企业与客户在销售、营销和服务上的交互，从而提升其管理方式，向客户提供创新式的个性化交互和服务的过程。

第六章 懂客户

公司可以改善的地方，同时，CEO 在本子上写下"客户关系管理，提高人的作用、善用系统的力量、植入与培养客户思维……"

借助 DISC 理论，我们从另一个角度来解读 CRM，先从人们对它的误解开始。

D 型特质的人，把 CRM 看作客户营销，毕竟自己投入时间和精力，投资回报率被视为 CRM 好坏的唯一评判标准，工作原则是大客户优先。

I 型特质的人，把 CRM 看作与客户互动，说白了，走动走动，吃喝吃喝，把客户变成朋友，把朋友变成客户。

S 型特质的人，把 CRM 看作客户维护，主要是客户异议和客户投诉处理，客户需要什么，尽可能满足客户的合理需求。

C 型特质的人，把 CRM 看作客户系统，借助专业的办公软件，达成客户关系管理的基本效果，精力分配于标准化功能的摸索与应用上。

再来看看 CRM 的正确打开方式，用 DISC 理论打开四维的思考角度。

CRM 有它 D 的一面，以客户关系管理为手段，项目推动为小目标，业务成交为大目标，深挖客户价值，让客户的潜力与价值最大化。

CRM 有它 I 的一面，充分利用人际关系的灵活性，促进感情的同时，潜移默化地影响客户，让对方成为"铁杆粉丝"，并发展成下一个"影响力中心"。

CRM 有它 S 的一面，按部就班地践行服务精神，响应和满足客户需要，把"不确定"因素转为"确定"因素，降低客户关系中冲突的发生率。

CRM 有它 C 的一面，依赖自动化与标准化，利用大数据分析，利用了软件的高效，避免了人为的失误，节约了人力成本，逐步搭建起客户关系体系。

在客户关系管理的过程中，告别局限性，谨记 DISC，设定目标，收获成果，积极影响，加深感情，真诚服务，系统分析，形成体系。

愿每一位服务客户的人，心中都有属于自己的 CRM！

第七章　懂父母

01　可怜天下父母心

山庄闭门会仍在进行之中，会议室的墙上，挂着一幅书法，写着"修身、齐家、治国、平天下"。

CEO指着这幅字说："大家这两天将DISC理论，多次运用到工作研讨中，已经逐渐上手了；各位也可以试着将其运用到家庭生活中，工作不是全部，我们要掌握平衡之道，拥有美满的家庭关系。"

众人表示认同，各自陷入沉思，生活中的一些思考，不便在会上讨论，唯有自己琢磨。

说到生活，说到"家"，你有没有见识过这样的画面？

丈夫在书房伏案办公，赶制老板明天一早就要用的计划书，加班加点，疲惫不堪。

妻子在单位忙碌一天，回到家煮饭烧菜，看到家人把饭菜吃得干干净净，便是一种幸福与满足。洗碗之前，她特意嘱托十岁的儿子和六岁的女儿："爸爸在工作，你们俩乖乖的，不要打扰他，知道了吗？"

孩子们看似明白地点点头，然后在客厅玩耍，哥哥跑来跑去，妹妹缠着哥哥，你追我赶，动静越来越大，打断了丈夫的思绪，他在房间里喊了一声"轻一点"。

孩子们玩兴正浓，压根就没听见，妻子在认真洗碗，自然也没在意。

心烦意乱的丈夫，起身从书房走出。

第七章　懂父母

选择题（一）：面对仍在嬉闹的儿女，丈夫会怎么做？

选项 A：厉声喝止，"赶紧停下！没看到爸爸在工作吗？"

选项 B：批评语气，"哥哥妹妹，你们太闹了，声音这么大，会影响到邻居休息，爸爸快被你们俩逼疯了！"

选项 C：轻声提醒，"爸爸在工作，声音稍微小一点，好不好？"

选项 D：重申规则，"哥哥妹妹，我们之前约定好的，爸爸妈妈工作的时候，你们要保持安静，现在已经玩了10分钟，可以停一停了。"

孩子们意识到问题的严重性，哥哥做作业去了，妹妹也乖了，安静地在沙发上摆弄玩具，丈夫回到书房里，继续埋头苦干，这是传说中的理想状态。

另一种可能，孩子们沉浸在自己的世界里，继续打闹，肆无忌惮。妻子洗碗进入尾声，被隐约的嘈杂惊动，她走出厨房，看到哥哥妹妹欢脱得不行，丈夫则站在一旁，脸上写着"愤怒"，又夹杂着"无奈"。

选择题（二）：面对玩兴正浓的孩子，丈夫会怎么做？

选项 A：表达愤怒，"不许再闹了，听到没有？回到你们的房间去，立刻，马上！"同时把书房的门重重关上。

选项 B：伸出食指，加大指责力度，"一次两次都不听，总是调皮捣蛋，爸爸说话不管用了？那我可要发飙了！"

选项 C：回书房继续工作，摇头叹气，"小孩子就是小孩子，贪玩是天性，有什么办法呢……"

选项 D：站在一旁，静默10秒都没讲话，随后开口，"看来要把规矩写在纸上，张贴出来，落实奖惩了。"

选择题（三）：面对打扰丈夫工作又不听话的孩子，妻子会怎么做？

选项 A：直接上前，抓住奔跑中的哥哥妹妹，"不是跟你们讲过了，别打扰爸爸工作吗？不听话是吗？不听话是吗？"假装做出"揍人"的架势。

选项 B：直接上前，把孩子们拉走，拽回卧室，"不要在客厅打扰爸爸工作，妈妈陪你们在房间里玩一会儿。"

选项 C：一时不知该如何是好，既不敢训斥孩子，又担心丈夫的工作受到影响，怪只怪自己，没看好孩子。如果丈夫发飙，上前劝慰丈夫并安慰孩子，缓和气氛，如果相安无事，最好不过了。

选项 D：跟丈夫说，"工作要紧，忙你的去吧！"转头再和孩子们说，"妈妈跟你们有言在先，不要打扰爸爸，妈妈先带你们回房间，等一下爸爸忙完了，我们再出来玩。"

以上三道选择题，聪明的你，肯定能猜出来，选项 ABCD，对应的正是 DISC，四种不同的行为表现，折射的都是父母在家庭教育中的行为倾向。

ABCD 中有最佳选项吗？并没有。

DISC 有最佳风格吗？也没有。

有最佳父母吗？更没有。

【父子情】

在电影《叶问4》中，叶问不让儿子叶正习武，也很少在儿子面前露出笑容，他执意要送儿子去美国念书，儿子却感到自己的梦想"不被理解和尊重"，争执之际，叶问扇了儿子一巴掌，更让儿子觉得颜面扫地，从此拒绝跟父亲交流，俩人陷入冷战。

后来，叶问亲赴美国学校考察，面对美国的教育体制和社会环境，开始反思自己对孩子的霸道与专制。终极一战之前，叶问照例打了通越洋电话给家里，他知道儿子叶正不会接电话，于是将自己身患癌症的事实告诉了好友肥波，肥波当场愣住，气冲冲地告诉叶正，他爸爸"得病了"的情况。

每天晚上 10 点，叶问都会选择固定时间，打昂贵的越洋电话回来，了解儿子的情况，听听儿子的声音，只是每次都由好友肥波代接，儿子则露出一副"我不要接这个人电话"的样子。

这一次，叶正走到电话台前，泪流满面听着父亲的声音，告诉父亲"对不起，我错了"。叶问表面上不动声色，内心却夹杂着严父的悔恨和一丝安慰。

第七章　懂父母

父亲为什么不支持儿子，甚至抹杀儿子的梦想，强行规划他的人生？因为叶问知道，练武术不能当饭吃，不希望儿子练武走火入魔，就算他是个练武的好苗子，未来的前途也会一片迷茫。何况年少气盛的叶正，若是没人指点，恐怕会走弯路。叶问自己的文化水平有限，试图让儿子在这方面有所长进，出于对儿子的"好"和"爱"，出于对自己时日无多的担忧，他做出了送儿子去美国读书的决定。

叶问自作主张，没有给予儿子平等对话和诉说心声的机会；叶问不擅表达，带给儿子的永远都是冷冰冰的"距离感"。你应该猜到了，叶问是典型的 D+C，多年来，习武之人的"大丈夫精神"和"武痴印象"，也影响着他的行为风格。最后的让步，儿子终于感受到隐藏在父亲体内的 S，一抹淡淡的温情。

也许我们在父母的言行中，会找到自己喜欢的某些东西和某些自己讨厌的东西，但从父母的出发点来看，一切都源自"爱"。

"世间爹妈情最真，泪血溶入儿女身。殚竭心力终为子，可怜天下父母心！"这是慈禧[①]在其母亲七十大寿的时候，由于无法亲身前往，便创作了这样一首诗送给自己的母亲富察氏，诗中的"可怜天下父母心"，一直沿用至今，常被拿来慨叹父母对儿女的无私和大爱。

作为子女，孝顺是什么？

读"懂"父母的心，感受父母的爱，然后回报他们的养育之恩。

02　现状：虎妈猫爸

区别于几千年来"严父慈母"的传统印象，最近这些年，家庭中父母角色的转换，催生了一个哭笑不得的新词——"虎妈猫爸"。

之前，赵薇和佟大为主演了一部《虎妈猫爸》的电视剧，这类题材引起了社会共鸣，也令虎妈们忍不住向身旁的老公求证："你说

[①] 慈禧：历史上著名的慈禧太后，叶赫那拉氏，清朝咸丰帝的妃嫔，同治帝的生母。晚清重要的政治人物，也是当时中国的实际统治者。

我是虎妈吗？我不觉得啊，我这么善良一个人。"一边等着答案，一边瞪着眼睛好像要吃人。

猫爸的求生欲发挥了作用，"对对对，你不是。"然后，偷偷吸一口凉气，庆幸自己机智地"虎口脱险"。

这里有个误区，"虎妈猫爸"与善良不善良没有必然联系，虎和猫的比喻，更多的是展示了父母在面对孩子的时候，在家庭生活中所展示的性格特质与态度。

虎妈，更多的展示了 DISC 中 D 和 C 的一面。

猫爸，更多的展示了 DISC 中 I 和 S 的一面。

这个组合，发挥得好，双方互相配合，孩子在双倍的爱中成长；发挥得不好，双方心生嫌隙，孩子在双方相斥中徘徊无措。

虽然"虎妈猫爸"在望子成龙、望女成凤的大方向上，是一致的，但在很多细节方面的分歧，仍十分明显，譬如以下几个方面。

天然印象

虎妈：外向的、严厉的、见人就吼，时刻准备战斗。

猫爸：内向的、温柔的、生人就闪、熟人撒娇，不主动攻击。

虎妈→猫爸说：白脸都让我给唱了，坏人都让我当了，你倒好，占了红脸的便宜！

猫爸→虎妈说：总不能让我和你一起唱白脸吧……

教育理念

虎妈：信奉的都是老话，"子不教，父之过，教不严，师之惰"，

第七章 懂父母

所以扛着责任，严格要求不为过；"玉不琢不成器"，所以磨砺和锻炼是必要的，这世界哪有躺赢的道理；"棍棒底下出孝子"，不能惯着孩子，必要的时候动手打几下，以示惩戒。

猫爸：时代不同了，要考虑到孩子的逆反心理，提倡"因材施教"，发现孩子与众不同的闪光点，根据孩子的实际情况定制教育方案；采用"鼓励式教育"，成功需要鼓励，失败更需要鼓励，而不是一味地打击孩子。

虎妈→猫爸说：一味地鼓励，有用吗？

猫爸→虎妈说：这不是有用没用的问题，而是哪种方式更适合孩子的天性，更能使孩子自发地学习和成长。

压力传递

虎妈：人无压力轻飘飘，在学习上要有目标感、荣誉感，考试要考出好成绩、好名次，只有名列前茅，才能就读心仪的学校。孩子是爸妈的希望，有朝一日，出人头地，难道不应该是孩子的终极梦想吗？

猫爸：小孩子要减压、减负，读书时光，本应是美好的，除了作业和辅导，还有诗和远方。

虎妈→猫爸说：诗能养活自己吗？没钱能去远方吗？咱俩的生活压力还小吗？学会面对压力，以后才能更坦然地克服压力。

猫爸→虎妈说：也是，咱的房贷车贷，日常开支，压力不小。

人生方向

虎妈：孩子的未来，由他自己选择，但作为父母，总要帮他把关，把握好大方向，在哪座城市打拼，进入什么行业，包括择偶标准和婚姻大事。父母有经验，看得多、看得透、看得更全面。

猫爸：父母是孩子坚强的后盾，他的人生由他做主，我们全力支持。

虎妈→猫爸说：他怎么做主呀？他能做主吗？身为父母，全力支持是对的，也要看具体情况，更要看"是非对错"，我说得对吗？

猫爸→虎妈说：对是对，只是……

虎妈→猫爸说：只是什么？别吞吞吐吐，有反对意见就提。

猫爸→虎妈说：没有了。

有没有闻到浓浓的火药味？

有没有看他们身上的 DISC 特质？

虎妈的 D 型特质：掌控自己、掌控丈夫、掌控孩子，掌控孩子的现在，也主动肩负孩子的未来。看似管得太多、管得太宽，实则是在做孩子人生路上的"清道夫"，艰难险阻，遮风挡雨。

虎妈的 C 型特质：超高的标准，要求自己，也要求孩子。看似无情，实则也是一种"创造卓越"的保护模式。

猫爸的 I 型特质：家庭关系的柔顺剂，在虎妈和孩子之间进行"公关"，偶尔架起沟通的桥梁，或者担任传声筒的角色。

猫爸的 S 型特质：顺从妻子的意思，听取孩子的意见，把家庭成员的需求置于自己的需求之上，特别会照顾他人的感受，却也为难了自己。

中国五千年历史文化中的"一个唱红脸，一个唱白脸"，没想到在现代家庭教育中，用 DISC 理论也能看出其中的奥秘，这种自然而然的组合，颇有"团队协作"的味道，毕竟，在孩子的教育问题上，家长们也一直在摸索中携手并进。

双虎模式，家无宁日，孩子在"混合双打"中成长，遍体鳞伤。

双猫模式，无法无天，孩子在"无限溺爱"中成长，养尊处优。

虎妈猫爸，或者虎爸猫妈，这是第三种模式，你方唱罢我登场；最辛苦的，莫过于一人分饰两角，既是不得已的挑战，也是沉甸甸的爱。

跳出家庭组合的现状，我们再来看看四种类型的父母身上的 DISC。身为父母，该如何调适；身为子女，想与父母改善关系，与之相处的秘诀又在哪里，一切皆在"懂得"。

03　D 型特质的父母：爱是鞭策 – 粗暴

D 型特质的父母，下班回到家，一身疲惫。

第七章 懂父母

"充电五分钟,通话两小时",仅仅在沙发上眯了几分钟,便投入到新一轮的家庭战斗中。烧饭烧菜、洗碗洗衣、辅导功课、检查作业,密切关注孩子的学习与成长。在公司,人狠话不多,在家也是"句无虚发",句句致命,看似询问,实是质问。

D型特质的父母:自我调适,放下架子
与之相处:尊重权威
粗暴
鞭策

第一句话:作业都做完了吗?
第二句话:吃完赶紧去做作业!
第三句话:作业没完成不许玩。

孩子除了怀疑自己"是不是垃圾桶里捡来的",只能麻溜地回房间,加快速度做作业,以免被D型特质的父母进行下一波"灵魂拷问"。

D型特质的父母:善用→鞭策
① 关注要事,紧盯考试成绩、升学。
② 设定目标,让孩子知道"为何奋斗"。
③ 追求效率,与磨蹭(磨洋工)为敌。
④ 培养斗志,给孩子植入"不服输"的理念。

D型特质的父母:不当→粗暴
① 忽视感受,较少过问孩子"开不开心"。
② 命令口吻,做作业是指令,考第一也是指令。
③ 拒绝借口,不接受"成绩差"的任何借口。

④ 强势掌控，把个人目标与意愿强加于孩子身上。

D 型特质的父母：自我调适 = 放下架子

① 耐心倾听。让孩子开口，让孩子把话说完，一旦你不给他发言的机会，就埋下了一颗"以后不跟你说话"的种子。他的想法也许幼稚，但那是他愿意表达的声音，不急于评判对错，更不能直接否决。

② 启迪思考。把命令式的语言改为启发式提问。原本的发号施令，让孩子照做，可能会抹杀他开动脑筋的意愿，不如多提问，询问他有什么更好的想法、有什么不一样的思路。

③ 主动认错。孩子心目中的权威，不是靠"死不认错"来支撑的，发现并承认错误的态度，反而给孩子树立了父母正面积极的形象。譬如，念错了字，或者无法正确发音，索性虚心请教，岂不更好？

④ 学会等待。在孩子的成长过程中，从来没有什么一步到位、一蹴而就，那是一个循序渐进的过程，"结果达成"固然美好，静待花开的过程，恰是久久难忘的感受与珍藏。

D 型父母：与之相处 = 尊重权威

在 D 型父母看来，他们是说一不二的，家庭权威不容侵犯。

首先，态度要诚恳，凡事给足他们面子，千万不要跟他们发生正面的、直接的、不可调和的冲突。父母的话要听，父母的建议要采纳。

其次，在尊重权威的基础上，适当坚持自己的原则，委婉表达自己的想法，大方向是父母认可的，小途径上做些微调，也就没问题了。

最后，最好的沟通时机，便是父母流露出"欣慰"的时刻，先认同，再主张。譬如："爸，您说的对，我会记住的，同时我有些想法……"相反，不要使用"您说的对，但是……"那就没机会往下说了，这是沟通技术中 Yes+And 的妙用，而非 Yes+But。

看到下班回家的父母，那疲惫不堪的样子，你有没有想过，他们为何累成这样？是生活的重担，是家庭的责任，因为扛起了你的"未

第七章 懂父母

来", 更想要为你打下"江山"。

04 I型特质的父母:爱是鼓励 – 放任

I型特质的父母,下班回到家,仍有用不完的能量。

如果说,上班是跟老板、同事、客户互动,回到家,就是跟孩子互动。相比D型、S型、C型特质的父母,他们把与孩子互动看作"回血"的方式,给孩子讲讲故事,戏耍一阵,反而乐趣无穷。作业是家长们永远绕不过去的坎,I型特质的父母对此也会关注。

第一句话:作业都做完了吗?

第二句话:玩归玩,记得要做作业。

第三句话:要不要老爸/老妈先陪你玩一会儿?

孩子经常怀疑父母"是不是自己失散多年的兄弟姐妹",对于各种娱乐活动,很少发出禁令,哪怕真的下了禁令,也是"睁一只眼、闭一只眼",而且很擅长鼓励,动不动就夸奖,各种溢美之词被挂在嘴上。

I型特质的父母:善用 = 鼓励

① 积极互动,愿意跟孩子平等对话、推心置腹、一起玩耍。

② 关注感受，经常了解孩子的内心感受与情绪变化。
③ 传递自信，"你是最棒的"。
④ 体现民主，征求孩子的意见，培养孩子的"自主意识"。

I 型特质的父母：不当 = 放任

① 很少制定学习规则，甚至带头破坏规则。
② 自由过度，孩子放飞了，到了学校就是"无组织、无纪律"。
③ 界限不明，跟孩子处成了"兄弟姐妹"，玩闹容易过头。
④ 浮夸成风，夸张而不切实际的言行，令孩子学会了"吹嘘"。

I 型特质的父母：自我调适 = 摆脱随性

① 建立规范，在家里也要形成规矩，学习也要有章可循。
② 管理时间，学习与娱乐的安排，分轻重缓急和优先次序。
③ 制止无理，孩子的无理取闹、不合理要求，及时指出并纠正。
④ 兑现承诺，答应孩子的事情要做到，不找借口，不搪塞。

I 型特质的父母：与之相处 = 同频共振

在 I 型特质的父母看来，他们是开明、民主的。

首先，有什么脑洞大开的想法，尽管跟他们提，直接表达自己的观点和感受，哪怕看似幼稚的见闻，不但不会被嫌弃，甚至可能被重视，I 型父母追赶潮流，喜欢新鲜的体验，特别尊重孩子的想法，其自身也不愿意被固化的教育理念束缚。

其次，做他们的孩子，身处欢声，回报笑语，其乐融融，那是极好的。他们以热情爽朗的个性对他人、世界，所以他们的生活中从来不缺乏乐趣，热情回应他们，一起来做欢乐氛围的制造者吧！

最后 I 型特质的父母很容易和孩子玩到一起，相同的志趣，使孩子和父母之间多了很多聊不完的话题。譬如，一起玩家用游戏机，一起打球，一起溜冰，或者一起探讨宇宙和外星人。同频的时候，就让父母追忆并体验一下童年吧，他们都是"童心未泯"的大人。

下班回家的父母，虽然疲惫，但不忘与你玩耍，他们希望用快乐填满你的童年，他们希望你无论遇到什么困难，都能在"家"和父母身上，找到快乐的源泉和动力。

05　S型特质的父母：爱是关怀 – 妥协

S型特质的父母，下班回到家，所有的关注点都在家里。

相比D型特质的父母回家继续工作，I型特质的父母时不时处理一些遗留工作，S型特质的父母回到家就基本忘却工作与工作烦恼了。S型父母在家，没有劈头盖脸的训斥，只有无尽的关怀与温暖。

第一句话：今天在学校，过得怎么样？

第二句话：写作业累了，先休息休息。

第三句话：用脑辛苦，给你准备了宵夜。

孩子经常会忍不住唱起"世上只有妈妈(爸爸)好"。如果犯错了，孩子看不到父母的发飙和咆哮，也没有什么棍棒教育，更多的是包容、理解，甚至父母还为此自责。

S型特质的父母：善用 = 关怀

① 关怀备至，关心孩子生活中的点点滴滴，凡事为其安排妥当。

② 换位思考，会从孩子的角度出发，从孩子的角度理解孩子。

③ 持续耐心，孩子一次考试没考好，没关系。

④ 自我牺牲，为了孩子，愿意放弃正处在上升期的事业，回归家庭。

S 型特质的父母：不当 = 妥协

① 缺乏原则，太好说话了。

② 过度宠溺，捧在手里怕摔了，含在嘴里怕化了，不敢打，也不敢骂。

③ 容易让步，面对孩子发嗲（软）或发疯（硬），束手无策，只能后退。

④ 专业接锅，孩子不想做的、不会做的，一律代劳，譬如手工作业。

S 型特质的父母：自我调适 = 保有自我

① 尊重自己，不要什么都为了孩子而委屈自己。

② 表达情绪，除了温和与理解，其他情绪也要合理释放。

③ 学会拒绝，不要什么都"好好好"。

④ 面对挫折，摔了跤，让孩子自己爬起来，孩子会哭，才会长大。

S 型特质的父母：与之相处 = 减少依赖

在 S 型特质的父母看来，给孩子无条件的爱才是最好的。

首先，父母任劳任怨，愿意为孩子付出所有，包括毕生的时间和心血，甚至不惜牺牲自己的人生梦想与追求，他们牺牲那么多，你还矫情吗？你还频繁闯祸吗？你还一而再再而三地伤他们的心吗？接受他们的心意，用"懂事"回报他们，自己的事情自己做，不懂就问，不会就学，你的独立自主，是对父母最大的安慰。

其次，父母经常送来体贴和关心，反过来，我们身处异乡求学时，也可以主动打电话或发短信问候"爸妈，最近身体可好？老家的天气多变，记得防寒保暖"。在力所能及的情况下，给父母买点贴心的小礼物，给父亲的可能是一瓶酒，给母亲的可能是一盒面膜，对父亲说"知道您爱喝酒，但不要贪杯"，对母亲说"您永远是最漂亮的妈妈，我要负责给您保养"。

最后，少惹他们生气，比什么都好。他们一旦生气，习惯憋着，憋久了容易内伤，影响身体健康。多陪他们说说话、唠唠嗑，多给他们创造表达情绪的机会，如带着父母去看一场喜剧电影，笑了、

第七章 懂父母

哭了，生活也许更美好了。

看到下班回家的父母，在单位任劳任怨，回家还要继续当"劳模"，太辛苦了！作为孩子，常怀感恩之心，感恩父母的付出，那付出背后有着父母深深的爱；感恩父母的包容与支持，在每一个困境或逆境中默默陪伴。

06 C 型特质的父母：爱是细致 – 苛求

C 型特质的父母，下班回到家，模式切换，开启了对你的爱与监督。

同样是监督作业，相比 D 型特质父母的呵斥，I 型特质父母的游离，S 型特质父母的放水，C 型特质的父母则显得一丝不苟，甚至在你做完作业，以为大功告成的时候，他们又检查出了一些错误，让你及时修正。

第一句话：今天的功课复习了吗？
第二句话：明天的功课预习了吗？
第三句话：作业做完记得检查一遍。

你忍不住和同学吐槽,父母简直是上天派来的家庭教师,在学校有老师给自己上课,回家还有父母给自己上课,自己被内外夹击,只能乖乖做好功课。

C 型特质的父母:善用 = 细致

① 树立规矩,在家有家规,在校有校规;没有规矩,不成方圆。
② 建立逻辑,孩子需要有逻辑思维,做事至少要有条理。
③ 培养好的做题习惯,做题之前先审题,做题之后再复查。
④ 保持专业度,为了更好地辅导孩子学习,孩子学什么自己也学一遍。

C 型特质的父母:不当 = 苛求

① 缺乏关心,关注事情,却忽略了孩子的感受和对"人"的关心。
② 打击自信,沉迷于纠错和指正,吝啬表扬和赞美。
③ 满嘴道理,开口闭口都是道理,道理说多了孩子不爱听。
④ 距离疏远,高标准下的严格,令孩子有点望而生畏。

C 型特质的父母:自我调适 = 放下完美

① 悦纳缺点,孩子有优点,就有缺点,重要的是抓住特点。
② 允许犯错,要有一定的"容错率",人非圣贤,孰能无过。
③ 升温感情,多陪伴孩子成长,多说柔软鼓励的话语。
④ 理解万岁,别给孩子太大压力,理解他的不容易。

C 型特质的父母:与之相处 = 认真达标

在 C 型特质的父母看来,所有高标准、严要求、追求完美,都是"为你好"。

首先,他们希望孩子被培养成"佼佼者",也就是"人中龙凤",未来具备硬技能或核心竞争力,因此,C 型特质的父母为孩子设定了非常高的学习标准、做事标准、成长标准,并寄予厚望。作为孩子,我们要理解父母的这份厚望,认真努力地学习,即使不达标,认真的态度也会被看到。

其次,C 型特质的父母总是给孩子套上"无形的枷锁",增加了我们的压力,如果我们感到压力过度,就要和父母进行沟通,寻求理解。另外，父母背负的压力，往往是孩子的几倍，我们偶尔可以告诉他们"也许我不完美，但我会让自己越变越好"，向父母传递出"不放弃努力"的信号。

最后，他们爱找碴，说话也有一点刻薄，不像别人家的父母，夸孩子像说顺口溜。换个角度，"找碴"不就是让你避免犯错吗？当你失误的时候，他们只是习惯了用"找碴"的方式表达关心。

看到下班回家的父母，为了辅导孩子做功课，自己也在认真看书学习，"学霸"的背后都是真挚的、满满的、不擅表达的爱意！作为孩子，理解父母制定的高标准，努力向完美靠拢，至少向"更好"靠拢。

07　扮演好子女的角色

父母的 DISC 类型被我们解析了，突然感觉父母的形象也变得立体多了，人们通常认为子女是有个性的，存在着"叛逆期"，其实，父母也是有个性的。

对待 D 型父母，像对待领导一样，言听计从、听话照做；
对待 I 型父母，像对待哥们/闺蜜一样，有福同享、有难同当；
对待 S 型父母，像对待伙伴一样，偶尔撒娇、偶尔依赖。
对待 C 型父母，像对待老师一样，恪守规则、谨遵教诲。

当父母具备多种行为倾向，或者切换风格的时候，孩子们也应有所调整。

市面上绝大部分图书，都在指导父母如何从新手走向成熟，聚焦父母角色的认知和调适，很少讨论孩子这一角色，这也让很多孩子在亲子层面，不知该如何靠近父母，对待父母仅仅局限在"孝顺"二字。

如今借助 DISC 理论，身为子女，在看懂父母的同时，也要扮演好自己的角色，赢得父母的喜爱！

在工作之前，读书求学，子女的角色选项有如下几个。

D 型特质，孩子王
① 超强的生活自理能力。
② 自动自发地学习。
③ 对于成绩和升学有目标感。
④ 潜在的领导才能。

I 型特质，才艺明星
① 在生活中展示创意思维。
② 学习之余有兴趣爱好。
③ 文艺特长带来演出机会和奖项。
④ 在长辈面前显得很活络。

S 型特质，乖宝宝
① 按部就班地认真学习。
② 几乎不提过分要求。
③ 与"惹是生非"绝缘。
④ 更愿意待在家里。

C 型特质，小专家
① 从小便掌握了一技之长。
② 学习上拥有自己的方法论。

③ 任何时候都能够讲道理。
④ 具备长远规划与思考。

工作以后，成家立业，子女的角色选项有以下几个。

D 型特质，事业强人
① 不啃老而且"反哺"家庭。
② 自己搞定工作甚至买房买车。
③ 从容应对生活中的各项挑战。
④ 慢慢改变了家庭的生活状况。

I 型特质，文艺达人
① 把自己收拾得大方、得体。
② 总是把新鲜事物推荐给父母。
③ 愿意分享生活乐趣与故事。
④ 喜欢用影像记录家庭生活。

S 型特质，恋家宅人
① 一份相对稳定的工作。
② 父母生病时嘘寒问暖陪伴左右。
③ 践行"父母在，不远游"。
④ 凡有好事必先想到家人（父母）。

C 型特质，技术匠人
① 端着技术饭碗不担心被替代。
② 不做不切实际的梦。
③ 常回家看看且保持频次。
④ 对父母的养老有规划。

无论是读书求学，还是成家立业，孩子在父母心中，永远是个孩子。

以上，是不同类型的孩子善用 DISC 的表现。

相反，DISC 使用不当，角色失位，剧情也将发生反转。

D 型特质的过当，可能导致父母与子女之间的激烈冲突。
I 型特质的过当，可能留给父母很多的空欢喜。

S型特质的过当，可能过于依赖甚至完全仰仗父母。

C型特质的过当，可能执拗于法理而忽略了亲情。

扪心自问，孝顺的一个重要参考标准，不正是首先扮演好"子女"的角色吗？

孟子曰："惟孝顺父母，可以解忧。"

父母欢喜胜过忧愁，情绪正向，身体健康，生活美好，这才是为人子女最大的福气。

08　王阳明：孝顺的三种境界

《明朝那些事儿》[①]是我十分推崇的一套书，历史上大大小小的人物，悉数登场，书写着大明王朝的风起云涌、跌宕起伏。书中更把王阳明视为"明朝第一猛人"。

王守仁，字伯安，别号阳明，浙江余姚人，人称阳明先生。他，会当官，官至南京兵部尚书、都察院左都御史；他，能打仗，前有江西剿匪，后有平定宁王叛乱；他，独创心学，留下"知行合一"的千古名言；他，是中国历史上罕见的，从小立志要做"圣人"，最后集立德、立言、立功三不朽于一体的奇人。

也是这个王阳明，颠覆了我们对于"孝顺"的认知。我们通常认为，孝顺父母就是给予他们衣食无忧的生活，当父母身体健康时，常回家看看，当父母生病卧床时，于病榻旁悉心照顾。

王阳明却认为，孝顺长辈的境界有三层。

第一层境界，养身。也就是说，保证长辈的身体健康和安全，三餐有营养，住房有保障，使长辈不用为吃穿住行而忧愁。

第二层境界，养心。也就是说，保证长辈每天开开心心的，哪怕子女在外打拼，他们也能安心度日，心态平和地养老。

---

① 《明朝那些事儿》：讲述的是从1344年到1644年这三百年间，明朝的一些故事。全书以史料为基础，融合了小说的风格，语言幽默风趣。

第七章　懂父母

第三层境界，养志。散心之余，心里总要有些寄托，子女是一种寄托，其兴趣爱好也是一种寄托，但凡心之所向，子女要多支持。

那么，如今的子女，都能做到如此境界吗？

先知道，再做到，知行合一，孝顺是一种行为，更是一种态度。

以下谈的"孝顺"，设定其背景为子女已经长大了、工作了、有事业基础了，甚至组建了自己的小家庭。四种类型的父母想要的"孝顺"，究竟是什么样的？

D型特质的父母眼中的孝顺，那就是，父母说不定仍在重要岗位上，也有自己的一份事业，希望得到子女的理解与支持。与此同时，子女在事业上有所建树，在工作中获得了一些成就，令人骄傲和自豪。D型特质的父母一直怀揣着某个梦想，这个梦想承载着上一代对下一代的期许，子女帮着实现了，圆梦了，就是孝顺。

I型父母眼中的孝顺，那就是，忙活大半辈子，也该放飞自我了，父母除了下下象棋、跳跳广场舞，也想尝试一下网购，也想打打游戏，也想玩玩短视频，不要阻止他们尝试新的娱乐方式。同样，当他们准备周游世界或探访祖国大好河山，别用"带孙子"牵绊他们，至少得允许他们享受几个月"假期"。

S型特质的父母眼中的孝顺，那就是，不图子女建立惊天动地的伟业，也无须在一线城市拼出个未来，子女衣食无忧、常回家看看就好。最好把孙子、孙女留给他们照料，接送放学，照顾生活起居，让他们为这个家再次做出贡献，也让子女和孙辈同时感受到爱与温暖。

C 型特质的父母眼中的孝顺，那就是，子女在该毕业的时候毕业，该就业的时候就业，到了恋爱的年纪找个对象，到了谈婚论嫁的年纪就结婚，该生娃的时候生娃。自然，他们该抱孙子的时候就抱孙子了，也好把自己的平生所学，传授给隔代的孙辈。

不同类型父母眼中的孝顺，有相同之处，也有不同之处。

时代在进步，当我们越来越重视子女的成长和进步的时候，却容易忽视对父母更深层次的关爱。

人之所欲，施之于人，父母想要的"孝顺"，恰是涵盖了养身、养心、养志的关爱，回头再看王阳明提倡的孝顺的"三个境界"，确实值得全天下的子女进行反思。

09　儿子的反思

中国式的孩子对父母的爱，爱母亲要多一些，十月怀胎、哺乳喂养，孩子是母亲身上掉下的肉，这一点，相信父亲也不好吃醋。

童年听到的歌曲，但凡亲情，与母亲相关的特别多，如《世上只有妈妈好》《烛光里的妈妈》，这会儿，爸爸估计真的要吃醋了！

我的父亲母亲，和无数平凡的父母一样，他们并没有什么可歌可泣的事迹，也没有令人艳羡的事业，只是把年轻时的光阴，都花在了工作和养育儿子方面，如今到了退休的年纪，过着悠闲的日子，也享受着儿子、儿媳对他们的"孝顺"。

没给他们做过 DISC 测评，仅仅从平日的相处中推断，我的母亲，常用的特质是 S 型；我的父亲，常用的特质是 I 型，不知道我的 ID 型风格，是否也受到了二位的影响。

母亲这些年，一直在一个单位上班，没有主动换过工作，直到

第七章 懂父母

遭遇下岗浪潮，被迫离开了国有企业，后来机缘巧合，母亲又回到了国有企业，直至退休；外婆患病，母亲也是细心照料，每周陪外婆例行检查，在医院病榻旁默默陪护，毫无怨言；我读书时，母亲早起叫我起床，在我晚睡的时候陪着我，高中最辛苦的时期，母亲每天做消夜，给我补充能量；我成家之后，母亲常来给我们洗衣、做饭，即使我们自己会弄，她仍不放心，毕竟母亲的饭菜总是特别可口；偶尔，母亲也与父亲为琐事发生争吵，但她不会大吵大闹，要是父亲认个错，更是风平浪静了。

温和、顾家、与世无争、为他人着想，我便以为，她特别 S。

父亲这些年，倒是换了不少工作，也经历了很多老板，从木工到司机，职业跨度颇大，他在工作中渴望与人打交道，图个新鲜；父亲曾有一段时间，手头宽裕，朋友们纷纷来借钱，他也很爽快，为此我与父亲争执，他说"都是兄弟"；父亲比较情绪化，一会儿开心，一会儿生闷气，但是昨天吵过的架，明天就忘记了；父亲还喜欢看各种综艺节目，然后把他认为的精华内容，分享给我听。

多变、情绪化、爱社交、爱折腾，我便以为，他特别 I。

神奇的事情在于，我跟母亲的互动较多，无论是当面交流、短信、微信，慢慢地，我发现她变了；我跟父亲本就话少，他又经常在我面前讲那些综艺节目，我懒得理他，或者淡淡回应，慢慢地，我发现他也变了。

母亲变得很爱跟我讲话，在微信上也学会了用表情包，她甚至对新鲜事物颇感兴趣，在电脑上斗地主、在淘宝上种水果，在拼多多上网购，出门旅游也多了，还不忘拍照、晒朋友圈，挺潮的；父亲总想找我聊天，却找不到好时机。父亲想我了，就打个电话，他不会用智能手机打字，手机上也没装微信，更没接触过网购，但他会保存好所有——我在他生日、父亲节发送给他的祝福短信。

母亲是一个 S→I 的变化，父亲是一个 I→S 的变化。

每个人身上都有 DISC，只是我们会基于自身的需求和外界的影响，做出调整和改变，又或者，受到年龄的影响，重新审视自己周围的世界。

有时候，我也在反思，自己对父母的关注，远远不及父母对我的关注，这也再次验证了"可怜天下父母心"。

我教母亲下载了各种实用 App，但也不忘提醒她提高网购的警惕性，教她如何甄选网上的产品、如何避免被骗；我也主动关心父亲，定期送些他喜欢的肉松和饼干，并提醒他少抽烟、少喝酒，想我了，就找我聊聊天。

某日，我与父母相约在网红餐厅，请他们吃大餐，分别的时候，我望着父母的背影，有了些许感触，父母的背影，是最珍贵的风景。

由此，我也想起了朱自清先生的《背影》。

为人父母者，一生都在用自己的方式爱着孩子，作为孩子，除了收下这份沉甸甸的爱，还要偶尔反思一下。

我有花时间了解父母吗？

譬如他们的 DISC 行为倾向性。

我有看到他们身上的变化吗？

譬如其不同阶段 DISC 特质的调整。

我是否可以做些什么，让这份亲情变得更舒适。

譬如借助 DISC 理论，真正做一个"懂得"父母的孩子。

10 父母的小欢喜

影视作品之所以吸引人，要么远离生活，要么贴近生活，前者以武侠剧、科幻剧为代表，寻找另一个世界的自己；后者以家庭剧、宫斗剧为代表，分分钟照进现实。

中国式教育、中国式父母，也常常被放置在电视剧的情节中，取材生活，反映生活，如热播剧《小欢喜》就是典型代表。该剧聚焦"高考"这个社会热点，从三组家庭入手，也把几位父母，刻画得惟妙惟肖。

第七章 懂父母

第一组，方圆（黄磊饰）、童文洁（海清饰）与儿子方一凡。

童文洁，刀子嘴豆腐心的虎妈。一出场就给儿子"十连击"，"你不要叫我妈，我不是你妈""我为什么要生你，我就不该生你""你对得起我吗"，句句扎心，招招毙命。平时儿子放学回家，连珠炮的发问与抱怨，扑面而来，"考试考多少分啊""你这个成绩怎么考本科啊""赶紧滚去做作业"，儿子只想带上耳塞或躲进房间。一到考试，她就下达死命令，必须进步多少分或者提升多少名次，儿子却盘算着，想当一名艺术类考生。

方圆，特别包容的猫爸。作为一个慈父，方圆更看重孩子综合能力的培养，换句话说，他认为分数不是第一位的。当儿子在学校闯了祸，当儿子学习成绩下降，方圆既会鼓励孩子，也会关心妻子，总是给妻子一个温暖的拥抱，耐心帮她分析事情的前因后果，从容面对孩子的种种问题。自己任劳任怨很多年，结果被单位裁掉了，担心失业的事情影响孩子备考，每天装成去上班的样子，默默地在商场里徘徊和休息。

DISC 秒懂父母。这是虎妈猫爸的组合，母亲倾向于 D 型特质，掌控全家、言辞犀利、目标明确，就是让儿子考上本科；父亲倾向于 S 型特质，温和内敛，对待孩子的成绩和成长有耐心，对家庭矛

盾始终坚持"和平对话"。对于孩子来说，多数压力来自母亲，那是结果导向带来的压力，减压来自父亲，那是"选择艺术也挺好"的理解万岁。母亲不是真的"凶"，父亲也不是真的"怂"，只是希望孩子的高考成绩能换回一个本科，毕竟本科早已发展为就业门槛了。

第二组，乔卫东（沙溢饰）、宋倩（陶虹饰）与女儿乔英子。

宋倩，身为金牌教师的她，为了女儿的高考，毅然选择辞职，专职在家照顾孩子。她把女儿的房间，按录音棚的标准进行了改造，隔音效果极佳，女儿每天放学回家，就待在像笼子一样的屋子里，宋倩靠着墙上的一扇玻璃窗，监督着女儿的一举一动，生怕她没有抓紧时间学习。每天一早起床，精心熬制药膳，端出来的燕窝海参，女儿却早已吃吐了，每当考试成绩放榜，她只关心女儿是否考到了全年级第一名。

乔卫东，因为他的"渣"，让英子身处离异家庭，又因为前妻与他之间的隔阂，以及高考这件人生大事，他被禁止打扰女儿学习。但他总是有办法混进宋倩的家，或者与女儿偷偷"约会"。他还买了大量的玩具，跟女儿一起玩；带着女儿吃大餐、各种放松与放纵。他认为女儿已经足够优秀了，心中有梦想就该去追，何况女儿的"航天梦"是多么伟大的理想！

DISC 秒懂父母。又是一组 DISC 对角线的互补，母亲倾向于 C 型特质，不苟言笑、要求严苛、不愿意放低任何标准，饮食有标准、考试有标准、人生发展也有标准；父亲倾向于 I 型特质，幽默风趣、为人大方、喜欢跟孩子打成一片，家里的"太后"惹不起，就带着孩子一起避开她。对于孩子来说，多数压力来自母亲，那是"第一名"的魔咒，第二名就等于不完美，女儿后来变成了抑郁质，避开变成了逃离，并一度打算跳河自杀；减压来自父亲这枚"开心果"，也来自母亲后来的改变。其实，不是母亲在逼孩子，是母亲内在的标准和完美主义在逼孩子，爱的方式调整一下，拨开云雾见青天。

第三组，季胜利（王砚辉饰）、刘静（咏梅饰）与儿子季扬扬。

刘静，这是所有孩子心目中完美的母亲形象。打扮落落大方，

第七章 懂父母

说话慢条斯理,声音温柔,和颜悦色,很少发脾气。当父子俩为放飞"梦想气球"而闹僵的时候,她给丈夫的是支持,"不放不放,把气球拴在院子里就好",给儿子的也是支持,"我一不小心,没抓住",然后给儿子使了个充满智慧的眼色。后来,她被查出身患乳腺癌,自己默默去检查、默默住院、默默动手术,不想影响丈夫的工作和孩子的学业。

季胜利,作为地方高官,他常年在外地工作,孩子从小就被寄养在外公外婆那里,距离感就这么产生了。他完全不了解孩子,又刻意维护着自身的形象,孩子自然也不理解他,父子俩聊着聊着就大动肝火,针尖对麦芒。作为一个循规蹈矩、瞻前顾后的干部,妻子准备在院子里放飞写着高考梦想的气球,他仍在嘴里念叨着"不能放,违规的"。

DISC秒懂父母。母亲是温柔体贴的S型特质,父亲是严肃高冷的C型特质,两人因为工作,都缺席了孩子成长过程中的一段时光。对于孩子来说,多数压力来自父亲,毕竟父亲拥有成功的事业,又总是板着一张脸;减压来自母亲,她的善解人意,她的"天使般地存在",让儿子找回了曾经渴望的母爱。其实,父亲又何尝不是满怀着愧疚与爱,只是一板一眼的他,不知道如何修复这段父子感情,也总是无法主动迈出一步。

不同的家庭,不同的父母,不同的组合。

父母的爱是相同的,爱的方式是不同的,理解高考这段特殊时期,理解父母的良苦用心,给学习一个交代,也给父母一个"小欢喜"。

最好是让"小欢喜"变成常态,让家庭氛围其乐融融,让亲子关系,变得不再遥远,秒懂父母从"我"开始,也从DISC理论开始。

第八章　懂伴侣

01　相亲众生相

午后，一缕阳光照进咖啡馆，想要沐浴阳光的人，调整着自己的位置和角度；想要闭目养神的人，挪了挪身子，下意识用手遮挡着光源，往后闪躲。可见，阳光不是每个人的"心头好"。

"最近相亲遇到一个钢铁直男，我生气了，他却看不出来！"

"我也遇到过，很闷很闷，连哄人都不会。"

"这样的人，根本不懂我。"

"真不知道白马王子何时出现……"

闺蜜在互相吐槽，随着话题的深入，大家变得越发激动。随后是关于琼瑶、张爱玲的一番探讨，大意是看了很多文字，也追了不少偶像剧，憧憬着爱情，也幻想着男朋友的样子，没想到，现实总是很残酷，爱情更像是一种奢望……

她们的叹息，令人想起曾摘录的一段文字：

在对的时间，遇到对的人，是一生幸福；

在对的时间，遇到错的人，是一场心伤；

在错的时间，遇到错的人，是一段荒唐；

在错的时间，遇到对的人，是一阵叹息。

与之呼应的是王家卫的电影，《2046》中的一段台词——"爱情这东西，时间很关键，认识得太早或太晚，都不行"。

经历过的人，频频点头；没经历过的人，蠢蠢欲动，关于爱情的样子谁也说不出标准答案，但是"对的人"，却是人人都想要的，约会、表白、恋爱、结婚，跟爱的人在一起，与懂得彼此的人过一生。

第八章 懂伴侣

猎头公司曾求教，能否把 DISC 理论用到候选人的甄选上，相亲网站也曾设想，能否附上男女嘉宾的 DSIC 测评与分析，前者为了促成一份好工作，后者为了促成一段好姻缘，都是好事，善用则妙！

我们试着用 DISC 理论去解读爱情和婚姻。首先，我们从相亲开始，这也是令很多父母操碎心的问题。

但凡是相过亲的，谁没见过几个"奇葩"，不同类型的人，表现各异。两个人看对眼了，继续交流；看不对眼，礼貌地说声"再见"。

D：我是抱着结婚的目的来相亲的。
I：我注重的是感觉，还有眼缘。
C：我不相信什么一见钟情。
S：我觉得挺好的。

D 型特质的人的相亲表现

① 一副很忙的样子，挤出时间来相亲，所以也不想浪费时间。

② 点菜，直接就点，自己做主，象征性地询问相亲对象的意见。

③ 问题比较直接，甚至比较尖锐，"你的收入是多少""打算什么时候结婚"。

④ 口头禅："我是抱着结婚的目的来相亲的。"

如何获得 D 型特质的人的好感

① 在合理范围内，把决定权交给对方。

② 有问就有答，回答简练而干脆。

③ 请教工作上的问题，点赞事业上的成功。

④ 有礼貌地专心交谈。

I型特质的人的相亲表现

① 喜欢选择热闹的地方，人气餐厅、网红咖啡馆，大排档也是可以的。比较重视着装，或者说，很在意自己给对方留下的"第一印象"。

② 全程掌握话语权，口才了得，根本不担心冷场，有些话比较夸张，显得"唐突"或者"不太靠谱"。

③ 话题一般围绕兴趣爱好展开，还有时事话题，或者热搜榜上的八卦。

④ 口头禅："我注重的是感觉，还有眼缘。"

如何获得I型特质的人的好感

① 注意自己的形象，打扮打扮再赴约。

② 在对方讲话的过程中表现出"饶有兴趣"的样子。

③ 展示活泼开朗、热情有趣的一面。

④ 避免连珠炮式地发问。

S型特质的人的相亲表现

① 被动接受相亲的时间和地点，不反对、不挑剔、不让对方等自己。

② 点菜会纠结，看哪部电影也会纠结，喜欢把决定权交给对方。

③ 不主动提问，以回答问题为主，关心的问题集中在"家庭信息"方面。

④ 口头禅："我觉得，挺好的。"

如何获得S型特质的人的好感

① 为对方考虑，譬如口味的偏好，譬如及时递上纸巾。

② 避免突如其来的提问，给予对方足够的反应时间。

③ 彬彬有礼，无论是和对方，还是和服务员。

④ 参考对方的意见，同时替对方做决策。

C型特质的人的相亲表现

① 喜欢选择安静的、不被打扰的地点。

② 喝咖啡会考虑咖啡豆的品质，点菜会看网上的评价并进行综合考量。

③ 问题准备了很多，有备而来，围绕"当前的现状""未来的规划"，甚至还会把答案进行记录，以便于分析。

④ 口头禅："我不相信什么一见钟情。"

如何获得 C 型特质的人的好感

① 时间观念强，不迟到。

② 讲话有逻辑，回答有条理，而非想到什么就说什么。

③ 谈到工作，展示的是专业且资深的一面。

④ 谨慎涉及八卦，也不要主动询问对方私密的问题。

如果双方愿意进一步发展，不同特质的人会有以下表现。

D 型：表达好感，直接询问对方是否愿意做男女朋友，Yes 或 No。

I 型：迫不及待地互动，主动约下一次见面。

S 型：等待消息，焦虑之中，从介绍人处侧面打听。

C 型：回顾相亲过程，做可行性分析。

如果没戏（剧终），心动的感觉没有出现，只能把这次相亲当成实战经验。

D 型：无论拒绝或被拒绝，戛然而止，甚至删除微信。

I 型：拒绝别人，表示"可以做朋友"；被拒绝，表示"没关系啦"，会将注意力转移到下一个目标。

S 型：拒绝别人，说"抱歉"并想着如何不伤害到对方；被拒绝，需要一段时间平复心情和状态。

C 型：拒绝别人，告知对方一个理由；被拒绝，自己猜测原因。

据相关统计数据显示，全国单身人口约 2.4 亿人，一线城市单身率甚至超 50%，这是一个社会现象。单身者自嘲："我不是在相亲，就是在去往相亲的路上。"

人们怀揣着不同的希望，约见着不同的对象，DISC 理论也在帮助每个人了解自己并理解对方。

英国文学巨匠莎士比亚说:"真实爱情的途径并不平坦。"

02　从爱情到婚姻

爱情的路上,每个人都在修行,走走停停,向外看的是风景,向内看的是心情,人们偶尔也看身旁的人,是不是可以陪伴自己步入婚姻殿堂的那一个。

爱情在婚前,更像是一场考试,人们互相考对方,有人故意把题目出得简单,只为了让对方轻松通过;有人却把题目难度拉升,只为看看对方的真心。

无论如何,爱情都是美好的,人体反应说明了一切。主导人类产生恋爱感觉的是一种名为多巴胺的物质,这种物质在体内高峰值阶段为 6 个月到 4 年不等。而在多巴胺浓度下降之后,激情慢慢减弱,人类会分泌一种叫作内啡肽的物质,让人产生对稳定关系的依恋。多巴胺是"爱情物质",内啡肽是"婚姻物质",两者皆有,再好不过。两个人相亲相爱、相濡以沫、相伴一生。

这不,也有几个小伙子,借着恋爱的这股冲劲,打算向女朋友求婚了,从爱情到婚姻,临门一脚,DISC 的四种类型,各显神通。

第八章 懂伴侣

D 型特质的人的表白、求婚，快如闪电。

约会的时候，姑娘说，"咱们从认识到恋爱，这么长时间，是时候考虑一下结婚的事了，你有什么想法吗？"

小伙子停顿了数秒，拿出手机，查看了一下万年历，"我们结婚吧！我今晚回家，把户口本要过来，你也问你爸妈拿一下，过两天就是黄道吉日，我们去民政局登记领证，怎么样？"

姑娘一阵晕眩，幸福来得太快，"你这算是求婚吗？"

小伙子不假思索："算！"

不愧是 D 型特质的人的求婚，那速度、那效率、那气势，无人能及。

I 型特质的人的表白、求婚，调动资源最多。

为了求婚，他对姑娘说"晚上一起吃饭"，姑娘问"今晚有什么安排吗"，他却只透露了时间和地点。

姑娘如约而至，一个浪漫的湖景餐厅，靠窗的位子，外面波光粼粼，桌上有两个人的姓名牌，还摆放着一朵娇艳欲滴的玫瑰。用餐完毕，小伙子响指一打，一辆遥控玩具小汽车驶出，被送到姑娘脚下，上面有一张卡片，手写着"宝贝，嫁给我，好吗"。

小提琴声缓缓传来，小伙手捧一束玫瑰，开始表白，说到深情处，四目相望，一群事先埋伏的亲朋好友，顺势出现，呼喊着"在一起在一起"，气氛被推向高潮！姑娘害羞了，小伙子单膝跪地，掏出一个精美的盒子，里面装的是钻戒，钻戒还被刻上了姑娘的英文名，姑娘感动得哭了，在众人的期待中，俩人紧紧相拥。

小伙子又引着姑娘出门，漫步在湖畔，正说着甜言蜜语，上百只萤火虫被放飞，点亮了夜空，也点亮了姑娘的心，群演们在不远处见证着，合唱陶喆与蔡依林的《今天你要嫁给我》。摄影师和摄像师一直举着单反相机，全程记录着甜蜜与美好的瞬间。

不愧是 I 型特质的人的求婚现场，惊喜一环扣一环，浪漫一个接一个，剧情一波又一波，正是这样的小伙子，把男同胞求婚仪式的标准一再拉高！

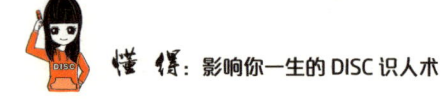

S 型特质的人的表白、求婚是最"走心"的。

筹备已久的求婚仪式,并没有什么大阵仗。借着新居的"开火饭",小伙子跟姑娘一起在厨房忙碌着,被邀请的几位好友,盼望着"一饱口福"。当饭菜端到桌上,开动筷子的瞬间,有一种幸福涌上心头,也许这就是"家"的感觉。

吃完饭,小伙子不让姑娘洗碗,说是"伤手",其实是"心疼",朋友们借机在姑娘耳边不断夸奖着"熊猫级"的男友。待送走众人,二人在沙发上休息,小伙子搬出一个大盒子,神神秘秘。

原来,里面有俩人第一次看电影的票根,姑娘送他的第一件礼物,还有一本记录着恋爱点滴的日记。姑娘正感动着,小伙子又掏出一张信纸,说要念一段文字给她听:"从现在开始,我只对你一个人好,宠你、不骗你,答应你的每一件事情,我都会做到;对你讲的每一句话都是真心的。别人欺负你时,我会在第一时间出来帮你;你开心时,我陪你开心;你不开心时,我哄你开心;永远都觉得你是最漂亮的;梦里我也要见到你;在我心里只有你"。

此时,姑娘的眼泪溢满眼眶,小伙子一句"嫁给我吧,我会照顾你一辈子",姑娘感动而幸福的眼泪,必然落下。

不愧是 S 型特质的人的求婚,温馨、温暖、温情,时刻传递着"安全感",惊喜不多,真情满满。

C 型特质的人的表白、求婚是最有准备的。

小伙子不善言辞,甜言蜜语的水平也十分有限,就是以"务实",打动着姑娘。求婚时刻,小伙子有备而来。

他先拿出身份证,"这是我,希望可以变成你未来的老公。"

他接着拿出房产证、驾驶证,"这是我的固定资产,房子争取在三年内换一套大的,车子暂时代步够用了,以后有了孩子,换辆空间更大的 SUV。"

随后登场的是银行卡,"这是我的工资卡,上交给老婆大人。"

最后,小伙子展示着一张表格,上面详细列明了,如果结婚,可能要涉及的项目和支出的明细,他说:"结婚的钱,我都准备好了,

就是不知道，我的结婚对象，准备好嫁给我了吗？"

姑娘点点头，皆大欢喜。

不愧是 C 型特质的人的求婚，一清二楚，条理清晰，连 Excel 表格都用上了。

每天，在世界各地，有关爱情的剧情都在上演，此处留下几段关于爱情台词，愿有情人终成眷属！

【爱情电影的台词】

D 型特质的人的爱情台词：我爱你不是因为你是谁，而是我在你面前可以是谁。——《剪刀手爱德华》

I 型特质的人的爱情台词：如果你希望的话，我可以变得有趣，或者忧郁，或者聪明，或者迷信，或者勇敢，只要你一句话，你想要我变成什么样，我就可以变成什么样。——《恋恋笔记本》

S 型特质的人的爱情台词：我要你知道，这个世界上有一个人会永远等着你。无论是在什么时候，无论你在什么地方，反正你知道总会有这样一个人。——《半生缘》

C 型特质的人的爱情台词：我们最接近的时候，我跟她之间的距离只有 0.01 厘米，57 个小时之后，我爱上了这个女人。——《重庆森林》

03　D 型伴侣：掌控感 – 服从

"春夏秋冬"是关系最要好的姐妹，这个听上去既文雅又老土的称谓，正是她们在大学时期，作为同寝室的姐妹花，临时起意的"四季组合"，出道时间久了，反而有点眷恋这个名字，算是对青春的致敬。

每年 12 月 31 号，她们都会一起跨年。今年比较特别，四姐妹租了一幢别墅，唱歌、跳舞、吃着美食、品着美酒，抛下了各自的老公和孩子，开起了敞开心扉的"集美会"，美其名曰——"集中的美好，乘风破浪的姐姐"。

年年都有的才艺 PK 环节，今年改为"真心话"+"大冒险"，前者要回答一些关于老公的问题，后者要给老公拨打一通标准话术的电话。

先从小春开始。

"你当初为什么喜欢并嫁给你老公呀，说出三个理由来！"

"第一，他很 Man，特别有男子气概；第二，他很拼，事业心很强；第三，他很疼我，绝不让我受半点委屈。"

"哎哟，看你一脸幸福的小女人模样，算你捡到宝了。接下来可就犀利了，请说出你老公有哪些令你不爽的行为，你可以开始吐槽了！"

小春一开始还很忐忑，小心翼翼地说着，不久便放开了。

她的老公应该是 DISC 中的 D 型特质的人，而且，表现得很明显。

小春口中 D 型特质的老公的槽点。

① 不惹他生气还好，他一旦发火，就是那种火山爆发的样子，怕。
② 无论我做错什么，他都不留情面地指出，还要求我改过自新。
③ 如果我错得离谱（严重），他劈头盖脸就是一顿骂，骂我"蠢"。
④ 他走路很快，号称"神行太保"，逛商场基本不等我。
⑤ 我在试衣服、试鞋子，他要么自己玩手机，要么就催我。

第八章 懂伴侣

> D型特质的伴侣，很Man，很拼，事业心强，很爱他

⑥ 我搞不定的事，就请他出手，如拧瓶盖，他都是一脸傲气。

⑦ 他也有"错"的时候，但他死不认错，也不说对不起。

⑧ 我们家小事听我的，大事听他的，不让他拍板，他说我擅作主张，还给我脸色看。

⑨ 他很拼，压力重重，但有时候他会将压力转嫁到我身上，我要疯了。

"好了好了，再说下去怕引发夫妻矛盾，还是说说他的优势吧，有没有哪些是让你特别欣赏他，或者因此感到开心的？"

小春口中D型特质的老公的优势。

① 他很有目标、很有方向感，我只要做个"跟屁虫"就可以了。

② 他很果敢、很有投资眼光，家里的投资交给他，我放心。

③ 他很有前瞻性，如我们现在住的学区房，就是他早年拍板买下的。

④ 正因为他擅长决策，他也是我"点餐纠结"的终结者。

⑤ 他说话直接，从不拐弯抹角，省去了彼此之间很多不必要的猜测。

⑥ 视野开阔，追随时代步伐，开口"基本盘"，闭口"小趋势"。

⑦ 不会斤斤计较，我每次心疼停车费，他都让我"眼光放远点"。

⑧ 他很容易给孩子建立一个高大的父亲形象。

⑨他仿佛要带两个孩子,一个是亲生的,一个是我,哈哈哈。

"别犯花痴啦!真心话,果然很真心,接下来是我们姐妹三个给你提的建议,不喜勿喷,纯属友情支招。"

姐妹们口中,小春该如何更好地与其 D 型特质老公相处。

① 为他的奋斗精神点赞。他喜欢独当一面,更喜欢勇攀高峰,他努力在企业内部升职加薪,或者离开企业自己单干,不要质疑他的"冒险精神",当他背负着事业与家庭的压力,只需成为他的"贤内助",传递出最强信号——"老公,你赢,我陪你君临天下,你输,我陪你东山再起!"

② 把决定权交给他。既然他擅长做决策,有眼光、有格局、有方向感,那就让他掌握"买单大权"。譬如,自己看中了三个包包,问他买哪一个;纠结于粤菜还是火锅,由他拍板。商量的口吻,愉快的决定,让他接收到信号——"老公,你付账的时候最 Man。"

③ 不在重要时刻打扰他。如果老公把工作带回家,他一定喜欢埋头苦干,享受工作带来的挑战与胜利的快感,喊他吃饭,一次就够了,再三催促,反而会让他觉得厌烦。同理,当他在游戏里激战正酣、"指点江山"的时候,适当提醒"夜深了,早点休息",而不是直接断网,让他接收到信号——"老公,别太辛苦。"

④ 展现出对他的仰望。男人来自火星,女人来自金星,男人需要被崇拜,女人需要被宠爱,显然,他很享受那种"居高临下"的姿态,被他照顾着、宠爱着就好。与此同时,他也试图在孩子面前保持高大的形象,帮他塑造形象,他会感激不尽;不留情面地拆台,他会恨你入骨,让他接收到信号——"老公,你是我的骄傲,也是孩子的榜样。"

小春十分认可大家的建议,那扑面而来的"掌控感",脑海里浮现出一些电视角色,一会儿是"霸道总裁",一会儿是"秦始皇"……姐妹们也松了一口气,"三个臭皮匠,顶个诸葛亮,什么叫姐妹情深?诸葛亮都被我们召唤出来了,搞定老公分分钟!"

轮到"大冒险"了,题目是,打电话给老公,问他"在干吗",

并说"想你了",全程打开免提功能。

第一个就是小春,她有点临阵退缩,但碍于之前的约定,只能硬着头皮给老公打了电话。

"老公,你在干吗呢?"

"你都出去跨年了,还要查岗啊?我在家,带孩子。"

"没有没有,就是跟她们聊着天,突然想你了,打个电话给你。"

"神经,我知道了,挂了啊。"

电话刚挂,姐妹们纷纷表示,这电话费够节约的,半分钟都没到,小春笑着说:"可不是,有事说事型,从来不会让运营商多赚一分钱。"

众人笑趴。

04　I型伴侣:新鲜感－惊喜

第二个是小夏,她老公是大家公认的"活宝",每次四个家庭聚在一起,活跃气氛都靠她老公,大家也很想八卦一下她眼中的老公。

"你当初为什么喜欢并嫁给你老公呀,说出三个理由来!"

"三个好像不够说啊!第一,他很会撩,我被他的甜言蜜语击倒;第二,他很有趣,承包了我每天的笑料;第三,他很懂浪漫,风花雪月中惊喜不断。"

> I型特质的伴侣,
> 很会撩
> 很有趣
> 很懂浪漫

"哎哟,活宝就是活宝,瞧把你迷得神魂颠倒。魅力再大,罪状不能免,赶紧吐槽他吧,让我们也见识见识他的另一面。"

小夏倒是不含糊,张口就来,不打草稿。

她的老公应该是 DISC 理论中的 I 型特质,而且,表现得很明显。

小夏口中 I 型特质的老公的槽点

① 说得动听,甜言蜜语,张口就来,有时候我都不敢轻信。

② 答应过的事,经常忘记。譬如,答应过带我去欧洲玩,抵赖了。

③ 他喜欢瞎折腾,尤其是搞所谓的投资,没见他把钱赚回来。

④ 在家闲不住,总喜欢往外跑,朋友多,各种聚。

⑤ 经常买单,在众人面前充当大佬。

⑥ 散发着一点点魅力,"招蜂引蝶"让人心里不踏实。

⑦ 明明口腔溃疡,还要吃海鲜、烧烤,没有自制力。

⑧ 孩子都睡着了,他爬起来看足球,振振有词,捍卫中国队的尊严。

⑨ 让他管教孩子,他陪着孩子一起疯,不消停的父子俩。

"一直看你在朋友圈里晒幸福,没想到你吐槽老公,内容这么丰富,还是回归到晒幸福吧,你可以开始夸他了!"

小夏口中 I 型特质老公的优势

① 他是欢乐的源泉,简直就是一个被埋没的脱口秀演员。

② 惹人生气,马上就会哄人开心,扮萌、扮傻、扮可爱。

③ 朋友多,要买沙发,他认识家具店老板,要投诉物业,他认识相关部门的人。

④ 见多识广,我说薇娅直播间来了复星集团董事长,他脱口而出,"郭广昌"。

⑤ 天马行空,奇思妙想,我每天生活在他的创意和惊喜之中。

⑥ 遇到问题和困难,总是充满自信,展现积极的一面。

⑦ 喜欢"美"和"调调",情趣就是这么来的。

⑧ 把他带出去,也涨面子,能说会道,活跃社交氛围。

⑨ 童心未泯,爱跟孩子闹腾,玩起来一点也不嫌累。

第八章 懂伴侣

"没错,你老公属于自来熟,当年第一次八人聚餐,小秋和小冬的老公多拘谨啊,在一旁听我们聊天,也不插嘴,你老公可是我们的主持人,天生的活力四射和好口才!好了,给建议的时间到了。"

姐妹们口中,小夏该如何更好地与I型特质老公相处

① 保持对他的欣赏。他有强烈的表现欲,无论是在一对一的场合里,还是面对人员爆满的大场面,他都积极展示自我风采,渴望成为焦点人物,渴望赢得满堂彩,那就给足掌声,冲上去给他献花,拉着他合影让他接收到信号——"老公,你是夜空中最亮的星。"

② 积极与他进行互动。他肯定经常发朋友圈,经常发微博,甚至还在大众点评上有账号,他努力拍照、上传、发布,除了赢得欣赏,更希望有人能与他进行互动,点赞、评论、转发,都是对他的肯定。他在聚会中能言善辩,最不能接受的就是冷场,偶尔接过他的梗,偶尔赞美他两句,让他接收到信号——"老公,我时刻关注你噢。"

③ 重视他的幽默感。因为他所带来的欢声笑语,他是公认的幽默风趣的人,家人既要懂得他的幽默,还要一起幽默、一起嗨。时间久了,互相影响,原本幽默的一个人,慢慢变成幽默的一家人,让他接收到信号——"老公,你的幽默细胞感染了我。"

④ 为他树立"孩子王"的形象。他喜欢跟孩子一起玩,乐此不疲地创造着亲子的欢乐时光,那就给他发挥的机会。适时提醒一下他,如何更好地扮演父亲的角色,在嬉戏玩耍之余,助力孩子的成长,让他接收到信号——"老公,你是孩子的好朋友,也是他模仿的榜样。"

小夏听着大家的建议,满脑子都是画面,老公的形象实在太生动了,打扮酷酷的"猫王",抓着话筒,摆着pose,夸张的肢体语言,时不时还把话筒伸到台下,要跟大家互动。一会儿是"主持人",一会儿是"演员",表演结束了,还等着大家喊他"返场"……当小夏把自己脑海里的画面讲出来,姐妹们都笑了,就算真人不在眼前,聊起他,也是满满的欢乐。

"大冒险"开始,打电话给老公,问他"在干吗",并说"想你了"。

大家都在期待着，I 型特质的老公的反应。

"老公，你在干吗呢？"

"在想你啊，还能干吗，你又不带我玩，只能一边跟孩子玩，一边想念我最漂亮的老婆大人。"

居然反客为主，被抢台词了。

"就你嘴甜，我也想你，早点睡觉，别玩得太晚，知道吗？"

"晓得晓得，遵命，老婆大人！"

电话挂断之前，另一头传来一阵背景声音"Game Over"。小夏说："我就知道他在玩游戏，哼，等会儿再'查岗！'"同样都是爱老婆的老公，在"大冒险"中的表现截然不同，再次印证了"性格的差异"。

05　S 型伴侣：安全感 – 陪伴

小秋和她的老公是大学同班同学，读书的时候，俩人谈起了校园恋爱，姐妹们还特地为小秋把关，发现小伙子很老实，便把小秋放心地交到他手上。这次开别墅趴，小秋的老公开车把她送来，分别前还嘱咐了几句。

"你当初为什么喜欢并嫁给你老公呀，说出三个理由来！"

"第一，他很温和，几乎不发脾气；第二，他很谦让，凡事都让着我；第三，他很顾家，一直陪在我身边。"

"答案跟我们几个的猜测，几乎一致，全中！从大学时代认识他的时候，我们就发了一枚好人卡给他，果然，好人卡的有效期是永久的。这么看，是不是没什么好吐槽他的了？我们怀疑，你平时肯定欺压他了，他应该一肚子委屈。"

小秋一听，不乐意了，急忙反驳说："哪有，我欺负他，那是肯定的；完全没槽点，不可能！平时我是懒得吐槽，机会来了，我也是不吐不快的。"

小秋的老公应该是 DISC 中的 S 型特质，而且，表现得很明显。

第八章 懂伴侣

> S型特质的伴侣，
> 很温和
> 很谦让
> 很顾家

小秋口中 S 型特质的老公的槽点

① 早、午、晚，问他吃什么，他说"随便"，他是谦让了，我又费神了。

② 隔壁邻居搞装修，我让他去理论，他说"忍忍吧，暂时的"。

③ 旅行找不到路，我让他问一下路人，他说"再看看地图吧"。

④ 他很"闷"，让他讲个笑话都不会，搞得我好像强人所难。

⑤ 他反应慢，慢半拍，我都在讲第二件事了，他还沉浸在第一件事里。

⑥ 跟他吵架没劲，要么沉默、要么叹气、要么满脸委屈。

⑦ 他一直宅在家里，去哪旅游、去哪享受美食，都得我拽着他。

⑧ 有些人让他帮忙，乱七八糟的忙，他都去帮，心太软了。

⑨ 我就没见过他对孩子"凶"，坏人都是我来演的。

"听你一说，老好人不好当啊，外人眼中这么好相处的老公，却也存在着性格槽点，过于温和的脾气、不喜欢出面、出风头、不喜欢做决策、承担责任、不喜欢各种应接不暇的变化……不过话说回来，他的优势也同样明显吧？"

小秋口中 S 型特质的老公的优势

① 容易满足，知足常乐，很好养活。

② 照顾人是一把好手，尤其在我生病或孩子生病的时候。

③ 家中的脏活累活全包，也听不到他的抱怨。

④ 做事有恒心，晨起跑步锻炼，他都坚持 8 年了。
⑤ 不与他人争辩，开车时较少爆发"路怒症"。
⑥ 吵架几乎不还嘴，冷战后都是他主动求和。
⑦ 富有爱心和同情心，经常默默捐款，说是"贡献一份爱"。
⑧ 哪怕事业上颇有建树，也保持低调谦逊的态度。
⑨ 孩子做错事，不打、不骂、不冷眼相待，很有耐心地管教。

"观察另一半，还是要多看其特长和优势，这样容易拥有好心情，也有助于促进彼此的关系和感情。你这边讲完，他的老好人形象又回来了。"

姐妹们口中，小秋该如何更好地与 S 型特质的老公相处

① 关注和理解他的感受。虽然你的老公在婚姻关系中是让步的一方，但是你也不能因此得寸进尺，老实人还有被逼急的时候呢！当他压力大、心里难受的时候，可能一直憋着，黯然神伤。你需要多关心他，主动询问他的感受，用温暖的言行来支持他、鼓励他，让他接收到信号——"老公，有什么委屈，你说出来好了，哭出来也行。"

② 满足他的热切期盼。他想看一部电影，主动询问你有没有时间，你说太忙，再议，过了几天他又问你，你推脱说"豆瓣评分低，没有看的必要"。毕竟，他是很少主动提要求的，每一次提要求，背后都是默默地期盼，愿望一再落空，是你的无视，也是无情。他要看的电影，陪他去看；他想去的景点，一起去玩，让他接收到信号——"老公，你的期待，我会尽量满足。"

③ 尊重他的善意与付出。他被要求加班，默默地就把班给加了，经济效益却并未产生；他浏览新闻，觉得新闻报道中的主人公可怜，以"热心群众"的身份捐了几百块钱。这时候，你不要打击他，说出"累死累活，加班又不给钱""你怎么心肠这么软，天下的人你又顾不过来"，诸如此类的话，这是对他善意的最大误解。他是一个不求回报的人，让他接收到信号——"老公，全世界对你的第一个回报，就是我愿意站在你身边，支持你。"

第八章　懂伴侣

④ 让他在家里享受放松的状态。他不是习惯于高压状态的人，在外面工作打拼，面对挫折和失败，只能咬牙坚持；但只要一回到家，他就找回了能量。所以，不要去逼他"成功"，或者逼他"迎接更多挑战"，一家人看看电视追追剧，或者给孩子讲讲故事、辅导功课，哪怕只是在沙发上并排坐着，让他接收到信号——"老公，家，是你温暖的港湾。"

小秋突然觉得，自己应该好好反省了。平时自己对老公已经"使唤"惯了，自己就像女王，老公就像臣子，一个高高在上，一个战战兢兢，以致老公在多次"进谏"被否决后，都不敢提什么建议了。自己有时候嫌他啰唆，有时候嫌他动作慢，有时候嫌他大男人还被电视剧弄哭，有时候嫌他战斗数值低……虽然一直很爱他，但我总是在不经意间嫌弃他，唉，要改！

"大冒险"环节，小秋想都没想就拨通了电话，按照规矩，问老公"在干吗"，并说"想你了"。姐妹们见惯了小秋的强势与干练，自然也很期待电话那头，小秋的老公会是怎样的反应。电话没人接，小秋挂了又拨，传来的仍是"嘟~嘟~嘟"的声音，小秋露出了不耐烦的表情，终于等来了接听。

"老公，你在干吗呢？"（语气是质问的）

"我，我给孩子讲故事，她刚刚睡下。电话静音了，所以没及时接听，老婆，对不起，对不起啊！"

"没事，呃……"小秋欲言又止，不知道是说不出下面的几个字，还是不想在免提状态下说，但毕竟是自己同意过的游戏规则，终究要照着规则来。

"我想你了。"

"啊？"电话那头，小秋的老公愣住了，像是不可思议、受宠若惊，或者诚惶诚恐。大概过了三四秒钟，老公接着说："知道了，老婆，我也想你。明天回家，你想吃些什么菜？我白天去菜市场买。"

小秋报了两个菜名，说了晚安，挂断电话。

然后，她一个人，跑到屋外。

06　C 型伴侣：秩序感 – 规划

最后登场的是小冬，时间也不早了，大家说加快速度。

"你当初为什么喜欢并嫁给你老公呀，说出三个理由！"

小冬没有直接回答，而是拿出本子，这是她认真思考之后，写下的内容，也是在她老公的影响下养成的书面习惯。"第一，他很成熟，做事有分寸；第二，他很细心，凡事追求完美；第三，他很聪明，我喜欢学霸。"

"当初，你老公第一次参加我们的集体活动，从头到尾都是一副冷峻的表情，没人主动和他说话，要不是现在熟悉了，我们差点以为，他对我们的组合有意见。"

小冬一听，解释说："误会误会，他也很好相处的啦，只是容易被误解，这些误解也构成了他最显著的几个槽点，容我分析一下。"

她的老公应该是 DISC 中的 C 型特质，而且，表现得很明显。

> C 型特质的伴侣，
> 很成熟
> 很细心
> 很聪明

小冬口中 C 型特质的老公的槽点

① 表情严肃，自带高冷范儿。

② 不苟言笑，脸上没有多余的笑容，更不会放肆地大笑。

③ 爱干净、爱整洁，因此质疑我打扫房间的频次和品质。

④ 不爱社交，能让他参加集体活动，已经是放飞自我了。

第八章 懂伴侣

⑤ 张嘴事实，闭嘴依据，从不谈"感受"，也较少体察别人的感受。
⑥ 宁愿对着 Excel 表格，也不陪我玩斗地主。
⑦ 讲道理，一套一套的，反正我没心思听。
⑧ 对自己很严苛，一切按标准来，甚至严格控制三餐饮食。
⑨ 对孩子很严苛，制订了一整套孩子"讨厌"的学习计划。

"看来追求完美的路，并不是坦途，甚至会让自己活得更累、更执着、更辛苦。听你吐槽老公，感觉室内温度都降低了，他真的是这样一个人吗？关于他的优势，我们也特别想知道。"

小冬口中 C 型特质的老公的优势

① 虽然生人勿近，但是对家人、对熟悉的人，还是很有爱的。
② 动手能力强，家里涉及组装的物品，都是老公亲手完成。
③ 家居物品，井然有序，凡是找不到的（消失的）物品，问他就好。
④ 非常注意个人和家庭卫生。
⑤ 买东西从来都是把关品质和细节。
⑥ 把自己变成人肉说明书，我们家的知乎[①] 大 V。
⑦ 他在自身领域里是专家，其他领域的知识和技能都可以学，包括如何做家庭煮夫。
⑧ 把工作和生活分得很清楚，界限分明，互不影响。
⑨ 对我们的家庭生活、孩子的未来，均有清晰、系统的规划。

"你老公真是一个秩序感很强的人，做事讲条理，做人讲原则，外冷内热，如果小夏的老公是一座火山，你的老公就是一座冰山，要融化很久的那种，急不来，但总有些策略可以实施。"

姐妹们口中，小冬该如何更好地与 C 型特质的老公相处

① 展示逻辑性思维。在与他沟通的过程中可以多用第一、第二、第三；首先、其次、最后，也可以试着从因果的角度入手，找原因，找答案，多问为什么，多做抽丝剥茧的分析。老公在逻辑性交流中会得到满足，这是他习惯的"层层递进"的语境，双方沟通起来会更顺畅，让他接收到信号——"老公，你有条理，我也有。"

---

① 知乎：社交化问答社区，获得个人认证，拥有众多粉丝的用户被称为"大 V"。

②事实胜于雄辩。老公加班，晚回家，如果在他进门后说"怎么又这么晚回家"，他的神经会瞬间受到刺激，对于评判性的语言表示出抗拒，"又，代表多少次？晚，几点算晚？"然后，两个陷入纷争。如果他进门之后，听到的是事实性描述，"老公，本月第三次22点以后回到家噢！"他不会反驳，还会审视事实，寻求谅解。凡事基于事实，让他接收到信号——"老公，我也是实事求是的。"

③借助专业的力量。你想看最新上映的动画电影，身为电影发烧友的他，却对动画片提不起兴趣，用上所有的溢美之词，不如直接展示豆瓣评分。第一，实时评分在8.5分以上，好评如潮；第二，豆瓣TOP250榜单，前30名就有5部动画电影，《千与千寻》《机器人总动员》《疯狂动物城》《龙猫》《寻梦环游记》；第三，去年在电影院看了8部电影，7部是他选的片子，有电影票根为证。陈述完毕，他点了点头。让他信服，就要让他接收到信号——"老公，我们从专业角度来分析一下。"

④给生活增添乐趣。数据是枯燥的、理论是乏味的，不要总是被"事"牵绊，而要多跟"人"交流。你们可以在图书馆、博物馆中寻找安宁，可以在音乐会、歌舞剧中陶冶情操；也可以偶尔带他参加一些社交活动，旅游、踏青、读书会，或者让他作为家长代表，参加学校的亲子活动。他慢慢地就会放开了，脸上的笑容也就多了。让他接收到信号——"老公，你也有有趣的一面。"

小冬听完建议，颇显得意地说："我就是这么做的！时间久了，他感受到我在向他靠拢，于是敞开心扉，我们变得越来越合拍，说话、做事也十分默契。不过，下一个环节，我倒是有一点担心，会不会太突兀……"

"大冒险"环节来了。

"老公，你在干吗呢？"

"我在书房看书，年度阅读30本书的计划早就完成了，正好翻翻闲书。你呢，你在干吗呢？跨年趴一切顺利吗？"

小冬提问之后，反被提问了，姐妹们忍住不笑，聆听着不一样

的夫妻对话。

"我们在玩互动游戏,我是最后一轮。今晚你不在身边,我想你了,是不是有点矫情?"

"嗯,矫情!但也动听,我喜欢听。"

小冬看姐妹们快憋不住了,赶紧回应说:"嗯,那我先挂啦,准备洗漱睡觉了,晚安老公。"

电话那头,小冬的老公应该是继续看书了,电话这头,前仰后翻的几个女生,学着小冬老公的语气,重复着那句颇为煽情的话——"动听、动听,我喜欢听!"小冬没有感到意外,因为这是老公不为人知的一面,他也有温情的一面。

……

非同寻常的跨年趴,让"春夏秋冬"组合难以忘怀。

她们吐槽着各自的老公,也因此对各自的老公有了新的认识;

她们给别人提出反馈与建议,也收下了属于自己的改进意见;

她们看到了另一半的优势和劣势,也在思考如何更好地理解伴侣;

她们从未如此认真地看待夫妻关系,如今却拥有了意外的惊喜和收获。

作家三毛[①]曾在作品《梦里花落知多少》中写道:"爱情就像在银行里存一笔钱,能欣赏对方的优点,这是补充收入;容忍对方的缺点,这是节制支出。"

收支平衡之间,我们都在学习更好地去爱一个人、懂一个人。

07 再看老婆大人

因为一场跨年聚会活动,我们有幸认识和分析了 DISC 四种特质的老公,举一反三,我们也站在男性视角,看看 DISC 四种特质的老婆。

---

① 三毛:女作家,旅行家,代表作《梦里花落知多少》《雨季不再来》《撒哈拉的故事》等。

D 型特质的老婆的关键词
一代女皇、虎妈。

D 型老婆的特点
① 嗓门大,战斗力强,对内能和老公吵,对外能和邻居吵。
② 与老公的日常沟通,以"吩咐"和"照会"为主。
③ 事业心重,工作能力强,常以女强人的形象示人。
④ 回到家也可能在加班,不太愿意把时间花在买菜做饭上。
⑤ 把家务交给老公,或者专门聘请阿姨。
⑥ 掌控家里的经济大权,但也会给予老公一定的自由。
⑦ 绝对不容忍老公的重大错误,手起刀落,"斩立决"。
⑧ 关心孩子成绩多过成长,倡导挫折教育,而非鼓励教育。
⑨ 对孩子的期望很高,希望孩子在班级里担任干部。

D 型老婆的相处原则
① 服从,尤其是在大方向和重要决策上的服从。
② 参照第一条,不反驳,尤其是当着别人的面不反驳(拆台)。
③ 支持她的事业,甚至愿意为她的事业做出一些牺牲。
④ 在她需要的时候,加快节奏,提高行动力。
⑤ 虽然她强势,但你依然可以成为那个为她遮风挡雨的男人。
⑥ 在孩子面前,维护她的形象,不做任何离间关系的事情。

I 型老婆的关键词
时尚女王、辣妈。

I 型老婆的特点
① 爱美、爱打扮,衣柜里从来都缺一件衣服,缺一个包。
② 闺蜜多、饭局多、下午茶多、兴趣爱好多。
③ 大大咧咧,讲话随意,率性而为,顾虑较少。
④ 喜欢尝鲜,总是购买一些新潮的明星产品。
⑤ 热爱旅游,喜欢拍照,擅长修图,喜欢晒朋友圈。
⑥ 喜欢购物,大手大脚,经常买不实用的东西。
⑦ 希望生活多姿多彩,期待婚姻中的小惊喜。

⑧ 容易宠溺孩子，满足孩子的愿望，包括孩子的不合理的请求。
⑨ 孩子眼中的"漂亮"妈妈，别人眼中"懂生活"的辣妈。

I 型老婆的相处原则
① 拥有仪式感，纪念日、情人节，养成送花、送礼物的习惯。
② 带她去各种网红美食店打卡，一年至少一次旅游。
③ 当她倾诉，或者聊八卦的时候，做一个安静的听众。
④ 经常夸她，点赞她的朋友圈。
⑤ 她会被各种副业与赚钱机会吸引，认真给她做 SWOT 分析[①]。
⑥ 一家人定期拍写真，留下岁月影像与美好记忆。

S 型老婆的关键词
温柔公主、慈母。

S 型老婆的特点
① 温柔贤惠，脾气好，很少生气。
② 礼让，在家总是让着老公，开车也让着过马路的行人。
③ 富有爱心，看到别人的悲惨经历，容易落泪。
④ 工作认真，但重心在家庭。
⑤ 耐心，无论是面对发脾气的老公，还是调皮的孩子都很有耐心。
⑥ 家里的大小事务，但凡涉及决策，喜欢交给老公来决定。
⑦ 孝顺长辈，邻里友好，与他人关系和谐。
⑧ 从不打骂孩子，还会在老公发飙的时候，上前劝阻。
⑨ 想要参与孩子成长的每一天，舍不得孩子寄宿或去外地求学。

S 型老婆的相处原则
① 陪伴，无论工作有多忙，都要抽时间陪伴她和孩子。
② 珍惜，尽量少对她发脾气，更不要嫌这嫌那。
③ 重视她提出的需求和想法。
④ 她是宅女，要经常带她出席公共场合，传递"安全感"。
⑤ 看到她作为妻子、母亲、儿媳的付出，给予好评和拥抱。

---

① SWOT 分析：来自麦肯锡咨询公司的 SWOT 分析，包括分析优势（Strengths）、劣势（Weaknesses）、机会（Opportunities）和威胁（Threats）。

⑥ 感谢她的付出，无论起居的照料，还是多年的子女教育和赡养老人。

C 型老婆的关键词
高冷女王、严母。

C 型老婆的特点
① 外表高冷，内心其实也有火热或闷骚的一面。
② 笑点较高，平时不太能逗乐，千金难买她一笑。
③ 关注细节，如烧水没拔插头，睡前忘了关厨房的灯。
④ 在做家务的问题上，讲求公平，如轮流洗碗。
⑤ 爱收拾，热衷于收纳整理；爱统计，具有较强的财务管理能力。
⑥ 记性特别好，对家庭生活中的恩怨情仇，心中自有一本账。
⑦ 买东西注重品质，买前看技术指标与评论，买后看说明书。
⑧ 对换车、换房、孩子升学等均有规划，并提前着手准备。
⑨ 对孩子的学习要求很严格，倾向于培养孩子的一技之长。

C 型老婆的相处原则
① 规划，让自己也变成一个有计划、懂规划的人。
② 按规则来，如果家务"约法三章"，不破坏、不践踏。
③ 欣赏她的"轴"，较真的背后，往往是认真、专业的态度。
④ 讲话基于事实，交流富有逻辑，变成和她相似的样子。
⑤ 为她创造安静的生活环境，给彼此留一点私人空间。
⑥ 对于她的家庭规划和育儿规划，一起研究，一起实现。

老婆看到以上文字，更了解自己，能对上号；老公看到以上文字，更了解伴侣，能收藏若干锦囊妙计。

老公做了很多"自认为"爱老婆的举动，可老婆非但不开心，反而对老公各种埋怨，甚至说"你根本就不懂我"，老公的内心是崩溃的，委屈就像一把刀，插进自己的五脏六腑，到底怎样才算懂她？插刀一次两次，尚可隐忍，次数多了，人也乏了，不但产生疏离感，甚至婚姻走到了尽头。

婚姻的美满，需要爱情的滋养，妻子需要取悦丈夫，丈夫更要

第八章　懂伴侣

取悦妻子，如何取悦对方，DISC 的魔力又显现出来了，关注对方的关键词和特点，找到与之相处的原则，这是施展魔力的重要一步。

08　爱的五种语言

关于两性，我想向大家推荐一本书，《爱的五种语言》。

这是一本针对两性沟通的畅销书，作者是盖瑞·查普曼[①]博士，该书附有"夫妻自我测试题"，也是为了让夫妻双方在做完题目之后，有所启发，改善婚姻状况。

由于"五种语言"的适用性非常广泛，慢慢地，从二人世界延展到家庭、工作、社交，从两性关系延展到亲子教育、同事相处、团队建设，变成人与人关系建立的"指导手册"。要说"五种语言"影响最大的，还是伴侣之间，甚至有读者评论此书："如果我和先生早两年读到这本书，我们可以少受两年的罪！"

当《爱的五种语言》遇上 DISC，是否会擦出新的火花？我们都是在被爱的过程中学会去爱别人，也在被理解的过程中学会如何理解别人。

查普曼博士的研究发现，每个人都是独特的，受家庭模式、成长经历、个体认知等影响，每个人都会说出不同的"爱的语言"，基本上可以归纳为五种，用对方适应的"爱的语言"表达爱，婚姻状况会发生惊人的改变。

开车需要加满油箱，婚姻需要填满"爱箱"，当伴侣的"爱箱"被加满，他就会在被爱中感受到婚姻的美好，世界的美好。

第一种：肯定的言辞

如果伴侣的爱的语言是"肯定的言辞"。

他为你下厨，记得说"这顿饭太好吃了"。

他从试衣间走出来，记得说"你穿上这件衣服真是好看"。

[①] 盖瑞·查普曼：美国婚姻家庭专家，也是一名牧师，多本两性畅销书作者，代表作《爱的五种语言》。

爱的五种语言：
1. 肯定的言辞
2. 精心的时刻
3. 接受礼物
4. 服务的行动
5. 身体的接触

他为你收拾好出差的衣物，记得说"亲，谢谢你为我整理衣物"。

纪念日的那一天，送上一封情书或手写卡片，里面是爱的言辞。

当着父母或朋友的面，肯定并赞美他，由衷地夸上两句。

当面说的一切美好的言辞，背地里也要这么说。

DISC语言。调用自己的I型特质，主动、热情、时刻表达对伴侣的爱，把肯定对方当成习惯，当着一个人，那是甜蜜的悄悄话，当着一群人，那是高调地晒幸福。

第二种：精心的时刻

如果伴侣的爱的语言是"精心的时刻"。

饭后在小区里散步，不妨询问伴侣白天上班的感受。

周末在郊区品尝农家乐，与伴侣分享美食、美景、美好心情。

伴侣带你回老宅或母校，询问其童年与青春的记忆并洗耳恭听。

将孩子送幼儿园了，双方不妨去看一场电影，享受二人世界。

但凡是俩人都喜欢做的事情，全身心投入，并交流感受。

伴侣喜欢，但自己无感和排斥的事情，尝试着跟他一起做。

DISC语言。调用自己的S型特质，耐心、聆听、陪伴，千万句甜言蜜语不如一句"我在你身边"。陪着他去经历、去体验、去享受美好时光，在分享中打开心扉，在陪伴中建立安全感与信任。

第八章　懂伴侣

第三种：接受礼物

如果伴侣的爱的语言是："接受礼物"。

在有特殊意义的日子里，安排花店工作人员送花上门。

特意为伴侣下厨，用刚刚从网上学来的手艺，做一道爱心菜品。

纪念日的餐后，小心翼翼地拿出包装好的礼物。

逛街的时候，循着伴侣的目光，买下对方想要却没开口的东西。

逢年过节，代表小家庭，给双方家长送去健康礼盒。

把自己当成最隆重的专属礼物，送给伴侣，一辈子。

DISC 语言。再次调用自己的 I 型特质，在生活中创造不同的惊喜，让每一份礼物都显得独特而深情。

第四种：服务的行动

如果伴侣的爱的语言是"服务的行动"。

把伴侣提出的需求，记在本子上，或者记在心里。

收拾屋子、打扫卫生、整理衣物，或者买菜、洗菜、做饭。

缴纳物业费、水电费，给伴侣的美容卡充值。

当伴侣匆忙上班，把饼干塞到他的包里，或者给他发微信红包，写上"早餐"。

当伴侣下班回家，给对方开门、接过衣服挂起来。

定期询问伴侣，有什么能为他"效劳"的，并付诸行动。

DISC 语言。调用自己的 D 型特质，凡事要落实到位，说了什么不如做了什么，撸起袖子加油干。用行动表达爱，用结果证明爱，核心是为对方做事；这里还需要调用 S 型特质，启动同理心，理解对方的请求与渴望并将这份理解转化为行动。

第五种、身体的接触

如果伴侣的爱的语言是"身体的接触"。

哪怕老夫老妻，逛街的时候，依然保持牵手的习惯。

睡醒之时，在床上拥抱彼此，先行上班，在额头亲吻一下。

下班回家，除了抱孩子，记得也抱抱伴侣。

参加朋友的婚礼，在酒席上，与伴侣的手肘是触碰着的。

当伴侣有了暖心的举动的时候，拍拍肩膀，或者轻抚脸颊。

当伴侣遇到伤心的事情，让对方躲在自己的怀里哭泣。

DISC语言。当对方身体接触的时候，启动D型特质，把对方揽入怀中，彰显庇护；启动I型特质，用夸张而多变的身体动作，让对方感受到自己炙热的情感；启动S型特质，将身体接触变为一丝温暖和一份习惯；启动C型特质，总是在合适的时间和场合，展示彼此间的身体接触。注意，之前提到讨的C型特质的人不喜欢身体接触，那是对不熟悉的人，若是伴侣（亲密爱人），就另当别论了。

世上的人们，都在诉说着爱的语言，试图让伴侣全盘接收，并有效回应。然而，要想真正获得对方的好感与爱，我们必须学习对方主要的"爱的语言"。

伴侣所选语言是"肯定的言词"，你却总是否定、质疑、伤害对方；

伴侣所选语言是"精心的时刻"，你却把结婚纪念日抛诸脑后；

伴侣所选语言是"接受礼物"，你却结婚多年从未送过任何礼物；

伴侣所选语言是"服务的行动"，你却只耍嘴皮子；

伴侣所选语言是"身体的接触"，你却在逛街时甩开对方的手。

神仙也救不了这样的人，自私？自利？自我？也可能是敏感度太低，对自我和伴侣都认识不足。

学会使用"爱的五种语言"，学会调用自己的DISC行为风格，取悦对方，改善关系，手到擒来，游刃有余。

09　另一半的磨合

与伴侣长期相处、相亲相爱的秘诀是：放弃改变对方的念头。

人们曾无数次产生妄念，试图把另一半改造成"自己理想中的样子"，至少是跟自己相似的样子。例如，逛街的时候自己走路快，就见不得对方慢吞吞，一边挥手让对方跟上，一边嘀咕着"真是磨叽"；

第八章 懂伴侣

伴侣并不示弱，故意闲庭信步，摆出拒不合作的态势，嘴里也振振有词"走那么快，小心掉沟里"。

在 DISC 的世界里，I 型特质的人在挤牙膏的时候，想怎么挤就这么挤，很多时候从中间开始；C 型特质的伴侣一定是从底部开始挤牙膏，并"嘲笑"I 型特质的人总是在浪费牙膏；I 型特质的人晾毛巾，正反面无所谓，C 型特质的伴侣却习惯于"拨乱反正"。

夫妻之间，与另一半磨合得好，就是互补；与另一半磨合得不好，就是互斥，个中道理，我们不妨看几个真实案例。

牛奶　　开车　　消失的水果

摩擦事件之一，"牛奶"：I 型特质的老公 + C 型特质的老婆
那是一个美好的早晨，阳光晒进了卧室。

老公正在准备早餐，面包、果酱、牛奶、鸡蛋，看着挺丰盛的样子。老婆正在洗漱，于是老公请示了一下："牛奶喝多少呀？"

从卫生间传来一个声音："大半杯。"

老公往自己的杯子里倒了一杯牛奶，又往妻子的杯子里倒了大半杯牛奶，还情不自禁地说了句"完美"。

老婆来到桌前，一看牛奶，不太高兴地说："不是说了大半杯吗，你给我倒了一杯！"

"一杯是满满的呀，大半杯就是不倒满呀！"

"大半杯，差不多占到杯子的 3/4，你看看，水位偏高。"

如果去争执"大半杯牛奶是多少"，想必会引发一场争吵。老公灵机一动，赶紧改口："是我倒多了，这也恰似我对你的爱，满到溢出，对不?"

老婆嘴上说着"就你嘴甜",心里享受着来自老公的"糖衣炮弹"。

老公心想,下次再倒"大半杯",可要好好把握分寸了。

DISC 磨合 C 型特质的老婆有明确的标准,I 型特质的老公更在意感觉,C 型特质的老婆倒牛奶关注水位,恨不得在杯子上刻上刻度,I 型特质的老公一时手抖,或者哼着小曲就"水漫金山"了。老婆并非针对老公,只是不能忍受误差,老公没必要上纲上线,先主动认错,再确认标准,下次注意便是了。

另一半攻略 争吵时没有赢家,不如化争吵为"土味情话"。

摩擦事件之二,"开车":CS 型特质的老公 + I 型特质的老婆

去超市购物的路上,老公开车,老婆坐在副驾驶的位置。

老公特别遵守交通法规,哪怕路口没有摄像头,只要有限速标志,均按照指示来,从家到超市的这段路,老婆每次开 20 分钟,老公至少开半小时。

一个十字路口,刚好绿灯,倒计时 8 秒,老婆嫌老公开得慢,在一旁说:"踩油门,踩油门,快开……"

过了这个红绿灯,应该是右转,老公却开成了直行,老婆又喊"啊呀,过了过了",老公却不紧不慢地说:"没关系,前面掉头好了。"

然后,他走错了,由于老婆的叨叨,从家到超市多开了足足 10 分钟。到达超市,老婆显得余怒未消,仍在数落闷声不响的老公。

老婆:"明明跟你讲,过了过了,为什么不停?为什么不转?"

老公:"是你让我踩油门的,结果就过了。"

老婆:"这条路,你不是开了很多次吗?"

老公:"路况是一样的,但之前没有你的叨叨。"

老婆:"难道是我让你开错的吗?"

老公:"因为你叫我快快快,所以我没来得及确认路线,然后你又说过了过了,我根本来不及反应,最后你说停停停,马路中间不能停车。"

老婆静下心来,听着老公的解释,倒也说得通,甚至开始反思,

第八章 懂伴侣

自己是不是影响了老公开车，下回要试着闭嘴。

DISC 磨合 CS 型特质的老公循规蹈矩，行动偏慢，需要反应和思考的时间，开车注重的是安全平稳，不违规，不出事故。I 型特质的老婆决策快，反应灵敏，开车或坐车时喜欢与人交流，又喜欢快速切换主题，CS 型特质的老公在与之呼应的过程中略显吃力，受到干扰，在所难免。

另一半攻略 节奏的快慢，要么加速，要么减速，总要有人让一步。

摩擦事件之三，"消失的水果"：D 型特质的老公 + S 型特质的老婆

晚上七点，老公点了外卖的水果，App 上显示送达，下楼去拿，却怎么找也找不到自己的水果，打电话外卖员，对方说送到了，真奇怪，这是一周内的第二次了！

老婆说："会不会是别人拿错了？"

老公满脸愤怒："怎么会一直拿错！一定是有小偷！"

"算了吧，一盒水果而已。"

"算了？那不是让对方逍遥法外？"

"大晚上的，小偷拿了就跑，上哪找呢，多一事不如少一事。"

"不行！这事我管定了。"

"那……要么明天去物业问问？"

"不能等到明天，必须马上动手。"

说罢，老公报警，拨打了 110。

老婆心想，老公是不是小题大做了，正准备劝老公消消气，瞧着他一副"誓不罢休"的样子，还是不往枪口上撞了。

没多久，警察同志赶来，老公讲清了事情原委，警察去物业调取了监控，排查之后，锁定了一个在小区内盗取外卖的可疑人物，而且是惯犯。

真相水落石出，小偷被抓，接受批评教育，道歉并赔偿相应损失。夫妻俩大半夜被带到派出所协助调查，老婆倒是没有埋怨老公，她眼中的老公，有"正义感"，而非"不好惹"或"多管闲事"。

DISC 磨合　D 型特质的老公，雷厉风行，做人不服输，做事有一股冲劲，讲求结果和效率，锁定"目标"，不怕麻烦。S 型特质的老婆，向往和平，不愿意卷入事端，更不愿意主动和他人产生纷争，吃了哑巴亏，忍忍就算了。当 S 型特质的老婆觉得 D 型特质的老公的"目标"是正确的，便选择了陪在身旁，无条件地支持。

另一半攻略　理性与感性之间，攻击与防守之间，是平衡与和谐。

单身贵族，只需面对自己的问题；与另一半过日子，则需面对自己的问题、对方的问题、两个人之间的问题，问题就在那，有增有减，看你如何去解决，这就是婚姻。

从摩擦到磨合，DISC 理论是你随手可取的工具。夫妻之间看到彼此的差异性，更要看到彼此的兼容性，能够改变自己的人，才有能力去影响另一半。

10　婚姻保鲜计

美国心理学家约翰·戈特曼[①]在《获得幸福婚姻的 7 法则》一书中说：幸福婚姻的关键，不是要有一个"正常的"人格，而是找一个与你"合得来"的人。

但是，也有人步入婚姻的最初，是"合得来"的，慢慢地，却以"合不来"作为不幸福的借口，甚至双方以离婚收场。

你信不信，婚姻是有保鲜期的？我们要做的，就是在保鲜期内，让"合得来"变得更持久，而所有的努力，来自夫妻双方共同的意愿与行动。

保鲜计一：彼此理解

每一个人表达爱的方式不同。

[①] 约翰·戈特曼：美国华盛顿大学心理学教授，西雅图人际关系研究所所长，著有《幸福的婚姻》《培养高情商的孩子》。

第八章 懂伴侣

到了 2·14 情人节或 5·20 表白日，新婚宴尔的夫妻，或者柴米油盐的夫妻，会有什么动作吗？无论伴侣的操作方式是什么，你要理解对方的行为背后，往往是他习惯的、表达爱的方式。

D 型特质的老公，他可能没时间去选购礼物，而是选择直接转账，1314 元不好吗？自己买点喜欢的，花钱的感觉不爽吗？

——别怪他不动心思，就会用钱砸。

I 型特质的老公，鲜花、礼物一个都不会少，鲜花还有卡片，礼物还有漂亮的包装，再找一家种草已久的网红餐厅，适合拍照。

——别怪他铺张浪费，他只想给你惊喜。

S 型特质的老公，他打算在家庆祝，毕竟老夫老妻了，亲自下厨，烧些你喜欢吃的菜。去年用过的烛台，还能再用。

——别怪他毫无新意，只会过重复的日子。

C 型特质的老公，要么不庆祝，一旦庆祝总是要规划的，找一家餐厅，综合考量口味、环境、人气；买一份礼物，综合考量价格、使用期限。

——别怪他理性有余，总是缺少浪漫的元素。

接着，我们来理解四种类型的老婆，她们是如何说"我爱你"的。

D 型特质的老婆，当天的庆祝，她已安排妥当，照做就行。

——感谢她，让一切变得简单。

I 型特质的老婆，她会打扮得漂漂亮亮，包装好礼物还故作神秘。

——感谢她，让一切变得浪漫。

S型特质的老婆，听你的安排，还提醒你别买花。

——感谢她，让一切变得温暖。

C型特质的老婆，提供了自己精挑细选的方案，也做出了利弊分析。

——感谢她，让一切变得有序。

保鲜计二：互为军师

除了从对方的角度出发，用对方喜欢的方式，达成彼此之间的理解，还要在婚姻中协助对方解决其遇到的难题，出出主意，做其背后的男人（女人）。

一人计短，俩人计长，军师的角色，增加了夫妻之间的沟通与协商的频率，也为对方贡献着自己的智慧和才华，更让对方实实在在地感受到了关心和爱。唯一需要注意的是，决定权在伴侣的手中，我们要尊重对方的决定。

D型特质的伴侣秒变军师　凡事从"前瞻性"入手，抓大放小，所谓站得高，看得远，经常能把你从"小格局"中拉出来，把眼光投射到更高的层面。得失之间，他往往更看重"得"，注重收获，而非代价。当你困扰于是否跳槽时，他会给你分析跳槽的利弊，以及这次跳槽对家庭的直接影响。

I型伴侣秒变军师　凡事从可能性入手，善于发现无限可能，提供很多新奇的点子，甚至剑走偏锋，给出一些不同视角的观点，却能够引发你的遐想与深思。他经常把你从"限制性思维"中拽出来，怎么就不可能了？当你困扰于是否跳槽时，他会和你分享他了解的相关信息、公司新闻或行业趋势，也会强调"你开心就好"。

S型伴侣秒变军师　凡事从"安全性"入手，思想相对保守，却也深思熟虑，给出的观点趋向于传统，对于变化不敏感，但也在不变中找寻"恰到好处"的平衡点，会令人在飞驰中偶尔踩一下刹车。当你困扰于是否跳槽时，他会担心你是否适应新的环境，同时提醒你多考虑一下，以免因工作变动而影响家庭生活。

C型伴侣秒变军师　凡事从"可行性"入手，思维相对缜密，

第八章 懂伴侣

遇到问题时会从正面、反面、侧面多个维度去思考，把细节仔细梳理，一个一个点去探讨，包括被你忽视的因素。当你困扰于是否跳槽时，他会建议你综合考虑职场因素，也会提醒你考虑家庭因素，在利弊分析的过程中做出判断。

保鲜计三：共同成长

夫妻之间，真正的共同成长，除了年龄，还有智商、情商、心智模式、思维方式，说白了，就是从身体到大脑，全方位的共同成长。

D 型伴侣的成长，主要是事业的做大做强，职位中的平步青云，当对方拥有了较高的名声或地位，总是把"格局"挂在嘴边，落差就产生了。最好，你也有自己的小事业，并且努力实现自己的价值，终有一天，你也有了自信的资本。

I 型伴侣的成长，主要是对新鲜事物的学习与应用，学习能力很强，但未必精通，什么都懂一点，如 AI 人工智能、物联网、区块链；也什么都尝试了一下，如手冲咖啡、公众号运营、直播带货，落差又产生了。最好，你每天看一下热搜榜，关注一下时事新闻，当他带你尝鲜的时候，别害羞，跟着他一起玩就好。

S 型伴侣的成长，主要是通用技能的成长，尤其顺应时代潮流和角色转换的内容。他在工作中报了一些课，有些还带认证，职场技能防身；他在闲暇时买了一堆书，或者报名各种培训班，落差因此产生了。最好，你也花一点时间在阅读和学习上，甚至让伴侣在学成归来之后，以教会你为目的，输出他的所学，这样也节约了费用。

C 型伴侣的成长，主要是专业领域的精进，如他会从一个技术员变成一个技术专家，选定一个自己熟悉并深耕的领域，使自己变得更专业、更具有权威性。当他成为画家、作家、技术大拿，落差又产生了。最好，你在自身领域中也是专家，或者，你对他所深耕的领域，有所涉猎，而不是两眼一抹黑的"外行"。

在爱情的世界里，我们向往婚姻。

在婚姻的世界里，我们回味爱情。

愿有情人终成眷属，在成为眷属后，互相理解，看懂对方，保鲜婚姻，地久天长。

第九章　懂孩子

01　不轻易给孩子做测评

如果说这世上有一份爱是无私的，那一定是父母对子女的爱。

中国式父母，既希望孩子长大成人、独立自主，又渴望照顾孩子一辈子，包括"你们忙，咱来带孙子"，看似隔代的照顾，也是在为子女分担。天然的爱与奉献，让具备中华民族优良品德的父母，成为 21 世纪最可爱的人，为孩子和孩子的孩子，倾注一生。

关于致敬父母，前文有专门的篇章——【懂父母】。

正因如此，但凡是接触了 DISC 理论的人，在给自己、给伴侣、给下属做完 DISC 测评，拿到报告的一瞬间，脑子里会闪现出一个念头，"给我们家孩子测一次，好不好？"答案是"不推荐"。

为什么不能轻易给孩子做测评？从 DISC 理论的角度看，有以下几方面。

其一，从 DISC 的诞生背景说起，最初人们对"常人的情绪反应与行为模式"进行研究，威廉·莫尔顿·马斯顿博士是其中的佼佼者，DISC 理论被提出并迅速奠定了其在心理学界、性格分析领域中的地位。但是，马斯顿博士最初并没有把研究重点放在孩子（这里指未成年人）身上。

其二，随着理论到系统的深入、科学技术的进步、计算机与互联网的产生，DISC 测评应运而生，并广泛应用于跨国公司中，在人才甄选、人岗匹配、团队组建等方面，为企业管理和组织发展方面贡献了力量。所以，最初，DISC 测评的对象是职场人，慢慢地，测评对象覆盖到"至少具备职场相关工作经验"的人。

第九章 懂孩子

其三，随着 DISC 测评的市场越来越大，也有专业人士开始把 DISC 测评进行嫁接，甚至进行开创性的再造，将其引入到儿童教育领域中，也就形成了基于 DISC 理论的儿童性格或天性测评。这是好事，也是 DISC 理论被发扬光大的象征。只是我们必须清楚，就 DISC 专业测评本身而言，不建议将其用于孩子身上，基于 DISC 理论的各式各样的测评，建议在判断其专业性和信效度之后，做出选择。

其四，每一种理论和测评，都有各自的应用范畴，孩子可以成为 DISC 理论的分析对象，但是，不建议把孩子作为 DISC 测评的分析对象，你让他填写问卷，他对于文字描述未必理解，对于工作场景更是无感，岂不是影响测评的结果和可信度？

当然，家长们一旦遇到好东西，希望分享给孩子，或者应用到孩子身上的急切心情，这是可以理解和令人感动的。

别人家的孩子 3 岁就会写字了，咱也写；别人家的孩子幼儿园就会背 500 个单词了，咱也背；别人家的孩子小学毕业就钢琴十级了，咱也弹；别人家的孩子昨天刚做了一份智商/情商/天性/天赋/性格测评，测现在、看未来，反正很牛的样子，咱也测！

偶尔还要当着孩子的面说："你看那谁谁谁，你看你 XX 哥哥……"大人之间的攀比心态，往往是困住孩子的枷锁，原本自由奔跑的孩子，却总是盯着身前的选手，实在追不上，扭头看看身后的选手，在攀比中获得快感，换取父母的几句赞扬。父母不禁慨叹，养个孩子太难了，孩子在成长过程中的教育，更没那么简单！

常言道，父母是孩子最好的老师，但父母这个岗位，无须持有"父母证"，也没有岗前培训，更没有各阶段的系统培训和指导。部分家长在遇到教育问题的时候，只能自己看书、上网查资料、询问有经验的家长、参加社会上的家长教育和亲子培训，在摸索中前进，在发展中修正。

如果家长不具备正确看待测评与报告的能力，使用了错误的认知，便向孩子传递了错误的认知，孩子又没有"自动纠错"功能，只能将错就错。

为什么不能轻易给孩子做测评？从孩子的角度来看，有以下几方面的原因。

其一，孩子的行为倾向是不稳定的。孩子的行为倾向仍在建立过程中，仍受到遗传因素、家庭环境、社会环境的影响，仍在尝试和调整各种自己觉得舒服并习惯的方式。

其二，孩子是灵动的。孩子是富有变化且不断变化的，对其的测评要用"发展的眼光"来看待，父母首先能否做到这点？做不到，就可能在脑海里对孩子快速"定性"，并为其贴上标签。

其三，孩子是成长的。一个人什么时候可以形成健全的性格特质，或者说，何时才能走向真正的成熟，也许三十而立，也许四十不惑，成年之前的孩子，仍有巨大的空间可以探索并发展。

牛顿，曾是不受待见的"差等生"；爱迪生，曾是被老师嘲讽的"糊涂虫"；达尔文，曾是爱撒谎的"小骗子"；这些，现在听上去更像是童年趣事。幸好当时没人给他们贴上永久的标签。孩子们是不稳定的，也是灵动的，更是在教育环境中不断成长的，在孩子小的时候，父母可以用 DISC 理论观察他们，但是最好在他们走上工作岗位之后，再为他们做 DISC 测评。

我们会基于 DISC 理论来探讨如何"懂孩子"，毕竟，我们可以从孩子身上，看到一些 DISC 的影子，并借助 DISC 理论的力量，更

第九章 懂孩子

好地理解孩子并与之相处。

02 孩子不是复印件

有这样一段玩笑话——如果想在中国的一线城市活得潇洒，不做两件事便可，第一是买房子，第二是生孩子。

在有些人看来，一旦拥有了孩子，"潇洒"二字就离我们远去，为什么呢？父母既要赚钱保障孩子的生活质量，也要赚钱让孩子接受更好的教育，还要培养孩子德智体美劳全面发展，再加入一些父母的美好愿望与殷切期待，累，是必须的。

在亲子教育中流传着一个观点，"家长是原件，孩子是复印件，当复印件出现问题的时候，请在原件上找找原因！"

这句话自有它的价值，在一定程度上表现了"言传身教"的意义，引发了父母的反思，却也造成了"原件与复印件"的刻板印象，埋下了对"孩子"曲解的种子。

作为孩子，谁心甘情愿做父母的复印件？谁愿意照着父辈的意愿过一生？每个人，都应该成为自己，独一无二的自己。

作为父母，我们扪心自问，有没有"自私"的一刻，希望孩子能像你一样，或者活成你设计好的样子；你是医生，他也要从医，你是硕士，他要读到博士，你有企业，他要接管家族生意；你曾有个梦想被搁置，他必须替你完成这个夙愿……你将你的意志，植入到对他的要求中，不信，你瞧……

抓周仪式

某些地方有"抓周"的风俗，宝宝周岁那天，选择宽敞的空间，布置抓周物品，宝宝抓取不同的物品，寓意长大后将从事相关的职业，同时准备好相机，将具有纪念意义的过程记录下来。

孩子不明就里，在限定的区域内爬来爬去，父母却紧张地关注孩子的动作，除了希望孩子抓到金元宝（代表富有），还有些不同的倾向，代表着父母对孩子的原始期待。

D型特质的家长：抓官印（代表官位和权力）、抓算盘（代表商人、企业家）。

I型特质的家长：抓彩笔（代表画家、设计师）、抓笛子（代表歌手、音乐家）。

S型特质的家长：抓书（代表教师、文职）、抓葫芦（代表医生、护士）。

C型特质的家长：抓核桃（代表科学家）、抓尺子（代表律师、建筑师）。

父母的期待都是美好的，只是孩子在长大成人的过程中，未必会按照父母规划好的路线前行，而是寻找自己的兴趣，明确自己的志向，也可能中途遇到波折，或者徘徊不前。

父母应该"给建议"，而非"拿主意"；从旁指点，而非越俎代庖。

小时候抓到彩笔，长大后步入仕途，或者小时候抓着尺子不放，长大了却成为歌手，这就是人生，孩子不是复印件，每一个孩子都有能力成为自己的原件。

蹒跚学步

当孩子开始学走路，小家伙站直了，努力踏出坚实的第一步。

父母们陪在一旁看着，认为自己的孩子是最棒的，表达着自己的情绪和对孩子的爱，或严厉，或激动，或温情，或担忧……

第九章 懂孩子

口中的嘱托,孩子听不懂,却也听得懂。

D型特质的父母,有点袖手旁观的样子,嘴里喊着:"走啊,不要怕,继续走,有爸爸在!"坚定的眼神,传递着力量,孩子就算摔倒了也没事,自己学着站起来,最多哭几声,没什么大不了。父亲心里念叨着:"想当年,异常困难的环境,我都是靠自己,你也要一样,人生就是拼出一个明天!"

I型特质的父母,在一旁手舞足蹈,高声喊着:"宝宝太棒了,宝宝是爸爸的骄傲,宝宝加油!"时而拉着孩子的小手,时而偷偷松开,时而扮个鬼脸,看着孩子轻盈的步伐,心想:这小子走路的模样,跟我太像了,不愧是"凌波微步"①的传人,人生终将精彩绽放!

S型特质的父母,关爱的眼光,一刻也不敢离开孩子,全程在旁护驾,生怕孩子摔着,嘴上还说着:"小心啊,慢点,不急,慢慢来。"看到孩子有点摇晃,重心似乎不太稳,别提有多紧张,赶忙出手,扶孩子一把。心想:"学走路,急不来,如同人生,无风无浪,安全第一。"

C型父母的特质,胸有成竹,冷静的外表下,是对孩子的无比关切,只是他早就做好了防摔、防滑、防撞措施,也把所有可能发生的风险,都预估了一下,因此淡定一些。只在一旁说:"宝宝往前走,好的,继续。"自己随时观察着孩子的状态,心想:"有计划,有预案,一切顺畅许多,人生亦如此。"

家长明明在指点孩子学步,却潜移默化地向孩子传递着内在的、深层次的东西。

D型特质的父母:渴望孩子继承他的"敢打敢拼"的精神。
I型特质的父母:盼望孩子跟自己一样"潇洒走一回"。
S型特质的父母:希望孩子"平平安安"。
C型特质的父母:希望孩子"运筹帷幄"。

我们在教育孩子的过程中,植入了个人的意愿、风格、动机和

---

① 凌波微步:金庸先生武侠小说《天龙八部》中的轻功身法,也是主角段誉的绝技之一。

价值观，成年人知道社会的复杂，了解生活的不易，自己在漫漫人生中领悟到的"金科玉律"，自然希望全盘传授给孩子，但是孩子不一定领情。

这是为什么呢？因为，他不是你，你也不是他。

一个小孩子，被带去踢足球，因为其家长身为中国队的铁杆球迷，立志要为国家培养"国脚"！几次下来，孩子踢球的水平毫无起色，只能打打替补，很自卑。家长的教育方式是，不断告诉孩子："加油，你可以的，迎难而上，成为梅罗①！"但是，孩子或许不是踢球的料，所有鼓励，对他来说，未尝不是一种负担。

孩子的降临，既不是为了完成父母的心愿，也不是为了活成父母的"复印件"。他们努力活成自己喜欢的样子，那才是最美的样子。

我们要发现孩子的天性，也要挖掘孩子的个性与潜能，抱着开放的心态，拥抱孩子，拥抱自己，拥抱未知的明天。

03　D型特质的孩子：小霸王

班主任把一群学生叫到办公室，因为他们砸坏了一块教室玻璃。

四个男生站成一排，就像惊弓之鸟，等待着班主任的训话。此刻，他们心里也有一些盘算："罚站是必然的，赔钱是必然的，千万别叫家长，别让爸妈来学校认领……"

---

① 梅罗：球迷对两大足坛巨星的合称，阿根廷国脚梅西、葡萄牙国脚C·罗纳尔多。

第九章 懂孩子

　　班主任拿起深色的水杯，抿了一口，端详着眼前的初中生，他们是性格截然不同的四个人，怎么就引发了砸玻璃事件呢？

　　眼神犀利的班主任，流露出"坦白从宽，抗拒从严"的"杀气"："各位少爷，如果不想我通知令尊、令堂，劳烦告诉老夫，这是怎么回事，好吗？"

　　小D说："是我砸的，跟他们没关系。"

　　小I说："老师，我们刚才闹着玩，追来追去，可能是一不小心碰到了，也可能是玻璃老化了，自己碎了，我们也被吓到啦。"

　　小S说："老师，我们不是故意的，我们错了，不要给我们记过好吗？"

　　小C说："下午第一节课下课，我们四个在讨论网游，在讨论过程中产生分歧，互相推搡，玻璃碎了，但我们并没有碰到过玻璃，您可以问现场的目击证人，或者调取监控。"

　　面对身前的四个大男孩，班主任觉得他们挺可爱的，他们代表着不同的行为风格。他首先打量着此刻的小D，小D倒也不回避，甚至与班主任对视，颇有一副视死如归的模样。

D型特质的孩子的特征（小D同学）

　　① 勇敢。胆子大，步子迈得也大，勇于挑战，敢作敢当，背锅也毫不犹豫，见不得别人唯唯诺诺。学校组织打疫苗，如果有同学紧张地哭了，他就是那个露出不屑神情的孩子，说："这有啥好哭的！"

　　② 带头。打扫卫生，第一个拿起扫帚就干，干劲十足，玩模拟打仗的游戏，是身先士卒的"急先锋"。口头禅是"跟着我"，速度总是很快，因此嫌弃动作迟缓的小朋友，讨厌只会"殿后"的同学。需要注意的是，D型特质的孩子可能带头做贡献，也可能带头捣乱，如何引导，尤为重要。

　　③ 领导。带头作用，算是领导力的早期萌芽，或者是领导欲望的展现。喜欢在班级里树立权威，担任某个职务，或者负责某项具体工作，负责收作业，或者负责喊"起立"。人缘好就是"指点江山"，人缘差就是"自立为王"，需要注意的是，D型特质的孩子万一丢掉

了"领导位置",心理落差非常大。

④ 自信。这种自信来源于"力量",力量的供给有多个方面,如家庭条件的优越,平时成绩的出类拔萃,担任班干部的能力,受到同学拥戴的辉煌历史……对自我充分肯定,往往能独立完成任务,对别人、对环境的依赖度较低,被视为传递力量的"勇敢者"。

⑤ 好胜。D 型特质的孩子拥有一颗胜负心,什么都要"赢",学习成绩要赢,体育运动要赢,吵架打架要赢,同学之间的矛盾要赢……受限于年龄,D 型特质的孩子在老师和家长面前,有一定收敛,争强好胜也是分对象的。D 型特质的孩子可能会出现"输不起"的现象,一旦输了,将打击到他们的"自信"。

⑥ 直爽。D 型特质的孩子想要一个新玩具,直接就和家长说了;走过冰激凌店想吃冰激凌,直接就停下脚步,他的表达方式非常直接,"爸,我要吃冰激凌"。曾经有部电视剧,男主角离婚后,极力想在儿子面前掩饰,儿子却脱口而出:"我知道你们离婚了,好几个同学的爸妈也离婚了。"

D 型孩子的打造(小 D 同学)

① 锁定目标。考试要考到第几名,升学要到哪所学校,目标要明确,并为之奋斗。目标可以被贴出来,但父母不要反复唠叨,他已经清楚要什么,唠叨传递的是"不信任"。同时,父母为孩子设置合情合理的目标,完成目标有奖励,完不成目标有惩罚,但目标不是唯一的。

② 正视失败。争取考试拿第一,结果前三都没进;代表班级参加象棋比赛,结果第一轮就遗憾出局;竞选班长时票数处于劣势,最后只能担任课代表……这些看上去很小的失败,对 D 型特质的孩子影响不小,父母要让孩子知道,人生是由无数次成功与失败组成的,成功收获成就,失败收获经验。

③ 承担责任。D 型特质的孩子是一个愿意主动承担责任的孩子,当他做错事并承担责任,换来的不该是劈头盖脸的责罚,而是肯定他的"勇于担责"。责罚会引发 D 型特质的孩子的对抗,而肯定他,则会换来

友好。随着年龄的增长，D型特质的孩子承担的责任也将越来越大。

④ 给予选择权。D型特质的孩子的"领导"特性，在他的"自主性"上体现得淋漓尽致。一家人要出去享用美食，可以问他"想吃中餐还是西餐"，在学习上约法三章，可以跟他商量"先玩一会儿游戏再做作业，还是做完作业玩一会儿"，在选择中让他为自己的决定承担责任。

⑤ 遵守规矩。"自主性"强有利有弊，在面对规矩的时候，"自主性"可能就会变成D型特质的孩子破坏规矩的借口。父母要让他明白，遵守规矩的必要性，也就是为什么要遵守各种规矩，就像平时过马路，为什么要遵守交通法规？第一是保证自身的安全，第二是保护别人的安全，第三遵守交通法规是公民素养的体现。

⑥ 树立榜样：在学校，孩子的榜样是老师，在家里，孩子的榜样是父母。孩子没有"对标"的清晰概念，却有着相应的意识，他会在脑海里不断加深印象，未来要成为谁，成为超人、奥特曼，或者成为爸爸和妈妈那样的人。D型特质的孩子的目标感强烈，他的第一个榜样，多数是"很厉害的"父母。

小D是小霸王吗？至少在气势上、作风上是的，如果他很闹腾，就是"调皮大王"，如果他是安静的美男子，就是"大王"。

瞧，那个喜欢走在最前面的孩子！

04 I型特质的孩子：机灵鬼

班主任在没有调查清楚情况之前，暂时让男生们都站着。

小D站得挺拔，眼睛直勾勾看着外面，颇有大将风度；小S头一直低着，仿佛所有的错都在他身上，你能感受到他的悔意；小C保持沉默，闭目养神，或许在思索着，还有什么关键线索能帮到自己；只有小I，动来动去，左顾右盼，一会儿被门口走过的人吸引，一会儿被操场传来的呼喊声吸引，还主动打开话匣子，活跃了一下尴尬的氛围，奈何另外三人都没理睬他。

班主任说:"小 I,你的精力很充沛啊!我看你进来之后,就没停过,站立的姿势都换了七八个了,全身都是戏啊!"

小 I 笑了笑,摸了摸自己的头:"老师您这是夸我,还是损我呢,夸我,我就照单全收啦!我可是咱们班上最有活力的人,全市小学生活力代表……"

一句自称"全市小学生活力代表",把众人都逗笑了,办公室里的其他老师听到了,也忍俊不禁,特意在批改作业的同时,抬头望了一眼。班主任又爱又恨地说"你给我消停消停,知道吗?"

小 I 开始练闭气功,班主任也开始打量眼前这个活宝。

I 型特质的孩子的特征(小 I 同学)

① 活跃。他是班上的活跃分子,思维活跃,总是萌生各种鬼点子;行为活跃,常被某些老师贴上"多动症"的标签。学习是辛苦的,别人中午要午休,他却仍在玩耍,他对新奇事物充满兴趣,也是学校小卖部最活跃的身影之一。父母在家,常被他的活跃搞得筋疲力尽。

② 能言。他爱说话,上课插嘴,下课闲聊,同学们围着他,因为他在讲故事、说段子、聊八卦的时候,说起来眉飞色舞、绘声绘色。老师和父母觉得,他的精力和口才没有用到正道上,但是又觉得,如果有一天他成功了,离不开这副"铁齿铜牙"。

③ 贪玩。I 型特质的孩子本身活泼好动,喜欢和小伙伴们在一起玩。I 型特质的孩子上课的时候,注意力不集中,回家做作业,也

第九章 懂孩子

很难做到一气呵成，心猿意马倒是常有的事。涉及和"兴趣"有关的东西，他比谁都积极，文艺细胞也被激活了，唱歌、跳舞、主持、模仿、电子竞技，甚至抖音开个账号玩直播，总有他拿手的活。

④ 乐观。在任何情况下，他都能展示出积极乐观的一面。明天就要考试了，书都没看过一遍，那就临时抱佛脚，分数公布了，成绩不理想，还有下一次，美其名曰"不以成败论英雄"。他是欢声笑语的制造机，也是"明天会更好"的拥护者，逆境可以被忽略，疼痛也可无药自愈。

⑤ "人来疯"。人多的时候，被众人关注的时候，他会很亢奋，他的表演欲望也会被激发，这就是为什么小I特别享受舞台，乐意代表班级上台表演的原因。生龙活虎的他，试图成为聚会的焦点，所以，无视他是对他最大的残忍，他也很在意别人的评价，爸爸妈妈怎么看他，同桌小美怎么看他……

⑥ 情绪化。当他想要表达情绪的时候，他不会藏着掖着，更不会喜怒不形于色，开怀时大笑，难受时恸哭，就这么直截了当。他较为敏感，一旦听到批评，马上就翻脸了，与父母发生口角后，冷战就开始了。递给他一个甜甜圈，世界就又恢复了和平，情绪化令他不按常理出牌。

I型特质的孩子的打造（小I同学）

① 经常鼓励。每个孩子都是一座巨大的宝藏，等待我们发掘，打开他这座宝藏的钥匙是鼓励和夸奖。随时随地鼓励他，一个眼神或竖起大拇指，一有机会就当众夸奖他，把他的优点和成绩都晒出来。

② 定期嘉奖。除了非物质的鼓励，还要给予物质方面的嘉奖。例如，当他期中考试考进前10名的时候，奖励一套彩笔；歌唱比赛入围复赛，来一顿必胜客。注意，与奖励挂钩的要求（绩效指标），不要太高。

③ 适当娱乐。你很难阻止他对于娱乐的追求，以及对赶潮流的偏爱，看电视、玩游戏、出门逛街、找小伙伴玩耍，总之他是闲不住的。要让他明白，该娱乐的时候娱乐，该学习的时候学习。

④ 约法三章。他比较懒散，也不喜欢被条条框框约束，可是国有国法、家有家规，怎么学习、怎么玩，友好协商，白纸黑字，订立规矩，使他有章可循，培养他对于规则的接受度和执行能力。

⑤ 亲密接触。他希望从父母那里获得鼓励和嘉奖，也希望得到父母的一个拥抱、一个亲吻，小 I 同学很享受肢体语言传递的爱意，只有当他长大之后，才会在一些公共场合中嫌弃父母对他的"搂搂抱抱"。

⑥ 逐梦圆梦。他是一个梦想家，从白日做梦开始，不要打击他看似"不切实际"的梦想，而要理解他到底在做什么。当他需要同伴加入的时候，父母是特别好的选择，与他一起玩耍，一起探讨梦想的实现。

小 I 是小精灵吗？至少在反应上、语言风格上是的，他从来都是社交圈内的焦点，从小就讨人喜欢，无论开口说话，还是肢体动作和表情，圈粉无数。

瞧，那个全身发光，吹着口哨的孩子。

05 S 型特质的孩子：暖宝宝

根据几位现场同学的反馈，被砸碎的玻璃，可能真的跟他们四个关系不大，他们只是在玻璃附近的嬉闹而已。

第九章　懂孩子

班主任对孩子们表示安慰："好了,情况基本清楚了,各位受委屈了,老师在此向你们表达歉意,也请你们谅解!"

小D显得很大度:"没事,事情水落石出就好。"

小I还有心情开玩笑:"要不给点精神补偿,或者期末加点分呗。"

小S依然满怀歉意:"谢谢老师,我们课间喧哗,终究是不对的。"

小C很冷静:"学校是否要对所有玻璃做个安全检查?"

在班主任的眼中和心里,小S一直是个乖学生。

S型特质的孩子的特征(小S同学)

① 友善。在他的身上,看不到任何攻击属性,他既不会主动攻击别人,也很少做出被动反击。他对同学很友善,对家长、对老师更友善,他希望世界和平,也期待人与人之间能减少冲突,所以"违法乱纪"基本与他绝缘。

② 谦卑。他习惯于把姿态放得很低,即使成绩优秀,也不会显摆,更不会在同学面前展示出得意的一面,或者挥舞着卷子讨好家长。在他看来,学习是一条漫长的路,一次测验,并不能代表什么,自己只是笨鸟先飞而已,与其敲锣打鼓,不如处世低调。

③ 稳定。S型特质的孩子的这种稳定性,不止体现在学习成绩上,也体现在他的情绪上,没有大喜大悲。老师因此很少为他操心,家长也不会头疼,传说中的"好孩子",一般都是这样的。

④ 乐于助人。S型特质的孩子从小就有做"志愿者"的潜质,同学忘了带橡皮,借给对方;同桌忘了带书,俩人合看;别人苦苦哀求想抄作业,最后他也经不起对方的软磨硬泡,帮人渡过难关。因为"心肠软",容易迁就别人,也容易因为过于好心而受骗。

⑤ 协作。与小D同学相比,他不愿意带头;与小I同学比,他不愿意出风头,他更愿意成为团队的一分子,与人合作,默默出力。班级要出一个合唱节目,他不会主动申请做指挥或领唱,某一个声部的和声,也挺好。团队荣誉高于个人荣誉,为了集体,牺牲小我也是值得的。

⑥ 务实。这是一个特别脚踏实地的孩子,吃苦耐劳,按部就班,

甚至有点"迂",有捷径也不走,或者说不敢走;在家听家长的话,在学校听老师的话,看似缺乏个性,实际上是遵循传统。

S型特质的孩子的打造(小S同学)

① 家庭和睦。他很在意亲情,很在意家庭的和睦,任何家庭冲突、家庭变故,对他来说都是打击,需要时间去调整和适应,且需要很长时间才能缓过来。一家人和谐美满,就是他最大的生活动力;一旦父母吵架,他甚至会归咎于自己不够乖。

② 减少变化。如果可以,买一个房子,在一个地方定居,让孩子避免搬家,避免转学,避免频繁更换老师和同学。熟悉的环境和熟悉的人,早已培养好的情感,倘若过两天就要道别了,那对S型特质的孩子来说是一种伤害。

③ 给予指导。S型特质的孩子在学习或生活中遇到一些问题和困难时,最需要的就是有人能为其答疑解惑。老师布置了一个手工作业,让他自己琢磨,或者代他完工,都不如教他"如何做",有人指导,他会安心很多。

④ 互相温暖。当他看到父母不开心的时候,他不会在一旁捣乱,也不会哭闹来引起父母的关注,只会安静地自己玩耍,或者真诚地问:"爸爸妈妈,你们怎么了?"他会说一些温暖的话,也会做一些令父母都感动的事,同样地,父母给予他足够的温暖,才能坚定他温暖世界的理想。

⑤ 激发个性。虽然他不擅长做决定,但是切勿替他做决定,也不要逼着他同意你的观点,或者强求他附和你的意见,试着让他表达想法,说出自己的心意,释放自己的情感,而不是压抑他的个性。

⑥ 陪伴成长。赚钱是必须的,但父母要保持与孩子的互动,他的每一个重要时刻,尽量参与,看着他幼儿园毕业,看着他小学毕业,看着他第一次登台表演,有时间就陪他,至少当他需要父母的时候,及时出现在他身边。

小S同学是暖宝宝吗?至少他用真诚的关怀与无私的付出,向人们证明着,即使外面的天气寒冷,他却是父母贴心的小棉袄,也

是老师捂手的保温杯。

瞧,那个暖心微笑但怯场的孩子。

06　C型特质的孩子:智多星

玻璃是否要做个安全检查?小C的话,提醒了班主任,一个小孩子,竟然想得如此细致,佩服!

班主任问四个男生,如何看待今天发生的乌龙事件。

小D不以为意:"一件小事,很快就忘了。"

小I大大咧咧:"也挺有意思的,就当是一次与众不同的经历。"

小S仍在反省:"以后不掺和了,卷入风波就不好了。"

小C坚持他的建议:"有必要及时排查安全隐患。"

也许在另外三位看来,事情已经结束了,但是在小C看来,事情仍有待解决。

班主任再次向他们致歉,吩咐他们回教室上课,看着小C的背影,拨打了后勤部门的电话。

C型特质的孩子的特征(小C同学)

① 严谨。相比于他人的随口一说,C型特质的孩子倾向于讲话要有依据,摆事实、讲道理,实事求是、客观中立。因此,他更偏好理科,一切根据定理和公式推演而来,不像文科那么开放——"谈

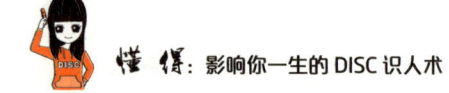

谈你的感受与启发"。

② 完美。他十分关注细节，力求完美，不出差错。每次考试，审题几乎不出错，也不会出现看走眼的情况，卷子做完，从头到尾检查几遍，答题卡也要认真复核。写作文时，不允许错别字的存在，连标点符号都不能错。

③ 高标准。因为追求严谨和完美，自然也就产生了较高的标准，对自我有很高的要求，对身边的人也一样。哪怕父母根本不在乎他考试第几名，他心里早就设定了标准，考了 99 分，仍在分析丢 1 分的原因，不达标会使他不安与自卑。有时候，高标准成了他的枷锁，令他很难感受到同龄人的轻松与快乐。

④ 自制。老师走开，不用担心他跟同学窃窃私语；父母外出，不用担心他偷偷看电视、玩游戏。在学习方面，他是专注的，不太受外界的干扰和诱惑，紧紧遵循着自我设定的轨道，以及与大人们做出的约定。

⑤ 高冷。喜欢独处，话不多，他极少浮现天真烂漫的笑容，也不轻易表达自己的情感；同学们扎堆玩游戏的时候，他不会加入；别人找他搭讪的时候，他还嫌弃对方"干扰学习"，被人认为"学习得走火入魔"。

⑥ 善于分析。C 型特质的孩子喜欢收集、整理各类信息，以逻辑和直觉看待人和事，缺少必要的情感流动，也没有什么即兴发挥。他喜欢制订计划，分析并整理出自己的学习方法，享受推理过程，对侦探小说和悬疑电影有独特偏好。

C 型特质的孩子的打造（小 C 同学）

① 降低标准，并不是没有标准，而是家长要适当降低对他的要求。他本身是一个容易设定高标准的孩子，如果家长再对他严要求，那他就背负起巨大的压力，达标固然好，没有达标呢？自责、自我怀疑、自我否定。

② 接受不完美。教育小 D 同学，要接受失败；教育小 C 同学，让他接受不完美。人和世界，本就是不完美的。过于追求完美，会

影响孩子未来的就业、择偶和生活,让他学着接受不完美,生活更轻松。

③ 充分等待。他不是反应很快的那种孩子,看上去"慢人一拍",慢是因为他喜欢思考,且不愿意草率决定或说出论断。给他足够的独立思考时间,耐心等待。学一样东西,别指望他第一个学会,但很可能他是第一个学精的。

④ 关注感受。他不擅长谈感受,刻意回避情感的部分,这会让他在同学之间、师生之间,甚至亲子之间变得"孤僻"。在平时与其相处的过程中,父母要多问问他"你在想什么呀""能和爸爸分享一下你此刻的感受吗"……

⑤ 制造快乐。夸奖他的时候,不是泛泛的赞美,如"太棒了""好优秀",而是具体事件、具体细节上的夸奖,如"你的最后三步棋,下得很巧妙""你弹的这首曲子,比昨天进步了"。平时陪他玩拼图、魔方、乐高等益智玩具,睡前分享 1～2 个故事,然后让孩子想着每天的开心事,安心入眠。

⑥ 融入圈子。他可以自己玩,有时候也羡慕别人有玩伴,当他想要进入某个圈子,或者与小伙伴一起玩耍,父母应帮他创造这样的机会。不要强逼着他与人打招呼,或在聚会中逼着他认识一群人。

小 C 同学是聪明宝宝吗?至少他总是用"思考状"示人,反应慢,但准确率高,细节上极少犯错。他有自己的作息制度,还有自己的未来规划,甚至还有罕见的风险意识,以及应对问题的预案。

瞧,那个托腮沉思的孩子。

07　与"为你好"说再见

高铁上,并排坐着一对母女,女孩八九岁的模样,手上抱着一个硕大的乐器盒。妈妈板着脸,似乎在生气。

不一会儿,妈妈开腔了:"这次去上海比赛,你一定要拿第一名,知道吗?"女孩反应不大,妈妈又重复了两遍"知道吗",女孩点点头。

"为了培养你,爸爸妈妈花了多少钱,你知道吗?如果拿不到好成绩,你就对不起爸爸,对不起妈妈,也对不起你自己,知道吗?现在社会竞争多么激烈,每天鞭策你,妈妈也是为你好!"

由于妈妈讲话太大声,旁边的乘客,都开始把注意力放在这对母女身上。

"你要拿第一名,这样就对得起爸妈了,知道吗?"女孩没搭话,只是点点头,妈妈不满意女儿的回应,唠叨个不停:"全力以赴,妈妈也是为你好!"

或许,这就是现代教育中,一类家长的缩影。家长只站在自己的角度看待问题,全然不顾孩子的想法,还要将自己的意志强加给孩子,冠上"为你好"的名义,殊不知,孩子根本不领情。

破坏亲子关系的第一条,就是这句站在制高点上的"为你好"。

我又想起短片《后浪》,这是"前浪"撰写并拍给"后浪"看的,也是站在自己角度上的自娱自乐,结果,"前浪"嗨到不行,赞赏、评论、转发,刷爆朋友圈。"后浪"却表示这不是我们的状态和生活,也不是拍给我们看的,谢谢。

回到亲子关系上,家长苦口婆心的"为你好",到底该怎么做?家长应该理解孩子的想法,了解孩子的需求,知道孩子想要什么,而不是"想当然"的臆测。

第九章　懂孩子

孩子的真实独白:"你不是真正地为我好,我也不是真正的快乐。"

D 型特质的孩子觉得:为我好,就应该让我自己做主,我长大了。

I 型特质的孩子觉得:为我好,就应该尊重和支持我的兴趣爱好。

S 型特质的孩子觉得:为我好,就应该给我减负,压力太大了。

C 型特质的孩子觉得:为我好,就应该做好长远规划,共同协商。

在孩子们的一声叹息中,家长和孩子真的需要坐下来,好好谈谈。

"为你好"只是冰山一角,除此之外,我们还会发现一些,家长们固化的语言和思维模式,以及很多错误的教育认知,这些甚至影响了好几代人,列举几个,仅供参考。

声音1:都是为你好。

潜台词:哪怕做得不对,我的出发点是好的

孩子心思:不是为我好,是为你自己好。

声音2:我有几十年的阅历。

潜台词:年龄和成熟度(见识)是正比的,谁年长,听谁的。

孩子心思:爷爷的阅历比你的阅历更多,你听他的了吗?

声音3:你翅膀硬了。

潜台词:孩子永远是孩子,过去是,现在是,未来也是。

孩子心思:但我会长大,终有一天会翱翔。

声音4:你是我生的。

潜台词:听父母的话,不接受反对和反驳。

孩子心思:但我可以"非暴力不合作"。

慢慢地,这样的声音就成为阻隔亲子关系的障碍,一条连通彼此的路,就这样被封住了。

有错就要纠正,摆在面前的机会是,从"为你好"这条死胡同走出来,跟"为你好"说再见。

随着时代的发展,正确的教育认知也逐渐为大家所熟知,同样罗列几个,仅供参考。

声音1:孩子的智力水平都是正常的。

潜台词:不要再说孩子是笨蛋,说多了,孩子也许就真变笨了。

孩子心思：感谢，不拿我的智力说事，我才能充分展现智力。

声音2：家长对孩子的爱是无私的，但自私的行为是存在的。

潜台词：别总在孩子面前谈"爱的奉献"，偶尔要正视自己的"小算盘"。

孩子心思：爱，能感受到；自私，我只是假装不知道而已。

声音3：孩子在努力变好，即使当前仍然很糟糕。

潜台词：家长要用长远的眼光看问题，在"变好"的过程中帮助孩子。

孩子心思：我会越来越好，只要你不急功近利。

声音4：亲子关系的改善，首先来自家长的改变。

潜台词：别用"改变"的枷锁困住孩子，家长应当先从自身找问题。

孩子心思：太好了，你改变，所以我改变。

一正一反，论点交锋，不懂孩子的心思，你会非常被动。

既然孩子不喜欢听到"为你好"，他们又想听到些什么呢？

D型特质的孩子：为你骄傲，放手去干。

I型特质的孩子：为你喝彩，再来一曲。

S型特质的孩子：为你挡雨，坚持就是胜利。

C型特质的孩子：为你筹谋，条条大路通罗马。

08　当正面管教遇上DISC

正面管教的英文是Positive Discipline，简称PD，直译过来就是"积极的自律"，它是一种既不惩罚，也不娇纵的管教孩子的方法，简·尼尔森博士[①]是美国正面管教体系的创始人，通过几十年的研究，他撰写了包括《正面管教》在内的多本畅销书，她把这个先进的亲子育儿理念，传播到了全世界。

有的人一听到"正面管教"四个字，便激动地表示："太好了，

[①] 简·尼尔森：教育学博士，杰出的心理学家、教育家，美国"正面管教协会"的创始人，多家育儿组织和杂志的顾问。她是7个孩子的母亲，18个孩子的奶奶或外祖母。

第九章 懂孩子

我太需要管教管教我们家的小祖宗了！"很多家长以为正面管教是管教孩子，其实，正面管教是让家长学会如何更好地与孩子进行沟通，通过家长的改变，帮助孩子成长与成功，让家长展现出正面管教型的养育风格——和善而坚定。和善而坚定是正面管教最核心的定义，也是整个理论的基石。

养育风格中的"和善"，接近于 DISC 里的 I 型特质和 S 型特质，关注人；养育风格中的"坚定"，接近于 DISC 里的 D 型特质和 C 型特质，关注事。"和善而坚定"所传递的，正是 DISC 四种风格都要兼顾，综合运用！

令人惊叹的是，正面管教设计了 52 个工具，当家长拥有了正面管教的风格，等于拿到了 52 张工具卡（发动技能），可以在与孩子相处的过程中，任意组合并提高亲子教育的效果。

正面管教 +DISC，你会发现一个有趣的现象，或者说是组合的威力。

我尝试把它们融合在一起，基于孩子所表现出来的 DISC 风格，发动相应的"正面管教"技能，从"同频"和"调频"两个角度出发。

同频——用孩子擅长和喜欢的方式与之相处。

调频——及时调整自己，开发孩子的潜在属性。

当然，这对家长的要求比较高，家长需要拥有 DISC 的调适力，也需要拥有正面管教的理解和应用能力。

面对 D 型特质的孩子

同频→发动技能

【执行】让孩子知道什么时候你是认真的，什么时候不是，认真的时候只管执行，用行动力说话。

【一个词】避免说教和挑剔，使用一个词作为友善的提醒，如让他出门前检查下钥匙是否带了，只需说"钥匙"。

调频→发动技能

【纠正错误前先连接】在说出"不行"之前，先用情感连接的语言或行为做铺垫，这是拉近双方的距离和减少孩子的敌意的方法。

【给予关注】放下正在做的事,把注意力集中到孩子身上,他比你所做的任何事情都重要。

面对 I 型特质的孩子

同频→发动技能

【幽默感】让家长和孩子相处的氛围,变得轻松一些。

【非语言信号】非语言信号可能比语言更"响亮",如一个善意的微笑,一个表示亲近的肢体动作。

调频→发动技能

【近距离倾听】当孩子发表演讲,家长搬个凳子坐下听,不判断,不解释,更不要急着抢台词。

【日常事务】帮助孩子建立"日常习惯表",用计划约束他的随意,鼓励自律。

面对 S 型特质的孩子

同频→发动技能

【我注意到】告诉孩子你观察到的,也告诉孩子,你一直陪在他身边。

【花时间训练】很多事情,和孩子一起做,一边做一边讲解,然后在孩子准备好之后,让他自己做。

调频→发动技能

【启发性的问题】提问而不是命令,培养孩子独立思考的能力。明明可以直接告诉他答案,仍问他:"你打算怎样解决这个问题?"

【选择轮】教孩子使用选择轮,让他学会独立做出选择并承担责任。

面对 C 型特质的孩子

同频→发动技能

【同等对待】当孩子打架时,不偏袒某一方,而是同等对待,其他时候也是如此,建立公平公正的个人形象。

【细化任务】把任务细化,让孩子在"一步步的操作中"体验成功。

调频→发动技能

第九章 懂孩子

【拥抱】不要刻意保持家长和孩子之间的距离，靠近他，拥抱他，传递爱的感觉和行为表达。

【认同感受】允许孩子有自己的感受，和他偶尔交换一下彼此的感受。

孩子在成长，其周围的人和环境在变化，孩子的 DISC 行为风格也会随之调整，但只要工具在手，便能见招拆招。

篇幅有限，无法介绍更多，若内心泛起涟漪，可自行了解与精进。

09　不可避免的亲子冲突

首先，我们要肯定爱学习、愿意与孩子共同成长，愿意在亲子方面花钱、花时间的家长，毫无疑问，注意力就是生产力，为此投入的你，必将得到回报，包括更好地理解孩子，降低冲突发生的概率。

其次，我们必须正视现实，亲子冲突是不可避免的。

我们讲这节内容的目的不是避免冲突，只是在冲突发生的时候，让冲突更缓和，让冲突更可控，甚至朝着我们期望的方向发展。

① 你正在厨房里准备晚餐，孩子跑进来，不小心打碎了一个碗。

②你准备出门参加聚会,让孩子赶紧换衣服,他却在玩游戏。

③你把孩子带到长辈面前,让孩子打招呼,他却不开口。

④你刚给孩子买了一个新玩具,他又看上一盒白巧克力棒,也想买。

⑤你看到孩子放学回来,一件崭新的白衬衫,沾满了污垢和泥土。

⑥你问孩子最近的测验成绩,他支支吾吾不敢说,一看试卷60分。

对于上述6个场景,也许你已经脑补了相关画面。你觉得,哪一个最有可能产生冲突?又或者,哪一个最容易引发你的愤怒?

打碎了碗,"怎么这么不小心,进来干吗?赶紧出去!"

不换衣服,"怎么还不换?快点快点,要来不及了!"

不愿打招呼,"怎么这么没礼貌,叫一声叔叔阿姨这么难吗?"

想买零食,"怎么又要买零食,不是刚买了玩具吗?"

衣服弄脏,"怎么这么不小心,白衬衫才穿了半天啊!"

成绩一般,"怎么才考60分,至少要考90分以上啊!"

冲突就这样发生了,语言风格熟悉吗?短短6句话,却很值得我们探讨,也暴露了一部分家长的一些问题。

第一,家长喜欢把手指指向对方,把责任推到孩子身上,引发冲突,一定是孩子"不乖"。

第二,家长喜欢直接下结论,甚至不分青红皂白,孩子连辩解的机会都没有。

第三，家长习惯于表达自己真实的情绪。

第四，家长对于孩子的行为，早已设定了自己的标准，有些是在孩子面前"官宣"过的，有些埋藏在心里，所以才会快速指向、得出结论、情绪表达。

既然冲突不可避免，为了更好地懂得孩子，DISC 四种类型的家长，能否先给自己打个预防针呢？有的放矢，从容应对。

D 型特质的家长

优势：在冲突中聚焦问题所在。

挑战：暴脾气，张口就骂，咄咄逼人，毫不退让。

调适：一旦察觉自己要"发威"，先让自己冷静一下。

I 型特质的家长

优势：冲突发生后，容易找到和解的方式。

挑战：未经思考的冲动表现，过于情绪化。

调适：给自己至少 30 秒的思考时间。

S 型特质的家长

优势：较少参与冲突，能够以同理心对待对方。

挑战：长期忍耐之后，突然爆发，一反常态的样子很可怕。

调适：保持微笑，保持亲和力，及时退出冲突。

C 型特质的家长

优势：在冲突中基于事实和依据，更在意冲突过后的问题跟进。

挑战：秉承着"真理越辩越明"的原则，陷入辩论或说教。

调适：减少问句，避免连珠炮式的问话。

没有家长愿意发生亲子冲突，上面的 6 个场景，有没有可能换个思路解决呢？

孩子打碎了碗，不是来捣乱，只是想打下手，承担家务。

孩子也想赶快换衣服，只是游戏不能存档或暂停。

不愿意打招呼。孩子努力尝试张口，刚要喊出来，就被责骂了。

想买零食。孩子看到爸爸总抽烟，想送巧克力棒给老爸。

衣服弄脏。孩子扶起倒地的自行车，被过路车溅了一身泥。

成绩一般。这次考试时孩子身体不适发挥失常。

这样写的目的，只是希望家长与孩子相处的时候，跳出固有的思维，也许我们看到的，不是真相；也许我们想到的，只是一方面。如果家长不懂孩子的世界，又怎能有效地与之沟通？

尽可能地避免亲子冲突，请记住这四句话。

多一些沟通，少一些误解。

先处理心情，再处理事情。

先保持中立，再看待问题。

先调整自己，再影响孩子。

10　燃烧吧，家长

辛苦劳累了一天，回到家，仍要面对"又爱又恨"的孩子，安排吃喝、辅导作业、心灵陪聊，尤其是哄孩子睡觉，经常演变成"艰苦卓绝的斗争"。

晚上10点，约定好的睡觉时间，妈妈像往常一样督促孩子睡觉："宝贝，时间到了，该睡觉了噢。"孩子此时仍在玩耍，可想而知，让孩子从玩耍模式切换到睡眠模式，没那么简单。

"妈妈，我要喝水。"

"妈妈，我要上厕所。"

"妈妈，再给我讲一个故事。"

"妈妈，我想再玩一局游戏，最后一局。"

作为家长，束手无策还是雷霆出击，你打算如何应对？不同类型的家长，自然有不同的应对方式，你会选哪一种？

第一种应对方式

"现在都几点了，没完没了是吗？你再调皮，妈妈不喜欢你了，妈妈要生气了！快睡觉！"

然后，关门、关窗、关灯、关手机。如果孩子哭闹，再用"大声呵斥"的方式训斥孩子。

第九章 懂孩子

第二种应对方式

"宝宝,这样,我们说好最后一局了,好吧?"

孩子玩游戏,妈妈刷抖音,不知不觉20分钟都过去了,爸爸加班,刚回到家:"你们俩这么晚还没睡?都在干吗啊?该睡觉了。"

妈妈被一个有意思的账号吸引,正在看搞怪视频:"快了快了,我马上好了,你先去哄孩子睡觉,他还在玩游戏。"

第三种应对方式

"宝宝,我们再讲一个故事,讲完就睡,好不好?"

孩子说:"好的!"

妈妈讲完,合上书,孩子嚷嚷:"妈妈讲得太好啦,再来一个!"

"好好好,这次真的是最后一个了。"

妈妈又讲完了,正准备起身,孩子不依不饶:"妈妈,我还想听,最后一个嘛,我保证!"

看着挂钟上的时间,真的不能再拖延了,不然,早睡的习惯,总是养成不了;再看孩子稚嫩的脸庞,渴望的小眼神,真是可怜,于心不忍,内心告诉自己:"再讲一个,真的,最后一个。"

第四种应对方式

"宝宝,我们拉钩约定,每天几点睡觉?"

"十点,可是,妈妈,我还想再看一集动画片!"

"不可以!如果你还不睡觉,会带来3个后果,第一,明天不能按时起床,迟到了要被批评,影响你的学习;第二,过了黄金时间,不能保证充足的睡眠时长,影响你的健康;第三,这是妈妈和你达成的约定,单方面破坏规矩,影响你的诚信。宝宝,你要做个明事理的孩子,知道吗?"

以上四种应对方式,分别对应典型的DISC行为风格,对应了D、I、S、C四种家长的亲子沟通方式,你可能坚定不移地选了一种,也可能在多种方式之间切换,真的太难了!

这就是家庭生活的乐趣所在,正如前文所说,家长在"懂孩子"的过程中与孩子共同成长,练就了"凡事必有四种解决方案"的"功夫",内功日益精进,觉悟不断升华。

作为一个既"懂 DISC"又"懂孩子"的家长,务必要展示一下 DISC 的功力,面对孩子,招招有效!

第一招,克制 D。

家长在育儿的时候,很容易被"不听话"的孩子激怒,一点小事就大发雷霆;或者,对孩子越来越没有耐心,显示出各种不耐烦的样子;又或者,总是想把孩子牢牢控制在手里,让孩子凡事听命于自己。

勿动肝火、保持耐心、适当放手的关键,便是有意识地"克制 D",哪个孩子会喜欢家长对自己发脾气!

第二招,激活 I。

生活中有太多琐事,太多忙碌,没那么多时间享受"快乐时光"。有的家长下班回家就蔫了,电量耗尽,精神状态较差;有的家长白天话多,晚上图个安静,懒得跟孩子互动;有的家长把责任丢给另一半,让伴侣上阵,自己躲在后方。

满血复活、积极互动、夫妻配合的关键,便是有意识地"激活 I",策马扬鞭,笑看风云,哪个孩子不想家长陪他玩耍!

第三招,散发 S。

为了让孩子听话,有的家长故意凶神恶煞,说一不二,看上去

第九章 懂孩子

不好惹；有的家长只问成绩，不问感受，不在意孩子的委屈；有的家长忙于工作，赚钱第一，很少花时间陪伴孩子。

传递善意、嘘寒问暖、陪伴成长的关键，便是有意识地"散发S"，温柔以待，花香自来，哪个孩子不想家长能理解他支持他！

第四招，平衡C。

望子成龙的初衷是好的，有的家长给孩子设定高标准，什么都要求孩子做到"最好"；有的家长对孩子很严厉，孩子一旦犯错就责罚；有的家长把孩子的学习生活安排得满满的，剥夺了孩子娱乐的权利。

降低标准、允许犯错、劳逸结合的关键，便是有意识地"平衡C"，金无足赤，人无完人。

如果你爱孩子，你也懂孩子，那就克制D、激活I、散发S、平衡C。

燃烧吧，DISC全能型的家长！

第十章 懂生活

01 生活处处DISC

生活处处都有惊喜，生活处处都有DISC。

DISC不仅为我们提供了一个高效工具，还为我们创造了一种新的视野，甚至特别有意思的一天。

早上睁眼，四种特质的人都在摸手机，脑子里想得却不同。

D型特质的人：今天最重要的一件事是什么？搞定它！

I型特质的人：今天有什么好玩的？每一天都要不一样！

S型特质的人：今天有哪些事情要做？先捋一遍思绪。

C型特质的人：今天的规划是什么？合理安排时间。

为了保证元气满满，早餐还是要吃的。

D型特质的人：争分夺秒，三明治可以路上吃。

I型特质的人：听说手抓饼可以自制起酥，一边做，一边拍照、晒朋友圈。

第十章 懂生活

S 型特质的人：一大早就起来做爱心早餐，中式西式都要有，照顾好家人。

C 型特质的人：早餐，尤其要注重食物的品质和营养的均衡。

开车上班，又是红灯，又是堵车，一动不动。

D 型特质的人：戴着蓝牙耳机，给下属布置工作；前车启动太慢，按喇叭。

I 型特质的人：听着广播里的音乐，哼起了歌："爱真的需要勇气……"

S 型特质的人：静静等着，就当是一次短暂休息，扭动一下颈椎。

C 型特质的人：看一眼导航，结合当前的路况，预计到达时间。

终于到了办公室，落座，开工。

D 型特质的人：在路上的时候已经进入工作状态了，最多把剩下的几口三明治吃掉。

I 型特质的人：先跟同事问好、打招呼，顺便分享一下热搜榜刚刚爆出的"瓜"。

S 型特质的人：擦拭桌面的灰尘，给绿植喷水，用水壶烧水。

C 型特质的人：查看邮件，打开"每日计划"的文档。

领导组织大家临时开会，关于新品上市的头脑风暴。

D 型特质的人：在笔记本上划重点，有针对性地提出自己的建议。

I 型特质的人：凭心情涂鸦着笔记，把自认为的"绝世好点子"阐述给大家听。

S 型特质的人：认真聆听大家的讨论，自己暂时没什么好主意。

C 型特质的人：对于大家的建议，做几点细节方面的补充。

午餐用罢，还有 1 个多小时的午休时间，如何好好利用。

D 型特质的人：忙着准备下午的工作，顺便去冲一杯黑咖啡。

I 型特质的人：似乎并不需要休息，戴了耳机，刷剧或玩手机游戏。

S 型特质的人：趴在桌上小眯一会儿，醒来后，继续做上午没完成的工作。

C 型特质的人：找一个安静的空间（会客室等），戴上眼罩，入睡。

下午就近拜访一家老客户，进行新品上市前的摸底

D 型特质的人：直接表明来意，寻求对方关于产品迭代的反馈。

I 型特质的人：一阵寒暄后，时而聊新品，时而聊别的话题，借机促进关系。

S 型特质的人：诚恳邀请对方进行反馈，耐心聆听并做好记录。

C 型特质的人：事先打印了一份反馈表，现场请对方填写。

到了下班时间，反正部门里的同事都是单身，周末晚上，怎么安排。

D 型特质的人：没其他安排，既然有人提议聚会，爽快答应。

I 型特质的人：临时起意，询问同事有没有兴趣聚餐+KTV，顺便喝一杯。

S 型特质的人：其他人都表示参加聚会，自己便也答应了，只是晚上要早点回家。

C 型特质的人：已有安排，婉言谢绝，迫于情面，答应参加第二场。

KTV 内，大家欢声笑语，难得的放松

D 型特质的人：自顾自点歌，还把自己的歌曲"提前"。

I 型特质的人：唱歌时十分投入，手舞足蹈，经常活跃气氛。

S 型特质的人：点的歌都沉下去了，只能默默坐着欣赏他人唱歌，鼓掌喝彩。

C 型特质的人：坐在一旁，吃着零食喝着酒，不像来唱歌的。

快要进入深夜了，一天就这样过去了。

D 型特质的人：每一天，都过着自己想要的日子，主宰自己。

I 型特质的人：每一天，都要活出不一样的精彩，绽放自己。

S 型特质的人：每一天，都与往常一样风平浪静，爱这个世界。

C 型特质的人：每一天，都遵循既定计划，即使有的时候计划赶不上变化。

用什么样的方式过一天，就会用什么样的方式过一生。

也许，当我们发现了其中的奥妙，理解并掌握 DISC 理论，便可以试着让自己做出改变，毕竟，人生靠自己，用心去把握。

第十章 懂生活

02　中华小曲库

在 KTV 里，大家点了很多经典歌曲，在抒情或劲爆的旋律中释放自我，每一首歌都是情感的表达，每一首歌都是故事，每一首歌都传递着 DISC 的节奏。

那些耳熟能详的歌词背后，你是否听到/看到了 DISC？

严重怀疑，这一节不是用来读的，而是用来唱的。

D 型歌曲代表　曲风气势磅礴，唱起来雄赳赳气昂昂，常传递出"舍我其谁""横扫千军"的感觉，众人无不露出敬仰与膜拜之情。

①《好汉歌》——梁山 108 位好汉就在眼前

说走咱就走啊，你有我有全都有啊！（嘿嘿全都有啊、水里火里不回头啊）路见不平一声吼啊，该出手时就出手啊，风风火火闯九州啊！

②《向天再借五百年》，电视剧《康熙王朝》的主题曲

做人一地肝胆，做人何惧艰险，豪情不变年复一年；做人有苦有甜，善恶分开两边，都为梦中的明天；看铁蹄铮铮，踏遍万里河山，我站在风口浪尖紧握住日月旋转；愿烟火人间，安得太平美满，我真的还想再活五百年！

③《精忠报国》，且看岳飞和岳家军

马蹄南去，人北望，人北望，草青黄，尘飞扬，我愿守土复开疆，堂堂中国要让四方，来贺！

④《假行僧》——王健林曾在万达年会上公开献唱此曲

我要从南走到北，我还要从白走到黑，我要人们都看到我，但不知道我是谁；假如你看我有点累，就请你给我倒碗水，假如你已经爱上我，就请你吻我的嘴；我有这双脚，我有这双腿，我有这千山和万水，我要这所有的所有，但不要恨和悔。

I型歌曲代表　　曲风活泼、节奏快，歌词爱恨痴缠或生动有趣，唱时易投入且肢体语言丰富，常适合边唱边跳，众人无不被歌曲点燃，情不自禁一起嗨。

①《热情的沙漠》，必须配一段热舞

我的热情，好像一把火，燃烧了整个沙漠；太阳见了我，也会躲着我，它也会怕我这把爱情的火；沙漠有了我，永远不寂寞，开满了青春的花朵；我在高声唱，你在轻声和，陶醉在沙漠里的小爱河。

②《小苹果》——风靡全国的广场舞金曲

你是我的小呀小苹果儿，怎么爱你都不嫌多，红红的小脸儿温暖我的心窝，点亮我生命的火，火火火火火；你是我的小呀小苹果儿，就像天边最美的云朵，春天又来到了，花开满山坡，种下希望就会收获。

③《情深深雨蒙蒙》，琼瑶小说的爱情真谛

情深深雨蒙蒙，多少楼台烟雨中，记得当初你侬我侬，车如流水马如龙，尽管狂风平地起，美人如玉剑如虹；情深深雨蒙蒙，世界只在你眼中，相逢不问为何匆匆，山山水水几万重，一曲高歌千行泪，情在回肠荡气中。

④《难念的经》，开场就是缠绵悱恻

吞风吻雨葬落日未曾彷徨，欺山赶海践雪径也未绝望，拈花把酒偏折煞世人情狂，凭这两眼与百臂或千手不能防，天阔阔雪漫漫共谁同航，这沙滚滚水皱皱笑着浪荡，贪欢一饷偏教那女儿情长埋葬。

第十章　懂生活

S 型歌曲代表　曲风轻柔舒缓，歌词常传递大爱或委屈，唱时感情不宜过激，众人被爱打动，甚至默默垂泪。

① 《爱的奉献》——大爱无疆，让世间充满爱

这是心的呼唤，这是爱的奉献，这是人间的春风，这是生命的源泉；再没有心的沙漠，再没有爱的荒原，死神也望而却步，幸福之花处处开遍；啊只要人人都献出一点爱，世界将变成美好的人间，啊只要人人都献出一点爱，世界将变成美好的人间。

② 《相亲相爱》，最重要的是一家人开开心心

我喜欢一回家就有暖洋洋的灯光在等待，我喜欢一起床就看到大家微笑的脸庞，我喜欢一出门就为了家人和自己的理想打拼，我喜欢一家人心朝着同一个方向眺望，哦……因为我们是一家人，相亲相爱的一家人，有缘才能相聚，有心才会珍惜，何必让满天乌云遮住眼睛；因为我们是一家人，相亲相爱的一家人，有福就该同享，有难必然同当，用相知相守换地久天长。

③ 《只要你过得比我好》，割舍不下仍默默祝福对方

这些年你过得好不好，偶尔是不是也感觉有些老，像个大人般的恋爱，有时心情糟，请你相信我在你身边别忘了；只要你过得比我好，过得比我好，什么事都难不倒，所有快乐在你身边围绕。

④ 《心太软》，友人在劝说一个 S 型特质的小伙伴

你总是心太软，心太软，独自一个人流泪到天亮，你无怨无悔地爱着那个人，我知道你根本没那么坚强；你总是心太软，心太软，把所有问题都自己扛，相爱总是简单，相处太难，不是你的，就别再勉强。

C 型歌曲代表　曲风沉稳，歌词充满逻辑与条理性，唱时动情却又不乏理智，常适合在演唱歌曲的过程中进行反思，众人为这种感性＋理性的词曲折服。

① 《同桌的你》，校园时代的情谊

你从前总是很小心，问我借半块橡皮，你也曾无意中说起，喜欢和我在一起；那时候天总是很蓝，日子总过得太慢，你总说毕业

遥遥无期，转眼就各奔东西；谁遇到多愁善感的你，谁安慰爱哭的你，谁看了我给你写的信，谁把它丢在风里。

②《星晴》，乐趣就在数数的时候

手牵手，一步两步三步四步，望着天，看星星，一颗两颗三颗四颗，连成线；背对背，默默许下心愿，看远方的星，如果听得见，它一定实现。

③《大梦想家》，按规划一点一滴去实现梦想

一个一个梦飞出了天窗，一次一次想穿梭旧时光，插上竹蜻蜓张开了翅膀，飞到任何想要去的地方；一个一个梦写在日记上，一点一点靠近诺贝尔奖，只要你敢想就算没到达理想，至少有回忆珍藏。

④《123 我爱你》，爱一个人要体现在细节里

轻轻贴近你的耳朵，莎朗嘿哟，情话永远不嫌太多，对你说；一全听你的，二给你好的，数到三永远爱你一个，四不会犯错，五不会啰唆，每天为你打 call，cook 也不错。

以后听歌、唱歌，脑子里是否会魔性地跳出四个字母——DISC？

03 金庸小说中的人物

有人点了一首上文中提到的——《难念的经》，看来唱功了得！作为 1997 年 TVB 电视剧《天龙八部》的主题曲，点这首歌的人一下子就暴露了年纪。粤语歌唱起来有着满满的时代感，金庸[①]先生的作品，堪称时代长河中不朽的经典。

那么问题来了，利用 DISC 理论可以分析金庸武侠小说中的人物角色吗？当然可以！

以《天龙八部》为例，四位男主角，乔峰、段誉、虚竹、慕容复，每一个角色都有异常精彩的故事，我们不妨来看看他们身上的 DISC。

---

① 金庸：本名查良镛，当代武侠小说作家，被誉为"香港四大才子"之一，代表作《天龙八部》《射雕英雄传》等。

第十章 懂生活

乔峰　段誉　虚竹　慕容复

乔峰

一出场就是BOSS，丐帮帮主，身怀绝技"降龙十八掌"。金庸笔下的这位大侠，是一个不折不扣的悲情人物，生于辽，长于宋，契丹孤儿，被汉人夫妇收养；从屌丝逆袭为丐帮帮主，因为奸人从中作梗，被兄弟出卖，被罢免；身世之谜揭开，踏上追查真凶的苦旅，也被不明真相的群众唾弃；爱上阿朱，阴差阳错把对方一掌打死，不爱阿紫，却终日被小丫头缠着；当上南院大王，在宋辽两国之间忠义两难全，最后，乔峰断箭自尽，魂归雁门关。

DISC显著的一面：D型特质

出场时"一张四方国字脸，颇有风霜之色，顾盼之际，极有威势"。

平定丐帮叛乱，聚贤庄血战，少室山力敌群雄，乔峰的一生都在战斗。

在寻找杀父仇人的历程中十分执着，不惜和整个武林为敌。

对于马夫人的诱惑不但无动于衷，而且钢铁直男不回头。

即使阿朱苦苦相劝，也无法阻挡他与"仇人"段正淳决一死战。

"我乔峰要走，你们谁可阻拦"等霸气的语录被流传。

DISC其他几面：I-S-C

I型特质的一面，偶尔多管闲事，结识女真英雄完颜阿骨打，救下辽国国主耶律洪基，均以兄弟相称，与段誉、虚竹更是义结金兰；S型特质的一面，对爱情忠贞，对民族忠诚，祈盼世界和平，愿为拯救苍生和避免生灵涂炭而牺牲自己；C型特质的一面，武学造诣上的专业精进，专修"降龙十八掌"与"打狗棒法"，算是丐帮历代帮主中的佼佼者。

段誉

大理国世子，"镇南王"段正淳的儿子（实为段延庆和刀白凤所生），官二代，家庭条件优越，学习成绩好，智慧过人，不愁就业。这样一个无忧无虑的青年，主角光环十分夺目，有心上人，有三五红颜知己，也有乔峰、虚竹二位结拜义兄，更拥有"六脉神剑""凌波微步"等令人艳羡的绝世武功。你问他要什么，他却说对功名利禄不感兴趣，只是痴痴地恋着"神仙姐姐"王语嫣。

DISC 显著的一面：C 型特质

很少炫耀自己的皇室身份，喜欢与各阶层人士平等地交朋友。

比较专注，小时候就笃信佛法，精晓园艺、棋艺等各种专业技艺。

爹娘为其取小名为"痴儿"，长大后也痴迷于"神仙姐姐"王语嫣。

遵循白玉像"磕头千遍，供我驱策"的命令，磕头一千遍，不偷懒。

不愿卷入冲突和陷入险境，掌握逃跑技术"凌波微步"。

对于复杂的伦理关系，表现出抗拒，只想和神仙姐姐一起避世。

DISC 其他几面：D-I-S

D 型特质的一面，哪怕在段誉武功不济的时候，也有"要杀便杀我"的责任与担当，危难之际，常挡在王语嫣的前面；I 型特质的一面，偷偷跑出大理国，到处旅游，红颜众多，常被误认为是"撩妹"高手，所以他的 I 甚至不亚于 C；S 型特质的一面，待人友善，吸取他人内力，实属"无奈之举"；面对杀戮，仍会心生惧怅，拥有一颗仁爱之心。

虚竹

少林寺内的无名小僧，身世凄惨，相貌一般、为人忠厚，本该在佛门平平淡淡地过一生，却不小心卷入了俗世纷争。随师父外出，误打误撞，破解了苏星河的珍珑棋局，成为逍遥派掌门无崖子的关门弟子，吸收了无崖子修炼了七十余年的内力，人生似开挂一般。天山童姥和李秋水拼斗，虚竹无意间得到二者九成内力，还被传为

第十章 懂生活

灵鹫宫宫主；虚竹又和乔峰、段誉结拜为异姓兄弟，英雄相惜；列席西夏公主的选驸马大会，虚竹意外成了公主日夜痴缠的"梦郎"；大哥乔峰雁门关自尽之后，虚竹与"梦姑"隐居灵鹫宫。

DISC 显著的一面：S 型特质

出场在少林，属于"透明人"，性格木讷，人见人欺，没脾气。

破了荤戒，令他惊慌失措，三番五次表示要以死谢罪。

遇上冲突，慈悲为怀，多半是闭眼之后，口中念着佛语。

动作慢悠悠，跟他人相处，但凡有冒犯之处，马上道歉说"对不起"。

被无崖子传功，被选为灵鹫宫宫主，并非是虚竹的主动选择，而是全盘被动接受。

西夏公主招亲，虚竹原本是去"陪跑"的，无欲无求，却被聘为"驸马"。

DISC 其他几面：D-I-C

D 型特质的一面。挺身而出，大败前来少林寺捣乱的鸠摩智，又挺身而出，为乔峰解围，力挫丁春秋；I 型特质的一面，众人皆以为他是个呆傻之人，不解风情，面对"梦姑"，虚竹却也变身略通情话的"梦郎"；C 型特质的一面，拥有一颗"明镜之心"，能看清别人看不清的东西，能够破解珍珑棋局，看似是运气，但绝非只是运气。

慕容复

赫赫有名的姑苏慕容复，鲜卑族人，不仅系出名门，更有皇族血统，可惜"燕国"早已灭亡。慕容复风度翩翩，文武双全，家道中落，仍做着复兴大燕的"白日梦"，毕竟父亲给自己取名为"复"，就是时刻提醒自己要复国称帝。慕容复"以彼之道、还施彼身"的武功令人艳羡，不择手段的品性为人所不齿，抛弃爱人、谋杀家臣，害人终害己，剧情到最后，慕容复的复国行动屡屡受挫，可怜一代豪侠，心智失常，就差送到精神病院了，只能和侍婢阿碧共度余生。

DISC 显著的一面：I 型特质

"腰悬长剑，飘然而来，面目俊美，潇洒娴雅。"

蹭热度一流，慕容复总是享受着"北乔峰、南慕容"的 IP 影响力。

秉承慕容家的"幻想"，整天做着不切实际的梦——"复兴大燕"。

除了祖传的"斗转星移"，贪恋各家武功，什么都想要，什么都不精通。

致力于自己的宏图霸业，未能潜心专注于武学，缺乏耐心和毅力。

广结善缘，笼络江湖人士，但性情多变，情急之下竟杀死了家臣。

DISC 其他几面：D-S-C

D 型特质的一面，不达目的誓不罢休，慕容复的野心已不仅是称霸武林，而是当上皇帝，为此不择手段；其 S 型特质和 C 型特质作品中极少展示，毕竟慕容复缺乏正面的主角光环。

飞雪连天射白鹿，笑书神侠倚碧鸳。

谨在此向金庸先生致敬，感谢这份武侠梦的陪伴，让无数年轻人度过了欢快的"刀剑如梦"的时光。

04 玩转朋友圈社交

朋友圈的浪潮都是一阵阵的，要玩大家一起玩。某天在刷小程序的时候，"看看你是金庸武侠里的谁"，仿佛很有趣。

第十章 懂生活

D 型特质的人随手点了一下，看完结果就关闭页面，不愿意浪费时间；I 型点进去，对结果不满意，又反复点了几次，直到结果变成"段誉"，才"分享到朋友圈"；S 型特质的人看大家都在玩这个测试，于是也跟风做测试，还给 I 型特质的人点了一个赞；C 型特质的人觉得，这就是随机出卡的小把戏，毫无依据，不玩。

朋友圈里的"众生相"，用 DISC 理论来解读，也十分有趣。

微信头像

D 型特质的人的微信头像一般用来展示力量或权威，有时也会选择本人照片当微信头像。

I 型特质的人的头像大概率会选取本人的照片，或者醒目的图案，或者最近流行的"梗"。I 型特质的人爱换头像，甚至换昵称；你要是不为他添加备注，经常找不到他。

S 型特质的人经常用孩子照片、全家福做头像，心系家人；还喜欢用绿地、海洋、向日葵、小鸟、爱心等做头像，心系世界。

C 型特质的人的头像，低调内敛，或者蕴含一般人看不懂的深意。

微信朋友圈的日常

D 型特质的人发朋友圈的频率不高，所以内容较少，朋友圈展示的是忙碌的工作，偶尔发几条"奋斗"的格言。

I 型特质的人一天发好几条，内容丰富多彩，尤其是人物照，出镜率较高，单身贵族喜欢晒自拍，有家有口的喜欢秀恩爱。美食、美景、美人、好物推荐、心灵鸡汤，偶尔有那么一两条，发泄情绪，过一会儿就删掉了。

S 型特质的人喜欢发具有生活化的内容，亲子时光、萌宠记录、用心午餐，或者孩子在参加比赛，需要大家助力。

C 型特质的人基本不发圈，他们不太愿意透露自己的生活隐私，甚至关闭朋友圈。如果发图，喜欢凑成九宫格，最讨厌别人发 5 张、7 张、8 张，不对称，"强迫症"看着极不舒服，如果发文，倾向于发深度长文。

微信聊天的日常

D型特质的人有事说事，直截了当，三言两语，直达中心思想，不喜欢使用大段文字，也很少使用表情包。事情紧急，直接拨打语音电话。

I型特质的人对话只要开始，一定不会轻易结束。I型特质的人聊天讲究感觉，很容易聊嗨。如果是文字交流，I型特质的人喜欢在每一句话后面添加表情。另外，斗表情包这件事，是I型特质的人的行为。

S型特质的人聊天总是很客气，常挂在嘴边的就是"打扰了""谢谢您""麻烦您"，一般情况下，对方不结束聊天，S型特质的人不会主动结束。S型特质的人更喜欢打字，因为这样可以使自己有足够的时间进行反应和思考。

C型特质的人聊天很认真，没有错别字，连标点符号也不会错，如果打错了，赶紧撤回，重新编辑。如果是语音，他在发出一条信息之前，会思考很久，以免说错，一旦说错了，会及时撤回。（不像I型特质的人，错了可以在下面再补一条！）

如何玩转微信朋友圈

① 调动D型特质，展现自身视野的广度。

多发一些有价值的内容，可供参考的真知灼见，第一手的信息与资讯，跑在时代的前沿，引领风向和趋势。

② 调用I型特质，展现社交的热度。

多发认真修过的美图，美感十足，多发有营养的鸡汤，传播正能量。浏览别人的朋友圈，连环点赞；适当夸奖，如"太棒啦"；提出问题，"这家餐厅在哪里呀""制作牛排的攻略有吗"，引发进一步的沟通交流。

③ 调动S型特质，展现自身温暖的一面。

给别人发布的内容点赞，在别人寻求"投票"的时候支持一下，并反馈"已投，加油"，把朋友圈变成自己助人为乐的地方。

④ 调动C型特质，展现自己思考的深度。

做一个谣言的绝缘体，发布的内容尽量真实、可靠、有依据，体现自身所处领域的专业度。

不要小看朋友圈，它在不经意间，流露着主人的 DISC。

05　旅行的意义

经常刷朋友圈，看别人的生活，容易心生艳羡，尤其在旅游旺季。

想起一首歌："泰国、新加坡、印度尼西亚，咖喱、肉骨茶、印尼九层塔，做 SPA、放烟花、蒸桑拿……"羡慕那些，不是在旅途中，就是在计划旅行的朋友啊！

曾经有一个辞职理由，红遍大江南北——"世界这么大，我想去看看"。乍一看，没毛病，很多人甚至把这句话当成人生理想。仔细想，所谓的理想，其实并不现实。

对于 D 型特质的人和 I 型特质的人来说，这句话是符合常理的。

D 型特质的人说走就走，不需要理由，只需要一个目的地；

I 型特质的人说走就走，不需要纠结，只需要一个玩伴或一时兴起。

对于 S 型特质的人和 C 型特质的人来说，这会打破原有的生活节奏。

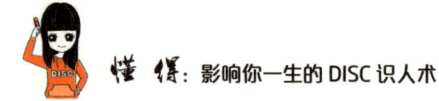

S型特质的人说走就走？想想还是算了吧，一切尚未准备妥当。

C型特质的人说走就走？旅行计划毫无头绪，至少也要做好攻略再说。

旅行的不同意义

对于D型特质的人来说，旅行就是一个决定，不用考虑太多，甚至无须参考别人的意见，追随自己内心的声音即可。因为看见一张茶卡盐湖①的明信片，D型特质的人有可能第二天就出发了，至于出行方式，并不重要；心情不佳，买张机票，飞往伦敦，去广场喂鸽子……另外，旅行也被D型特质的人视为一场挑战，穿越沙漠、攀登高山、野外生存，都是不错的选项。对于D型特质的人来说，旅行就是"做自己想做的事"，心之所向，或走或停，魄力和勇气，从来都不缺，前提是有钱、有闲。

对于I型特质的人来说，既然对这个世界充满着好奇，就要想尽办法去解密。矗立在西安的兵马俑1号坑，闭上眼就是千军万马；安坐在苏州园林中的亭台楼阁，闭上眼就是江南烟雨；路过香港尖沙咀的重庆大厦，闭上眼就是王家卫；徜徉在法国巴黎的塞纳河畔，闭上眼就是周杰伦的《告白气球》……这就是I型特质的人，旅行就是"放飞自我"，与美好的事物不期而遇，将感官上的体验留在心里、留在照相机里、分享到社交平台上。

对于S型特质的人来说，旅行，算是工作之余放松一下，最好是与家人、朋友结伴而行，一来互相有个照应，二来创造了彼此陪伴的机会。目的地，最重要的是稳妥和安全，太新鲜、太偏僻、太需要冒险精神的地方仍需考量，组团、跟团也是不错的选择。餐饮住宿、景点打卡、购买特产，每个环节都由旅行社安排妥当，省了很多精力和时间。对于S型特质的人来说，旅行就是"轻松的休闲时光"，宅在家里，或者宅在一座城市久了，出去看看，呼吸一下新

---

① 茶卡盐湖：旅游胜地，位于青海省海西蒙古族藏族自治州乌兰县茶卡镇的天然结晶盐湖，"青海四大景"之一。

鲜空气。

C型特质的人去过的地方，都已标注，没去过但想去的地方，都写在心愿本上，有些已经提上日程，并已经开始着手整理攻略了。旅行，并不是一群人跑到一个喧嚣的地方，拍照、直播、打牌、吃网红美食，这样的旅行，宁可没有！一个人安静地游走，或者找个懂自己的人结伴而行，时而放缓脚步，时而驻足思考，不好吗？对于C型特质的人来说，旅行就是"一场生命的修行"，在修行的路上，慢慢变成"半个导游"，在自己的思绪中，洞察大自然的奥秘和生命的意义。

行李箱出卖了他们

D型特质的人的箱子里的东西不多，所以也不重，保障基本出行就OK。出发前，别人温馨提示"当地气温低，要注意保暖"，结果，他还是没带外套，身上穿的是短袖，带的也是短袖，热心人问他冷吗，他说："不怕，我耐寒，我说不冷就不冷。"

I型特质的人的行李箱中的东西很多，主要是衣服多，拍照道具多，同时也很乱。他说："只要找得到东西就好啦，太整齐，我怕找不到……"行李箱喜欢卡通款，或者在行李箱上贴了无数贴纸，"这样你就能在茫茫人海中找到我"。

S型特质的人的行李箱很大，塞了很多备用的东西，雨伞一定要有，备用药种类齐全，即使自己不用，别人可能也用得上。多带两件外套，毕竟天气不可预知，以备不时之需。总之，别人没有的、忘记带的，他都有，自带"保姆"属性。

C型特质的人一共要带几套衣服？拿出纸笔，根据行程计算，确认相应活动的服装要求，按计划带衣服，不多带也不少带。为了区分干净的、脏的物品，还有各种分类的袋子，收纳起来很方便。行李箱内十分有序，衣物叠放得整整齐齐，空间利用率在DISC四种类型的人中是最高的。

旅行出发的前夜

D型特质的人仍在忙碌着，他手上总是有干不完的活。

I 型特质的人从中午就开始心不在焉了，晚上告诉自己要早睡，但仍一会儿刷朋友圈，一会儿玩游戏。

S 型特质的人确认所有的东西是否配齐，反复检验了几遍，还有一丝担心。

C 型特质的人调好了闹钟，早早睡下。

接下来会有怎样的风景和际遇，让我们继续往下看吧！

06　谁是购物狂

旅行中难免购物，不同类型的人所购商品的出发点不同。天生购物狂，哪种特质最像？

D 型特质的人买的是"此行的目标"。

I 型特质的人是"一激动没忍住"。

S 型特质的人买的是"帮别人带的"东西。

C 型特质的人买的是"计划内的"东西。

说到购物，早些年，人们买东西集中在春节，一年到头总要置办点年货，如今，购物变成了每月（甚至每日）的必选项，除了固定的一些节日，还有双 11、双 12、年中 6·18、主播带货的直播节，总之，不愁没地方花钱！

购物这件事，DISC 四种特质的人在大方向上是一致的——把钱

第十章 懂生活

花掉，而具体的行为表现，那就各不相同了。

先以网购为例，常见的购物网站如淘宝、京东等。

D 型特质的人讲究速战速决。

D 型特质的人最讲究速度和效率，打开页面，锁定目标，快速下单，只等收货。

D 型特质的人购物首要考虑的是什么？实用。

买哪一个品牌？就这个。

买哪一个款式和型号？就这个。

与客服交流的过程，可以忽略。

跳转到支付页面，输入密码，完成。

一个字，快！

然后，抽身去忙别的事情了。

I 型特质的人"欲壑难填"。

I 型特质的人最享受购物体验，种类繁多的商品，每一件都很吸引人，光是浏览商品的时间，就用了很多。

I 型特质的人购物首要考虑的是什么？颜值！

买哪一个品牌？有知名度的，新潮的。

买哪一个款式和型号？看着都想要。

在与客服交流的过程中，插科打诨，"调戏"客服。

跳转到支付页面，又要刷信用卡了。

一个字，爽！

然后，把"好物"分享给朋友。

S 型特质的人在购物时犹豫再三。

S 型特质的人在购物前，已经列好清单了，而且给家人（父母、伴侣、孩子）买的东西，排在前列，照顾别人是他的宗旨。

S 型特质的人在购物时首要考虑的是什么？性价比。

买哪一个品牌？熟悉的，有促销的。

买哪一个款式和型号？销量最高的，人们普遍选择的。

在与客服的交流过程中，客客气气，耐心询问，最后问有没有"老客户优惠"。

跳转到支付页面，刚准备付款，又跳回去，担心没写备注。

一个字，慢！

然后，看一眼订单，与客服人员是否发货了，开始跟踪物流情况。

C 型特质的人购物时精打细算。

C 型特质的人的购物可谓滴水不漏，他是唯一认真阅读商品详情页的，仔细记录商品参数，翻阅用户的好评和差评，对比同类商品，就差汇总一份市场调研表了。

C 型特质的人购物时首要考虑的是什么？品质和性能。

买哪一个品牌？货比三家之后胜出的。

买哪一个款式和型号？仔细分析后胜出的。

在与客服交流的过程中，确认商品品质、包邮与否、到货时间、售后服务等。

跳转到支付页面，核对过信息，没问题。

一个字，精！

然后，给这次购物记账，出库的是银子，只等入库的商品。

再看，网购中的直播购物。

D 型特质的人买一两件就撤了，没空看整场直播。

I 型特质的人全场刷屏，为主播打 call。

S 型特质的人反复纠结，眼睁睁看着商品下架，只能等着补货，或者后悔不已。

C 型特质的人提前看过预告，在商品官网中浏览过详细信息与时间节点。

最后看，传统的线下购物。

D 型特质的人，喜欢被尊崇的感觉，希望导购人员有问必答。

I 型特质的人，能试吃的试吃，能试穿的试穿，喜欢跟导购人员聊天，下单看心情。

S 型特质的人，耳根子软，经不起导购人员的推销，尤其是在有折上折和赠品的时候。

C 型特质的人,很少与导购人员交流,转了一圈,综合分析,甚至在网上比价,买与不买,再议。

购物结束,心满意足,你又是哪一特质,或者兼具?

D 型特质的人满足于"买到了想要的"。

I 型特质的人满足于"又有新玩意了"。

S 型特质的人满足于"淘到便宜货了"。

C 型特质的人满足于"购物计划完美实施"。

07　一场尽兴的聚会

前段时间又是旅游又是购物,心情自然愉悦,周末空闲,不如召集老铁们聚会吧,顺便把给他们带的礼物,送给他们!建个群组,几个人热火朝天地讨论起来,去哪聚?玩什么?怎么玩?

整个讨论的过程如下。

D 型特质的人占据着讨论的主导权,提出了聚会的宗旨——玩到尽兴,众人附议。同时,他提出了"打桌球"的建议,无人反对,直接通过。

I 型特质的人是在群组内发出消息最多的人,提出了很多建议,如"下午茶",通过了;如"蹦极、跳伞、滑雪"等,被否决了,太刺激了。

S 型特质的人是在群组内等待指示的人,听大家的意见。自己也提了一个小建议,推荐了一家好评如潮的"农家乐",倒是不错的想法。

C 型特质的人是在群组内进行统计的人,把大家的建议做成了在线投票,根据票数来决策。他还提出了去玩"密室逃脱"的建议。

最后的聚会安排如下。

中午,农家乐。

下午,下午茶+密室逃脱。

晚上,逛夜市+玩桌球。

这群人真是太会玩了，体力也非常充沛。

农家乐点菜场景

D型特质的人拿过菜单直接看，点了三个菜，才反应过来，还没征询大家的口味和意见，于是说："大家想吃点啥，或者，一人再点一个？"

I型特质的人喜欢与老板、服务生套近乎，"你们店的招牌菜是什么呀？有没有什么颜值高的、与众不同的菜品呀？"

S型特质的人看服务员忙于点菜，自行给大家洗杯子、倒茶。问到口味偏好，微笑着说："都行都行，你们定吧！"

C型特质的人在其他人点菜的时候，他提供了几个参考意见，都是点评网上的"推荐菜"，评论区里的人们反复验证过，"不会踩雷"。

下午茶的悠闲场景

D型特质的人在喝下午茶的同时处理工作方面的事情，拿出电脑，回复邮件，难怪特意选了"下午茶"，原来是担心紧急工作完不成，又不想扫大家的兴致。

I型特质的人在咖啡馆到处拍照，还玩起了自拍，说是要发朋友圈。他也是下午茶话题的主持人，有他在，没人会觉得闷。

S型特质的人觉得咖啡馆里的猫很可爱，他一边撸猫，一边听着小D在那里聊工作，小I在那里聊八卦，还有小C说，他刚刚发现了一本好书。

第十章 懂生活

C 型特质的人从咖啡馆书架上拿起一本哲学书，如获至宝，独自品评起来。

密室逃脱的场景

D 型特质的人带领方向，包括引导大家从哪些方面收集线索，牢记目标，不被任何带有误导性的内容迷惑。

I 型特质的人脑洞大开，为破解密室提供了各种想法思路，还为大家提供了捷径，一会儿手机查找攻略，一会儿寻找前面玩家留下的痕迹。

S 型特质的人负责实施小 D 的意见和小 I 的点子，如拉动转盘、在八卦阵中按顺序踩点、在棋局上反复多次摆弄棋子。

C 型特质的人对于大家七嘴八舌的想法进行过滤，根据线索，分析形势，预测结果，评估多个行动计划，在涉及推理和数学运算的环节中，发挥了巨大作用。

逛夜市的场景

D 型特质的人，一个人走在前面，充当"开路先锋"，虽然自己也是第一次来。

I 型特质的人被各种新鲜好玩的东西吸引，呼唤小伙伴"看这里、看那个"。

S 型特质的人跟在大部队中，还帮忙拎包，"反正手上也闲着呢，没关系"。

C 型特质的人觉得夜市上的商品，只有安全和不安全、卫生和不卫生的区别，也因此提醒小 I 要"慎买慎吃"。

打桌球的场景

D 型特质的人：8 个人，开了 2 桌，但他基本上都在场上，一是他的水平确实高，二是小 S 和小 C 的谦让。D 型特质的人打球享受"赢"的感觉。

I 型特质的人，动作花哨，一边打一边吹嘘，说自己是"丁俊晖[①]第二"，没打几杆就暴露了，最近明显疏于练习，赢了嘴仗，输

[①] 丁俊晖：中国男子台球队运动员，斯诺克球手。国际台联有史以来第 11 位世界第一，同时也是首位获得台球领域世界第一的亚洲球员。

了场上。

S 型特质的人：打球就打球，废话不多，输赢之间尽显从容。因为人多桌少，经常主动让出位置，坐在一边观战、捧场、喝茶。

C 型特质的人：玩什么都喜欢研究，有一定的技术基础，这次为了打得更好，特意在网上搜了一些教学视频，包括专业性很强的世锦赛集锦。

分别说再见的场景

小 D 和小 I 似乎仍有用不完的体力；

小 I 甚至叫嚣着"去不去消夜"；

小 C 表示"不能想一出是一出"；

小 S 表示"确实有点累了"。

于是，一场尽兴的聚会，在夜深人静中落下帷幕。

08　你不理财，财不理你

下午茶，众人坐了一下午，都聊点啥？无非是工作和生活，亲情和爱情，时事和八卦。众人最关心的，莫过于"钱"，大到国家政策和市场行情，动辄百亿元的话题，小到最近观察的一只股票或一款保险，金额万元左右。

在理财领域中有一句金句——"你不理财，财不理你"，适用于所有人，也蕴含着一定的道理。大家一边喝着咖啡，一边说着彼此的理财心得。

理财的本质是，在资产安全的前提下，使资产最大限度地增值。

小 D 第一眼看到的是"增值"，小 I 看到的是"最大限度"，小 S 看到的是"安全"，小 C 看到的是"资产"……

当小 D 把注意力放在"年化收益 20%"的时候，小 C 会找出一份"理财防骗手册"，当小 I 说"我对所有投资都感兴趣"，小 S 会补充说"投资最好选风险系数低的"。

理财的目的

D 型特质的人：高收益。

I 型特质的人：玩一把。

S 型特质的人：保本。

C 型特质的人：组合投资。

回报的关注点

D 型特质的人：短期回报，倍数增长。

I 型特质的人：短期回报，快速增长。

S 型特质的人：长期回报，安全保障。

C 型特质的人：长期回报，合理布局。

理财的常用语言

D 型特质的人：凡事都讲究"投资回报率"，哪个赚钱投哪个。

I 型特质的人：有没有什么新项目、新产品、新型投资方式？

S 型特质的人：本金不会亏吧？多赚点固然好，千万不能亏损。

C 型特质的人：基于投资环境和未来预测，我需要再分析一下。

理财的常见操作

D 型特质的人：银行，青睐高风险高回报的理财产品，长期购买股票型基金；保险，具有杠杆性质的"以小博大"，同时关注"回

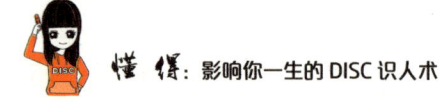

报率"，虽然这样的说法并不合适；对于大起大落的股票、期货、贵金属等领域均有所涉猎，甚至重仓进入；另外，钟情于房地产投资，虽然资金占用极大，一旦获得回报，就是"赚一票大的"。

I 型特质的人：银行，被琳琅满目的理财产品吸引，凭感觉购买，承担一定的风险；保险，往往不是选产品，而是选那个卖保险的人；市场上流行什么投资，I 型特质的人都有尝试的欲望，包括投资古董、投资电影等。

S 型特质的人：银行，保本前提下的稳健收益，如定期存款、债券、固定收益类理财；保险，保本返还型，重大疾病保险、子女教育金、养老金；也会投资少量股票；喜欢听取专业人士、朋友、邻居的推荐，热衷于储蓄型操作，相信并追随"大众的眼光"。

C 型特质的人：不把所有鸡蛋放在一个篮子里，资产配置包含了银行、保险、证券等领域。C 型特质的人的手中有现金、有卡，甚至还有黄金（金条）储备；有流动的备用金，有 90 天理财产品，有 3 年封闭式基金，有 3 年或 5 年定期存款，并将其设定了不同的投资比例与赎回周期；C 型特质的人的每一项投资都是深思熟虑的结果，他还会定期进行资产盘点并进行下一阶段的规划。

资产配置的注意事项

D 型特质的人较为独断，相信自己的判断和选择；急于求成，过于追求高收益，需要注意风险管控，避免"孤注一掷"，需要学会制订 B 计划。

I 型特质的人理财全凭心情，要么买买买，要么毫无动作；在交朋友方面十分敏感，在花钱方面毫无敏感度可言，建议用理财 App 养成记账的习惯，以免资金肆意流出。

S 型特质的人拥有稳妥的心思、守旧的观念，把大量资金放在保本无收益、保本低收益的储蓄项目上，亏是肯定不会亏的，但也跑不赢"通胀"。

C 型特质的人把时间都花在看报表、分析数据上，决策迟缓，操作保守，可能会错失很多第一波的机会，虽然投资的风险系数被降至最低，投资回报也变得有限。

当然，任何投资机构都会提示你，"投资有风险，入市需谨慎"。

不要总想着赚快钱，越快越不稳定；不要总想着一把定胜负，这样可能会输个底朝天，这是说给 D 型特质的人听的。

不要总想着赚钱，也要想想亏钱的可能性；不要总想着天上掉馅饼，也许掉下来的是铁饼，这是说给 I 型特质的人听的。

不要总想着眼前的既得利益，还要有投中长线的眼光和布局；不要总想着安全第一，那样可能会带来"被动淘汰"，这是说给 S 型特质的人听的。

不要总想着万无一失，有时候失败的经验值得借鉴；不要总想着分散在不同篮子里的投资，任何时候都无法集中火力，这是说给 C 型特质的人听的。

无论如何，通过工作（事业）努力赚钱，这是主业、基本盘，不能丢；通过理财，让财富获得保值和增值，这是技能、小趋势，要加油；只有极少数人可以把投资理财变成主业，不必争相模仿，切勿本末倒置。

把"理财"的念头先放一放，把"赚更多的钱"的想法先理一理，回归生活，脚踏实地，请永远记住一句话——"手中有粮，心中不慌。"

09　拆解明星梦

当理财的话题告一段落，众人便切换了新的聊天话题，不如聊聊娱乐圈吧，喜欢哪个明星（演员、歌手）？他拥有怎样的性格？有没有好看的电影、电视剧可以推荐？追剧悟出了怎样的人生哲理？

因为周星驰的《喜剧之王》，人人都听说过斯坦尼斯拉夫斯基[①]，以及他的旷世巨作——《演员的自我修养》。

---

① 斯坦尼斯拉夫斯基：俄国演员，导演，戏剧教育家，对中国早期的话剧产生了深远的影响。

一名演员的自我修养，也可以是 DISC 全能型的存在。

D 型特质的演员拥有明确的目标，在表演中展现出惊人的控场能力。

I 型特质的演员拥有八面玲珑的社交能力，在表演中展示夸张的表情与肢体动作。

S 型特质的演员耐得住打酱油的寂寞，在表演中面对恶劣环境，"逆来顺受"。

C 型特质的演员夯实基本功、锤炼演技，在表演中刻画立体的人物形象。

对比当今娱乐圈，灵活切换这四种特质的演员，拿奖拿到手软，深受大众喜爱，不是国宝级演员，也是潜力巨大的明日之星。

闲聊之间，大家谈到了各自的偶像，也谈到了各自年少时的"明星梦"，可是，明星好当吗？答案显然是否定的。

要想成为大明星，一般要经历四步，我们用 DISC 理论来拆解一番。

第一步：启动 I 型特质，多才多艺，制造亮点。

例如，香港的四大天王，刘德华、张学友、黎明、郭富城，当年进入艺人训练班，或者报名歌唱比赛脱颖而出，能在娱乐圈站稳

第十章 懂生活

脚跟，靠的就是多才多艺，唱歌？当然会。拍电视剧？没问题。拍电影？也可以。跳舞？不会，但可以学。包括参加各种晚会的时候主持、即兴表演，均不在话下。

什么是亮点？第一，更出众。张学友的歌喉，直接封神；郭富城的舞技，电动马达臀；黎明的颜值，秒杀万千少女；刘德华比较均衡，在电影领域中最有建树。第二，正能量。一个明星能红多久，与他所传递的价值观有很大关联，四大天王出道以来，绯闻固然有，但很少有负面新闻，他们始终保持着积极乐观的形象，引领着粉丝向正确的方向发展。

第二步：启动C型特质，专业精进，用作品说话。

明星最怕刚出道就想着三栖四栖，跨界并非坏事，但人的精力是有限的。如果你是一名歌手，偶尔拍拍影视剧，过过瘾，无论多开心，还是要回到写歌、唱歌、录制唱片的本职工作上来。同样，如果你是一名演员，演技的不断提升，才是头等大事。

演艺路上，求精不贪多。短短几年，出了四五张专辑，结果别人一首歌也不记得；拍了几十部电影，包括跑龙套，结果观众对你的演技不买账。保质保量的作品，比滥竽充数强十倍、百倍，被时光留下的作品，被豆瓣打到高分的作品，才能经得起大众的推敲，让自己的明星之路变得更通畅、更长远。

第三步：启动D型特质，收获成就，迎接挑战。

明星需要赢得一个个奖项，作为其事业发展中的里程碑。明星在持续输出优秀作品的同时，还要参加行业内的盛会与颁奖典礼，争取拿到诸如"十大劲歌金曲"或"最受欢迎男（女）演员"之类的奖项，还有各种榜单的前列与推荐位，从而一举奠定自己在娱乐圈内的地位。只要自己在本职工作中全力以赴，解锁成就是水到渠成的事情。

当自己的事业正处于不断上升的时期，瓶颈也会同步出现，这就需要自己迎接更大的挑战，如演戏可以尝试不同风格的角色，唱歌可以尝试具有突破性的曲风，或者进军外国/外地的演艺市场。挑战会带来动力，也会带来更多的可能性。

　　第四步：启动 S 型特质，"亲民护粉"，非常耐心。

　　明星的走红，离不开粉丝经济，明星自身的亲民形象尤为重要。在出席一些商业活动时，留点与粉丝签名、合影的时间；遇到粉丝接机，在众人久等之后说上两句暖心的话，或者隔空比心；后援团的成员在网上刷帖维护"偶像"，也要及时回应点赞，发出爱的鼓励。

　　所谓耐心，就是"红"了之后别浮躁，唱歌要等适合自己的歌、演戏要等好剧本，这一波人气过去，下一波人气仍是未知。有的明星急躁了，很容易影响自身的情绪和行为，甚至影响自己的工作态度和信心。"红"之前的寂寞，是"盼望得到"，"红"之后的寂寞，是"害怕失去"。

　　这么看，明星梦确实不好做。一头扎进去，只怕到头来，一场游戏一场梦。也有人表示了不同的见解，关于"梦碎"——

　　D 型特质的人：雄关漫道真如铁，而今迈步从头越，跌倒了，再站起来。

　　I 型特质的人：人生中多了这场体验。

　　S 型特质的人：算了，踏踏实实找份工作，忘了这段经历。

　　C 型特质的人：吸取经验教训，暂时放下梦想，卧薪尝胆，来日方长。

10　讲好一堂课

　　明星梦，毕竟是梦，在现实生活中，还是乖乖回到平凡岗位上打拼。

　　众人聊到了自己的工作，工作是生活的一部分。

　　有人是公务员，有人是律师，有人是外企白领，有人是企业家，有人是以讲课为生的讲师，在学校里给学生上课、在企业里给员工上课……

　　说到讲师，每次讲完收工，按照惯例，我都会让学员填写反馈表，反馈表包含对讲师的/对课程/对后勤保障的各项打分，其中有一项叫作"讲师呈现"，反映了讲师在课堂上的方方面面，如讲师形象、课件制作、课程呈现、控场等。遇到挑剔的学员，风险系数就会随之飙升，但也有一些讲师，挥一挥衣袖，总能带走一片五星好评，留下的，是回荡在教室里的声音："讲得太好了，老师有缘再见啊！"

DISC 理论结合讲师呈现，也就是如何讲好一堂课。

第一，讲师形象。

课堂上，讲师就应该有个讲师的样子，当你站上讲台的一瞬间，底下已经开始打分了。心理学家也认为，人们的第一印象主要包括性别、年龄、衣着、姿势、面部表情等"外部特征"。

基于 DISC 理论的讲师形象，D 是指塑造权威，I 是指塑造亮点，S 是指塑造亲和，C 是指塑造专业。

D 的权威。讲师上台前，由主持人介绍讲师的履历，或者现场摆放易拉宝进行展示，最重要的是，讲师由内而外展示出来的强大自信，说明，这是一个有阅历的人。

I 的亮点。可以是讲师个性的容颜，如有的讲师留胡子，有的讲师是光头；可以是个性的装饰，如有的讲师喜欢配袖扣，有的讲师喜欢穿亮色的服装，最重要的是，讲师传递的与众不同的调调，说明，这是一个有故事的人。

S 的亲和。保持微笑，天生的，或者刻意练习的职业笑容，最重要的是，讲师传递了一个"我不会攻击你们"的信号，说明，这是一个有爱心的人。

C的专业。讲礼仪，比较适合西装革履；讲国学，比较适合仙风道骨的打扮，讲DISC，可以穿印有DISC的"战袍"或佩戴DISC的徽章。另外，"看上去有一定年纪"，也是个人专业性的体现，最重要的是，讲师至少要具有与课题相关的专业性，说明，这是一个有学识的人。

第二，制作的课件。

学员在下面，要么看你这个人，要么看你的板书，要么看你的PPT，不然就去看窗外云卷云舒，或者低头玩手机了。

基于DISC的讲师课件，D是重点概要，I是吸睛图片，S是辅助阅读，C是对齐对称。

先来检查D，课件中有写明"课程价值或收益"吗？课件上有把重点内容的字体放大/加粗吗？

再来检查I，课件中的图片是高清的吗？图片本身有美感吗？图片与文字契合吗？使用的图片和案例，是陈旧的、过时的，还是新颖的、时尚的，是学员懒得抬头望一眼的，还是忍不住拿出手机拍照留念的。

轮到检查S了，你在讲一个重要案例，PPT上展示相应内容了吗？你在讲一个复杂的概念，PPT上有可供参考的信息吗？你爆出了5S6S法则，考虑到学员们需要S后面的英文全称吗？

最后检查C，有没有错别字？为什么整个页面几乎都是左对齐的，但是有一行却缩进了？内容属于同一结构、并无差异，为什么这个是红色字，那个是绿色字，这个字体是小四号，那个字体是五号？

弄个课件怎么这么复杂！当你的PPT有重点，又吸睛；便于阅读，又找不出明显差错，既抓住了学员，又验证了你的用心，复杂也是值得的。

第三，课程呈现。

当你本人形象气质佳，做的PPT精美又实用，你已经赢了一半！

第十章 懂生活

若想更上一层楼,你在课程呈现方面需要继续下功夫。好的课程演绎,不但"余音绕梁",而且会深深印在学员的脑海里。

有人会疑惑,课程呈现不是全靠I吗?关D-S-C什么事?没错,I是基础,也是主导因素。当你开始讲故事、讲案例了,学员是全程被你的讲解吸引,是情不自禁地进入你预先设置好的场景,还是游离在课堂之外,留你一个人自high,这并不是单纯靠I型特质就能搞定的。

基于DISC的课程呈现,我们换个解读方式,I是情境再现,D是紧抓课程重点与关联性,S是把握学员接受度,C是让情境合情合理。

市面上有这样的讲师,讲段子水平甚高,堪称故事大王,扮演角色也是惟妙惟肖,说学逗唱样样精通,但是学员听完,发现内容与主题不符,甚至完全不沾边,惊呼"我又不是来看综艺节目的"!

这时,D的重要性显现了,无论你的演绎多么逼真,肢体动作多么夸张,前提一定是紧扣主题,围绕课程重点内容进行讲解。S的重要性也显现了,讲师要从学员角度出发,根据企业性质、地域特色、学员年龄层次、学历情况,采用他们更容易接受的讲解方式进行授课。同时,C的重要性在于"内容的合情合理",也就是限制I的过度发挥。厉害的讲师,就是这样偷偷进行了组合,在精品或版权课程中,那些令人惊叹的课程演绎,都是通过I的方式演绎出来,另外三种特质,也发挥了极大的支持作用。

第四,讲师控场。

有人忍不住要说了,这个我知道,一定是以D为主导因素,I-S-C积极配合,是这样吗?请允许我先默默地给你点赞。所谓控场,就是挨近课程现场的局面,掌握课程节奏,讲师卖力讲,学员认真听,学习氛围浓厚。这样的场面,怎能少得了DISC的运用。

控场,最显著的因素当然是D。准时上课,准时下课;需要大家讨论了,发号施令;讨论时间到了,及时暂停;放得出去,也收得回来,遇到突发状况,随机应变,遇到学员挑战,不卑不亢。然后呢？如果全程都调用 D 因素，会不会有点压迫，会不会引发冲突……这时候，DISC 的适时切换，尤为重要。

遇到学员挑战，从 D 切换到 I，或者自嘲解围，或者微微一笑。

遇到学员跟不上节奏，将 D 切换到 S，多问一句："这样的节奏还可以吗？大家跟得上吗？"

遇到学员拼了命地吸收知识，奈何内容多、任务重，我们就从 D 切换到 C，讲完一段，小结一下，半天结束，半程复盘，全天结束，最后梳理。是不是条理清晰了许多？

基于 DISC 的讲师呈现，我们一起拆解了四个方面，讲师形象、课件制作、课程呈现、讲师控场。做讲师难，做优秀的讲师更难。

DISC 不是万能的，但 DISC 确实是一套非常好用的理论和工具。

第一，DISC 作为重要考量因素，可以增加思考维度。

第二，DISC 中某个因素是主导，另外三个也并非完全消失，而是起到辅助作用。

第三，DISC 之间可以互相切换，以便更好地应对复杂的环境。

DISC 理论的应用范围十分广泛，如果用到讲课方面，讲师既能发现自己的讲课风格，也能洞察学员的学习风格，还能将其运用在整个课程设计过程中。以便使课程成为一场多方满意的经典授课。

如今看来，懂得 DISC，就懂得了生活的方方面面。

还有什么不懂的地方吗？那就把书再翻一遍吧。

后 记

俞 亮

01 知识的获取在于回顾

著名诗人席慕蓉说:"我喜欢回顾,是因为我不喜欢忘记。"

身为培训师,每次在课程即将结束的时候,我习惯带领大家"复盘",通过回顾核心知识点,巩固所学。当你看完这本书,最好的方式也是回顾,用输出倒逼输入。

D 型特质的人:重点内容,我已经划线了,以前喜欢折书角。

I 型特质的人:一些故事和案例特别吸引我,我打算分享给朋友。

S 型特质的人:我做了笔记,但我担心不够全面,抽空再阅读一遍。

C 型特质的人:我正在绘制思维导图,整理了几乎全书的逻辑与脉络。

02 问题的解决不在一时

千万不要以为看了这本书,你就变成了"懂王"。

有些朋友,带着问题来,希望通过阅读一本书,拥有良好的人际关系,或者尽快修复伴侣和亲子关系,愿望本身是美好的,但解决问题是一个漫长的过程,仍需"好好学习,天天向上",开启属于自己的学习模式。

D 型特质的人:进行针对性学习。

I 型特质的人:进行体验式学习。

S 型特质的人:持续进行学习。

C 型特质的人:系统地学习。

03 我们被自己的行为风格支持着却不自知

阅读从来不是为了"改变世界",而是"改变自己"。

为什么【懂自己】会被安排在第二章?因为"自我认知与发展"

实在太重要了！老狄、小艾、司哥、西西，他们之所以能出现在山庄闭门会上，那是"自我支持"的结果，而会上的思维碰撞，支持着他们继续向前，不要低估所有支持你的力量，核心的力量来自你自己。

对于 D 型特质的人来说，暴风骤雨是一种力量。

对于 I 型特质的人来说，如沐春风是一种力量。

对于 S 型特质的人来说，水滴石穿是一种力量。

对于 C 型特质的人来说，庖丁解牛是一种力量。

04　DISC 站在现在看未来

感谢威廉·莫尔顿·马斯顿博士。

由于马斯顿博士并未给 DISC 理论注册版权，使得这个经典理论可以在大范围内进行推广，成为越来越多的组织与个人的选择，相关的 DISC 测评机构、培训师、咨询顾问，也是百花齐放、百家争鸣。DISC 理论让我们站在现在，与自己的行为风格对话；关注未来，更好地调适自己，应对变化的时代。

D 型特质的人：我看到了清晰的目标和方向。

I 型特质的人：我会调动一切资源奔赴未来。

S 型特质的人：我相信一步一步总能走向未来。

C 型特质的人：需要一份详细的规划。

05　愿更好的我们会在未来相遇

在这本书中，读者既能看到我的 D 型特质，全书围绕"懂得"和"DISC"两大主线展开；也能看到我的 I 型特质，各种真实的案例和虚拟的故事穿插其中，还有颜值颇高的多张插图；还能看到我的 S 型特质，尽量让各位读者的阅读更加顺畅；以及我的 C 型特质，毕竟我是专业研究 DISC 理论的培训师，书中的各章节条理性十足。

最后，有兴趣进一步探讨 DISC 理论的伙伴，可以加我的微信，还有插画师的微信，亲，等你噢！